高等教育系列教材

Java Web 程序设计

夏辉　李晋　毕婧　白萍　编著

机械工业出版社

本书以Web开发流程为主线，让读者了解真实的Web开发过程，体会规范化、标准化、专业化的软件开发流程和管理规范。本书通过大量的案例让学生在体验中掌握Java Web的相关知识，同时获得编程能力、排错能力和学习能力。本书在章节安排上循序渐进，几乎覆盖了Web开发的所有基本知识点，还涉及Web容器、HTTP协议和JDBC开发等与Web开发密切相关的知识点，帮助读者深刻理解所学知识，掌握实现Web编程的不同技术特点。

本书详细介绍了Java Web程序设计的前端技术、开发和部署，以及一些衍生技术变化。在内容上，本着通过使用不同技术尽可能实现相同功能的原则，让读者能够充分体会并认识每种技术的优缺点。每章均配有实践与练习，以指导读者深入地进行学习。

本书既可作为高等学校计算机软件技术课程的教材，也可作为管理信息系统开发人员的技术参考书。

本书配套授课电子课件，需要的教师可登录www.cmpedu.com免费注册，审核通过后下载，或联系编辑索取（QQ：2850823885，电话：010-88379739）。

图书在版编目（CIP）数据

Java Web程序设计/夏辉等编著．—北京：机械工业出版社，2016.9（2026.2重印）
高等教育系列教材
ISBN 978-7-111-55559-9

Ⅰ.①J…　Ⅱ.①夏…　Ⅲ.①JAVA语言-程序设计-高等学校-教材
Ⅳ.①TP312.8

中国版本图书馆CIP数据核字（2016）第294825号

机械工业出版社（北京市百万庄大街22号　邮政编码100037）
责任编辑：郝建伟
责任校对：张艳霞　　责任印制：单爱军
北京盛通数码印刷有限公司印刷

2026年2月第1版·第7次印刷
184mm×260mm·20.25印张·493千字
标准书号：ISBN 978-7-111-55559-9
定价：79.00元

电话服务
客服电话：010-88361066
010-88379833
010-68326294

网络服务
机工官网：www.cmpbook.com
机工官博：weibo.com/cmp1952
金书网：www.golden-book.com
机工教育服务网：www.cmpedu.com

出 版 说 明

当前，我国正处在加快转变经济发展方式、推动产业转型升级的关键时期。为经济转型升级提供高层次人才，是高等院校最重要的历史使命和战略任务之一。高等教育要培养基础性、学术型人才，但更重要的是加大力度培养多规格、多样化的应用型、复合型人才。

为顺应高等教育迅猛发展的趋势，配合高等院校的教学改革，满足高质量高校教材的迫切需求，机械工业出版社邀请了全国多所高等院校的专家、一线教师及教务部门，通过充分的调研和讨论，针对相关课程的特点，总结教学中的实践经验，组织出版了这套"高等教育系列教材"。

本套教材具有以下特点：

1）符合高等院校各专业人才的培养目标及课程体系的设置，注重培养学生的应用能力，加大案例篇幅或实训内容，强调知识、能力与素质的综合训练。

2）针对多数学生的学习特点，采用通俗易懂的方法讲解知识，逻辑性强、层次分明、叙述准确而精炼、图文并茂，使学生可以快速掌握，学以致用。

3）凝结一线骨干教师的课程改革和教学研究成果，融合先进的教学理念，在教学内容和方法上做出创新。

4）为了体现建设"立体化"精品教材的宗旨，本套教材为主干课程配备了电子教案、学习与上机指导、习题解答、源代码或源程序、教学大纲、课程设计和毕业设计指导等资源。

5）注重教材的实用性、通用性，适合各类高等院校、高等职业学校及相关院校的教学，也可作为各类培训班教材和自学用书。

欢迎教育界的专家和老师提出宝贵的意见和建议。衷心感谢广大教育工作者和读者的支持与帮助！

机械工业出版社

前　言

随着因特网的迅猛发展，以及“互联网+”横空出世，Java Web 开发语言已经成为全球最流行、使用最广泛的开发语言之一。大多数企业的系统开发、网站开发和 OA 开发等 B/S 系统都采用 Java Web 开发技术，由于 Java 语言的简单性、可执行性、稳定与安全性，以及多线程性等优良特性，使得它成为基于因特网应用技术和 Web 开发的首选编程语言。学习和掌握这样一种技术语言已经成为计算机相关专业学生的迫切需求。

本书以 Java Web 开发环境为背景，主要介绍 Web 开发的前端技术和服务器技术，在内容的编排上力争体现新的教学思想和方法。本书内容编写遵循“从简单到复杂”“从抽象到具体”的原则。书中通过各个章节所穿插的很多示例，介绍 Java Web 开发技术及 Web 开发的基本步骤和基本方法。程序设计既是一门理论课，也是一门实践课。学生除了要在课堂上学习程序设计的理论方法，掌握编程语言的语法知识和编程技巧外，还要进行大量的课外练习和实践操作。为此本书各章都配有练习题，并且每章都有一个综合案例。除此之外，每章还安排了实验题目，以供教师实验教学使用。

本书共分 10 章。第 1 章介绍 Java Web 开发概述，主要介绍 Web 开发的基本概念和开发环境安装。第 2 章和第 3 章介绍 Java Web 前端技术，分别介绍 Web 开发的前端静态和动态技术。第 4 章介绍 Tomcat 服务器，主要讲解服务器知识。第 5 章介绍 HTTP 协议知识，主要讲解 HTTP 请求的响应字段。第 6 章介绍 JSP 语法基础。第 7 章介绍 Servlet 技术。第 8 章介绍 JSP 会话技术。第 9 章介绍 JSP 内置对象和作用域。第 10 章介绍 JDBC 数据库技术。

在设计应用方面，以当前最流行的用户机/服务器应用程序前端开发工具 MyEclipse IDE 为背景，介绍应用程序开发的实施步骤。此外，还介绍了许多实际开发过程中所使用的编程技巧，通过这些技巧，可以大大提升应用程序的开发速度。

本书内容全面，包括 Web 开发的前端技术和服务器技术，案例新颖，针对性强。本书中所介绍的实例都是在 MyEclipse 6.6、Tomcat 7.0 和 JDK 1.7 环境下调试运行通过的。每一章都有与本章知识点相关的案例和实验，以帮助读者顺利完成开发任务。从应用程序的设计到应用程序的发布，读者都可以按照书中所讲述的内容进行实施。

本书由夏辉负责书的整体策划，夏辉、李晋、毕婧和白萍负责全书编写，并且最终完成书稿的修订、完善、统稿和定稿工作，参加调试和审稿工作的还有王晓薇教授、吴鹏教授等。刘杰教授和李航教授为本书的策划和编写提供了有益的帮助和支持，并且对本书初稿在教学过程中存在的问题提出了宝贵的意见。本书也借鉴了中外参考文献中的原理知识和资料，在此一并表示感谢。

本书配有电子课件、课后习题答案，以及各个章节的案例代码和实验代码，以方便教学和自学参考使用，如有需要，请到 http://www.cmpedu.com 网站中下载。

由于时间仓促，书中难免存在不妥之处，请读者谅解，并提出宝贵意见。

编　者

目　录

第 1 章　Java Web 开发概述

Java Web 是用 Java 技术来解决相关 Web 领域的技术总和。本章首先介绍了 Java 语言的历史和现状，然后对 Web 开发的基础知识进行了简单介绍，最后介绍了 Java Web 开发环境的搭建过程，为后面的学习做好准备。

1.1 背景知识简介

Java 是 Sun 公司（已被甲骨文公司收购）于 1995 年正式推出的面向对象的程序设计语言，它具有简单、面向对象、跨平台、健壮和安全、可移植性、支持网络编程，以及支持多线程等许多优良特性，特别适用于 Internet 应用程序的开发。

1991 年，Sun 公司成立了由 James Gosling 领导的 Green Project 研发小组，其目的是研发一种分布式系统结构，使其能够在各种家用消费电子产品上运行。最终，Green 项目组开发出了一种新的编程语言——Oak（Java 的前身）。1994 年，随着 Internet 的快速发展，Sun 公司看到了 Oak 在计算机网络上的广阔应用前景，于是对 Oak 做了进一步的改进，1995 年 5 月，Oak 以 Java 的名称正式发布。目前，Java 已成为网络编程的首选语言。

Sun 公司于 1996 年 1 月 23 日发布了 JDK 1.0。1998 年 12 月 4 日，Sun 发布了 Java 历史上最重要的一个 JDK 版本——JDK 1.2。这个版本标志着 Java 已经进入 Java 2 时代，这个时期也是 Java 飞速发展的时期。目前 Java 2 平台有 3 个版本。

1. Java SE

Java SE（Java Platform，Standard Edition）称为 Java 平台标准版，主要用于开发 Java 桌面应用程序和低端的服务器应用程序，也可以开发 Java Applet 程序。

2. Java EE

Java EE（Java Platform，Enterprise Edition）称为 Java 平台企业版，主要用于构建企业级的服务应用。Java EE 是在 Java SE 的基础上构建的，增加了附加类库，可以支持目录管理、交易管理和企业级消息处理等功能。

3. Java ME

Java ME（Java Platform，Micro Edition）称为 Java 平台微型版，主要用于嵌入式的消费产品中，如移动电话、掌上电脑或其他无线设备等。

1.2 Web 开发基础知识

随着网络技术的不断发展，各种网络程序开发体系结构应运而生，其中基于客户端/服务器的 C/S 结构和基于浏览器/服务器的 B/S 结构成为两大主流。Java Web 开发是基于 B/S 结构的 Java 应用程序开发。

1.2.1　Web 程序运行原理

在 B/S 结构中，用户通过浏览器向 Web 服务器端发送请求，由 Web 服务器处理用户的请求并将处理结果返回客户端。Web 程序的工作流程如图 1-1 所示，具体操作步骤如下。

1）用户通过浏览器向 Web 服务器发送请求（步骤 a），Web 服务器接收到该请求后，根据请求的文件名在 Web 服务器中查找对应的文件（步骤 b），并根据文件的扩展名（如 .html 或 .jsp）来判断当前所请求的是静态页面还是动态页面。

2）当请求页面为静态页面时，则直接将静态页面返回（步骤 c），并将该页面作为响应发送给客户端浏览器（步骤 e）。

3）当请求页面为动态页面时，Web 服务器首先执行页面中的代码部分；如果动态页面中存在数据库操作代码，Web 服务器还要负责完成与数据库服务器的信息交互（步骤 d），之后再将动态页面解释为静态页面（步骤 c）；最后 Web 服务器将该静态页面作为响应发送给客户端浏览器（步骤 e）。

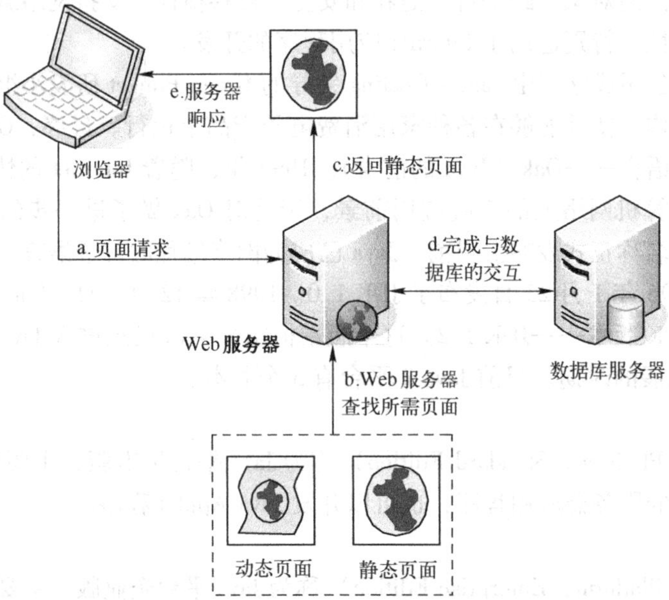

图 1-1　Web 程序的工作流程

1.2.2　Web 服务器介绍

市场上有很多种 Web 服务器，UNIX 和 Linux 平台下常用的 Web 服务器有 Apache 的 Tomcat、IBM 公司的 WebSpherer 和 BEA 公司的 WebLogic 等，而 Windows NT/2000/2003 平台下最常用的服务器则是微软公司的 IIS（Internet Information Server）。

下面介绍几种常用的 Web 服务器。

1. Apache Tomcat

Tomcat 是 Apache 软件基金会（Apache Software Foundation）的 Jakarta 项目中的一个核心项目，由 Apache、Sun 公司和其他一些公司及个人共同开发而成。由于有了 Sun 公司的参与和支持，最新的 Servlet 和 JSP 规范总是能在 Tomcat 中得到体现。因为 Tomcat 技术先进，性能稳定，而且是免费的，因而深受 Java 爱好者的喜爱并得到了部分软件开发商的认可，成为目前比较流行的 Web 应用服务器。

2. IBM WebSphere

WebSphere 应用服务器是一种功能完善、开放的 Web 应用程序服务器，是 IBM 电子商务计划的核心部分，是基于 Java 和 Servlet 的 Web 应用程序运行环境，为 Web 站点提供了所需的一切服务，包括项目管理、连接数据库、Java Servlet 代码生成器、HTML 编辑器和网站发布等，为开发 Servlet 和 JavaBean 提供了多种向导。WebSphere 适应 Web 应用程序服务器的需要，范围从简单到高级直到企业级。

3. BEA WebLogic

WebLogic 最早由 WebLogic Inc. 开发，后并入 BEA 公司，最终 BEA 公司又并入甲骨文公司。WebLogic 是一个 Web 应用服务器，确切地说是一个基于 Java EE 架构的中间件，是用于开发、集成、部署与管理大型分布式 Web 应用、网络应用和数据库应用的 Java 应用服务器。由于 WebLogic 具有全面的功能、对开放标准的遵从性、多层架构，并支持基于组件的开发，基于 Internet 的企业都选择它来开发和部署最佳的应用。

4. Microsoft IIS

Microsoft 的 Web 服务器产品为 Internet Information Server（IIS），IIS 是允许在公共 Intranet 或 Internet 上发布信息的 Web 服务器。IIS 提供了一个图形界面的管理工具，称为 Internet 服务管理器，可用于监视配置和控制 Internet 服务。

IIS 是一种 Web 服务组件，其中包括 Web 服务器、FTP 服务器、NNTP 服务器和 SMTP 服务器，分别用于网页浏览、文件传输、新闻服务和邮件发送等方面，使得在网络（包括因特网和局域网）上发布信息成了一件很容易的事情。

1.2.3 Web 开发流程

在 Web 应用程序的开发中，有两种主流的开发体系结构：C/S 架构和 B/S 架构。

所谓 C/S 架构，又称 Client/Server 或客户端/服务器模式。服务器端通常采用高性能的 PC、工作站或小型机，并采用大型数据库系统，如 Oracle、Sybase、Informix 或 SQL Server；客户端则需要安装专用的客户端软件。在这种架构方式中，客户端应用程序负责用户业务逻辑的处理，服务器端仅对重要的过程和数据库进行处理和存储，如图 1-2 所示。

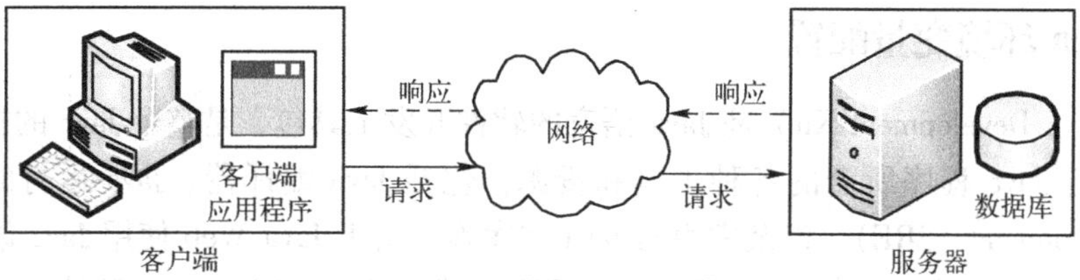

图 1-2　C/S 架构

所谓 B/S 架构，又称 Browser/Server 或浏览器/服务器模式。在这种架构方式中，客户端只需要有通用的浏览器软件，将开发的 Web 应用程序部署在 Web 服务器中即可，通过浏览器向 Web 服务器发送请求，就可以访问服务器端提供的所有服务，如图 1-3 所示。B/S

架构已经成为当今应用软件的首选体系结构。

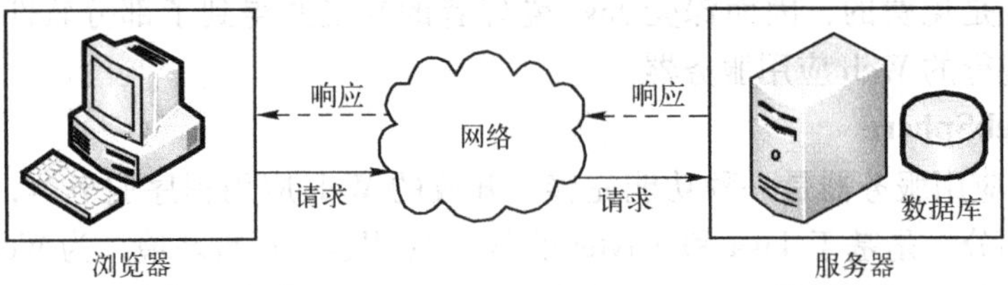

图 1-3　B/S 架构

无论采用哪种体系结构，Web 开发通常都遵循一个基本的流程：需求分析阶段、设计阶段、开发阶段、测试阶段、运行与维护阶段，如图 1-4 所示。

首先，通过对用户的调研，结合分析市场现状及发展趋势完成项目的需求分析。然后，根据需求分析结果进行系统的分析和设计，确定系统的规模和目标，规划开发方案，并完成数据库设计。在开发阶段中，由于 Web 标准是结构和表现相分离的，所以设计师和程序员可以并行开发，后期再完成整个网站的整合。在整个 Web 项目开发完成后，需要设计测试案例，测试项目功能的实现情况。最后，将整个 Web 项目部署到 Web 服务器上，运行并维护。

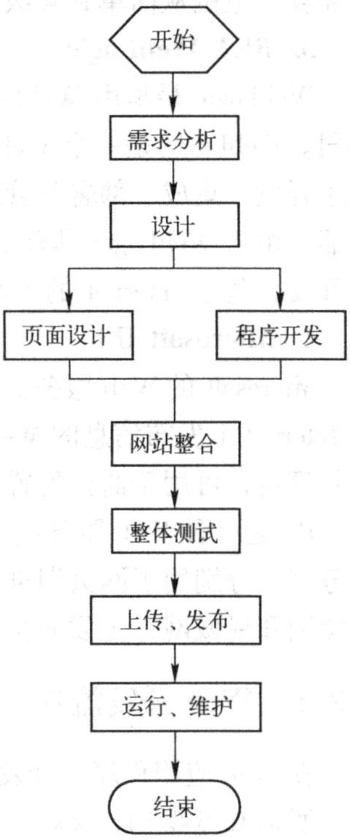

图 1-4　Web 开发流程

1.3　Java Web 开发平台的搭建

开发 Java Web 应用程序需要运行环境和开发工具，因此，搭建一个方便、快捷、高效的开发平台就显得尤为重要。目前，比较常用的开发平台和工具包括 JDK、Tomcat 和 MyEclipse 等。其中，JDK 是 Java 语言的开发环境，Tomcat 是 Web 服务器，MyEclipse 是开发 Java EE 的集成开发环境。

本书以 Windows 64 位操作系统为例，采用 JDK 1.7 + Tomcat 6.0 + MyEclipse 6.6 作为开发与运行环境。读者可根据自己系统的要求下载相应的版本。

1.3.1　Java 环境变量配置

JDK（Java Development Kit）是 Java 语言的软件开发工具包，是整个 Java 的核心，它提供了编译和运行 Java 程序所需的各种工具和资源，包括 Java 编译器、Java 运行时环境（Java Runtime Environment，JRE），以及常用的 Java 类库等。由于 Java Web 使用 Java 语言作为开发语言，因此，要想开发与运行 Java Web 应用程序，就必须有 JDK 的开发环境。本书中采用的是 JDK 1.7 版本，读者可到甲骨文公司的官方网站进行下载，网址为 http://www.oracle.com/technetwork/cn/java/javase/downloads/jdk7-downloads-1880260.html。

1. JDK 的安装

下载后的文件名称为 jdk-7u79-windows-x64.exe，双击该文件即可开始安装。具体安装步骤如下。

1）双击 jdk－7u79－windows－x64. exe 文件，在弹出的对话框中单击“下一步”按钮。

2）在弹出的“定制安装”对话框中，设置 JDK 的安装路径并选择安装组件。单击“更改”按钮，将安装路径更改为 D:\Java\jdk1. 7. 0_79，其他采用默认设置，如图 1-5 所示，单击“下一步”按钮，开始安装。

3）在安装的过程中，将会弹出设置 JRE 安装路径的对话框。单击“更改”按钮，将安装路径更改为 D:\Java\jre7，如图 1-6 所示，单击“下一步”按钮，继续安装 JRE。

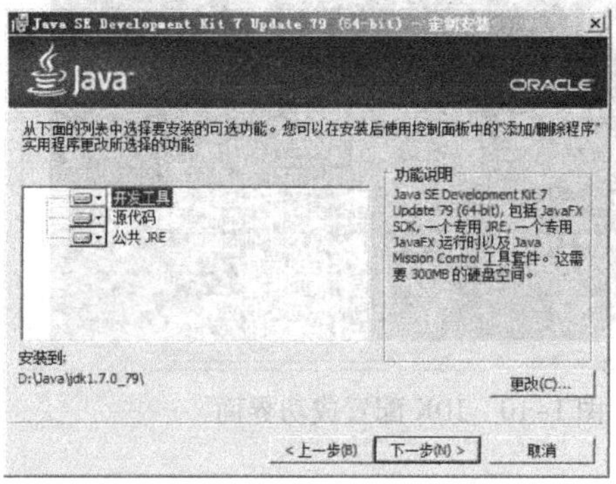

图 1-5　设置 JDK 的安装路径

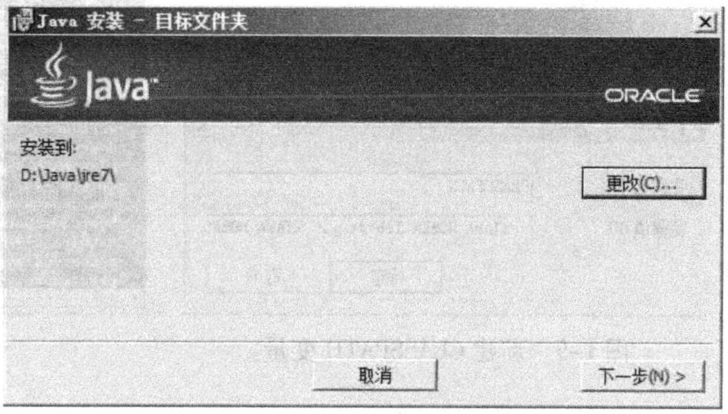

图 1-6　设置 JRE 的安装路径

4）在弹出的安装完成对话框中，单击“关闭”按钮，即可完成 JDK 的安装。

2. JDK 的配置与测试

JDK 安装完成后，需要设置环境变量并测试 JDK 配置是否成功。具体操作步骤如下。

1）在桌面上右击“计算机”图标，在弹出的快捷菜单中选择“属性”命令，弹出“系统”对话框，选择“高级系统设置”选择卡。在弹出的“系统属性”对话框中选择“高级”选项卡，然后单击“环境变量”按钮，弹出“环境变量”对话框。

2）单击“系统变量”选项组中的“新建”按钮，弹出“新建系统变量”对话框。在“变量名”文本框中输入 JAVA_HOME，在“变量值”文本框中输入 JDK 的安装路径 D:\Java\jdk1. 7. 0_79，如图 1-7 所示。单击“确定”按钮，完成系统变量 JAVA_HOME 的创建。

3）在系统变量列表框中查看是否存在 PATH 变量（注意：不区分大小写）。如果不存在，则新建系统变量 PATH；若存在，则选中该变量，单击“编辑”按钮，弹出“编辑系统变量”对话框。在“变量值”文本框中原有变量值的最前面增加变量值“%JAVA_HOME%\bin;”，如图 1-8 所示。单击“确定”按钮，完成系统变量 PATH 的编辑。

图 1-7　新建 JAVA_HOME 变量

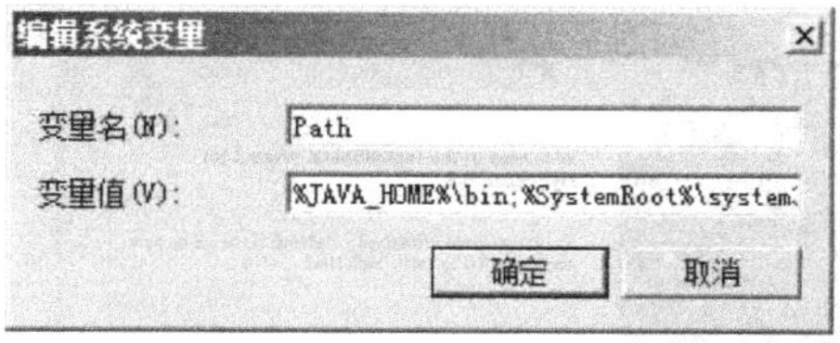

图 1-8　编辑 PATH 变量

4）用同样的方法新建系统变量 CLASSPATH，设置变量值为“.;%JAVA_HOME%\lib\dt. jar;%JAVA_HOME%\lib\tools. jar”，如图 1-9 所示。单击“确定”按钮，完成系统变量的

创建。

5）环境变量设置完成后，还要测试 JDK 是否配置成功。

单击“开始”按钮，选择“运行”命令，在弹出的“运行”对话框中输入 cmd 命令，单击“确定”按钮，进入 DOS 命令窗口。在命令提示符后输入 javac 命令，按下 <Enter> 键，如果系统输出 javac 命令的使用帮助信息，如图 1-10 所示，则表明 JDK 配置成功。

图 1-9　新建 CLASSPATH 变量

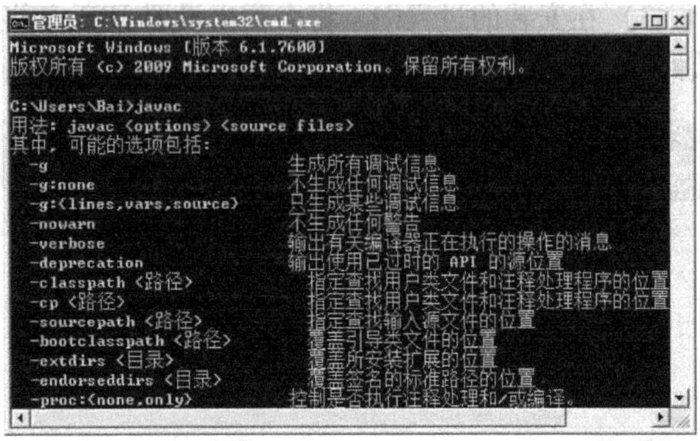

图 1-10　JDK 配置成功界面

1.3.2　集成开发环境 MyEclipse 的下载和配置

MyEclipse 是基于 Eclipse 开发的功能强大的企业级集成开发环境，主要用于 Java、Java EE 和移动应用的开发，支持代码编写、调试、测试及发布等功能，提供了对 UML、Ajax、Web、Web Services、J2EE、JSP、XML、Struts、JSF、Java Persistence、EJB、扩展数据库，以及各种应用服务器的集成支持。

1. 下载 MyEclipse

MyEclipse 的官方网站地址是 http://www.myeclipseide.com/，可根据需要购买或者下载试用版的 MyEclipse。本书使用的是 MyEclipse 6.6 版本。下载后的文件名称为 MyEclipse_6.6.0_E3.3.2_Installer.exe，双击该文件即可开始安装。具体安装步骤如下。

1）双击 MyEclipse_6.6.0_E3.3.2_Installer.exe 文件，在弹出的对话框中单击 Next 按钮，如图 1-11 所示。

2）在弹出的“许可协议”对话框中，选择 I accept the terms of the license agreement（接受许可协议）单选按钮，如图 1-12 所示。单击 Next 按钮，进入选择安装路径对话框，单击 Change 按钮，将安装路径更改为 D:\MyEclipse 6.6，如图 1-13 所示，也可以使用默认路径。

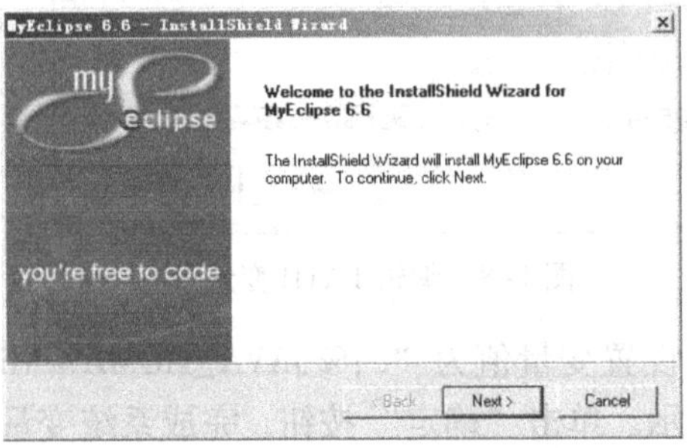

图 1-11　MyEclipse 安装启动界面

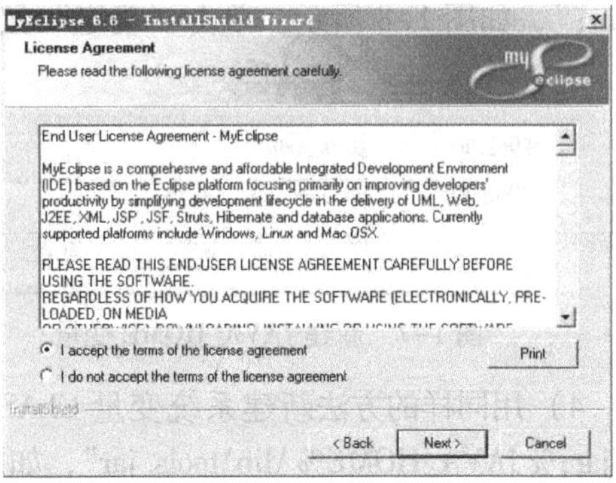

图 1-12　安装许可协议

3）设置完安装路径后，单击 Next 按钮，将显示准备安装的提示界面，单击 Install 按钮，开始进行安装。安装完成后，将弹出如图 1-14 所示的对话框，提示安装已完成。单击 Finish 按钮，即可完成 MyEclipse 的安装。

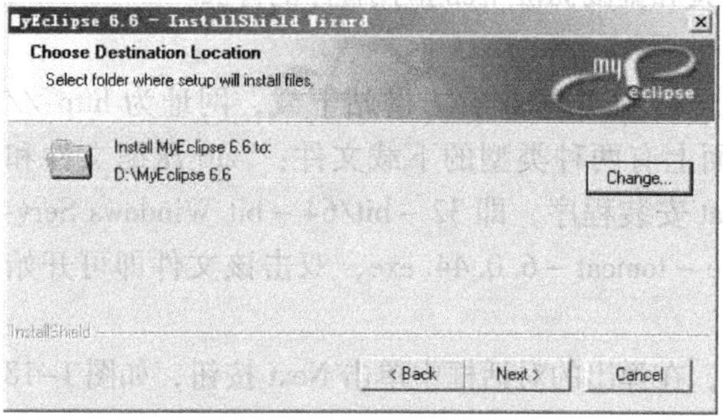

图 1-13　选择安装路径

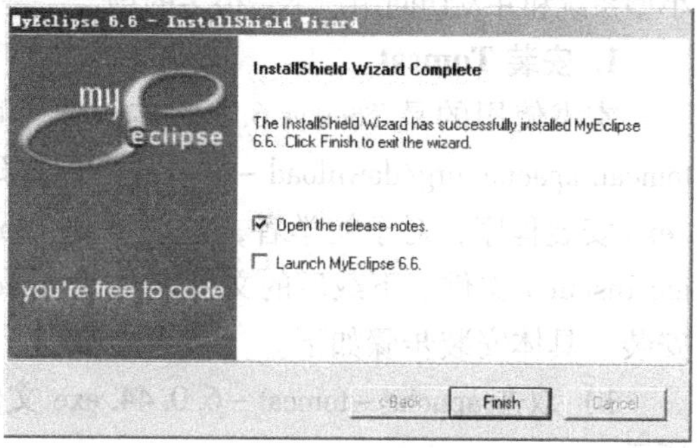

图 1-14　安装完成

2. 配置 MyEclipse

MyEclipse 安装完成后，单击“开始”按钮，选择“所有程序”→MyEclipse 6.6→MyEclipse 6.6 命令，启动 MyEclipse。启动时，首先会提示选择工作空间，如图 1-15 所示。如果要改变工作空间默认值，可以单击 Browse 按钮，在弹出的对话框中选择路径。设置完成后，单击 OK 按钮，进入 MyEclipse 主界面。

如果是第一次启动 MyEclipse，会显示欢迎界面，如图 1-16 所示，关闭 Welcome 页面将进入工作窗口，如图 1-17 所示。

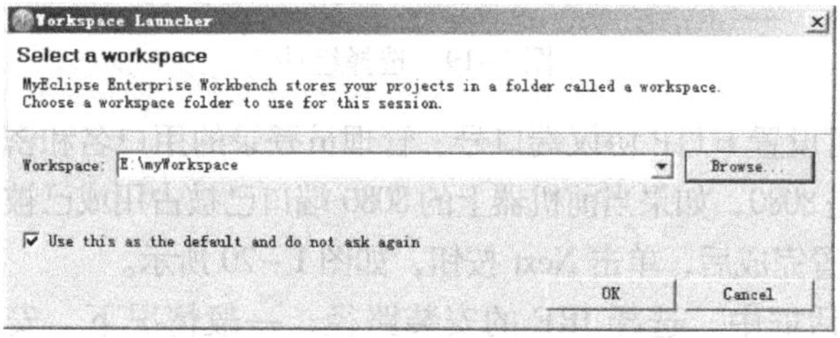

图 1-15　选择工作空间

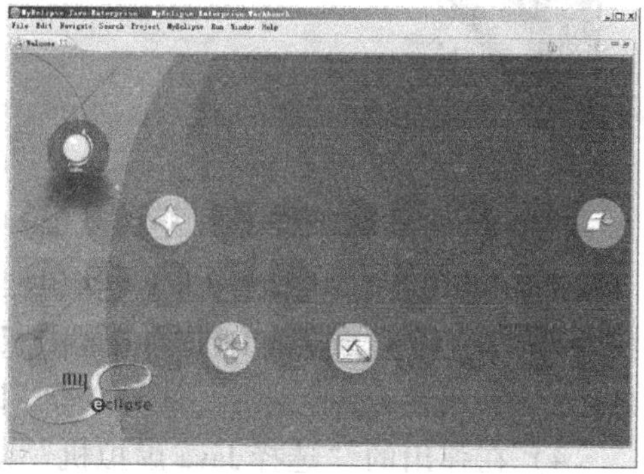

图 1-16　MyEclipse 主界面

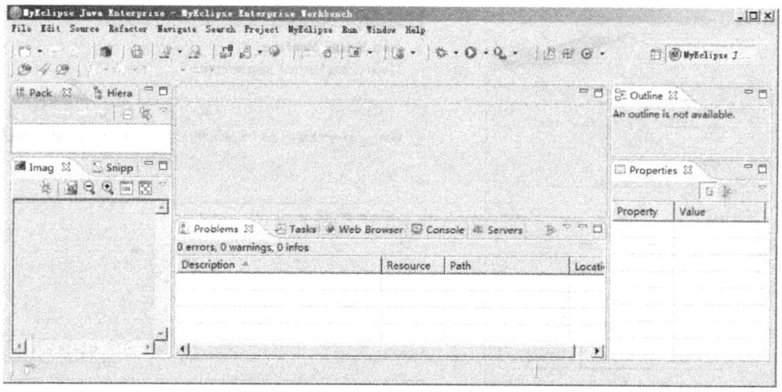

图 1-17　MyEclipse 工作窗口

1.3.3 Tomcat 服务器配置

Tomcat 服务器是一个免费开源的 Web 应用服务器，属于轻量级应用服务器，通常应用于中小型系统和并发访问用户不是很多的场合，是开发和调试 Java Web 应用程序的首选。

1. 安装 Tomcat

本书使用的是 Tomcat 6.0 版本，读者可自行到 Tomcat 官方网站下载，网址为 http://tomcat.apache.org/download-60.cgi。下载页面上有两种类型的下载文件：.zip 压缩文件和.exe 安装程序，对于初学者，建议下载 Tomcat 安装程序，即 32-bit/64-bit Windows Service Installer 文件。下载后的文件名称为 apache-tomcat-6.0.44.exe，双击该文件即可开始安装。具体安装步骤如下。

1）双击 apache-tomcat-6.0.44.exe 文件，在弹出的对话框中单击 Next 按钮，如图 1-18 所示。

2）在弹出的“许可协议”对话框中，单击 I Agree 按钮，弹出“选择组件”对话框，可选择安装的组件，如图 1-19 所示，这里保持默认设置，单击 Next 按钮。

图 1-18　Tomcat 安装启动界面

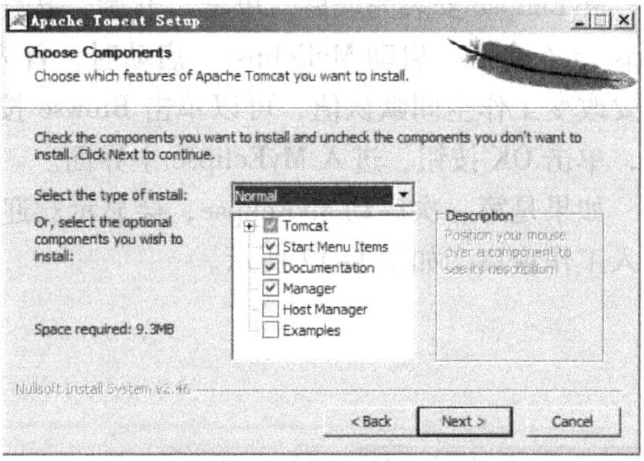

图 1-19　选择组件

3）在弹出的“基本配置”对话框中，可设置 HTTP 协议端口号、管理员登录的用户名和密码。Tomcat 服务器默认的 HTTP/1.1 端口号是 8080，如果当前机器上的 8080 端口已被占用或已被禁用，可以设置为其他端口，如 9080 等。设置完成后，单击 Next 按钮，如图 1-20 所示。

4）在弹出的“选择 Java 虚拟机”对话框中，选择 JRE 的安装路径，一般情况下，安装程序会自动找到 Java 虚拟机安装路径，如图 1-21 所示，设置完成后单击 Next 按钮。

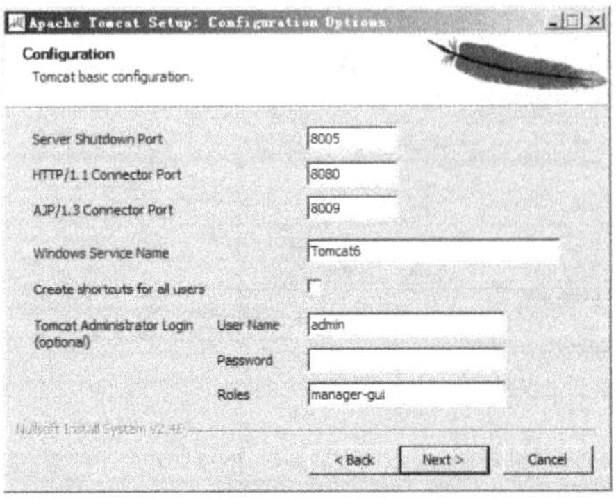

图 1-20　基本配置

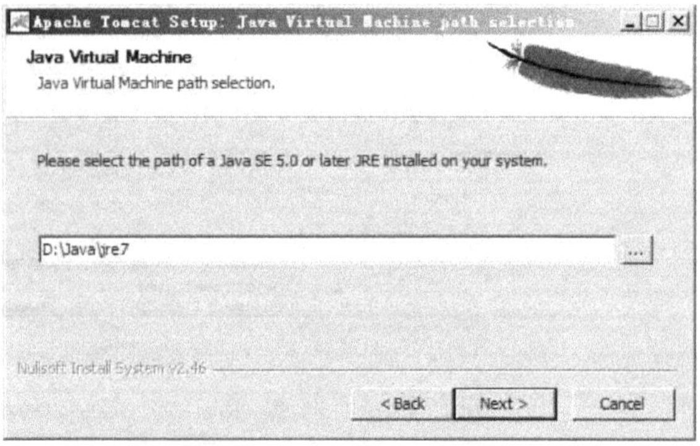

图 1-21　选择 Java 虚拟机

5）这时将弹出“选择安装路径”对话框，设置安装路径为 D:\Tomcat 6.0，如图 1-22 所示，然后单击 Install 按钮，开始进行安装。安装完成后，会弹出如图 1-23 所示的对话框，单击 Finish 按钮，完成 Tomcat 的安装。

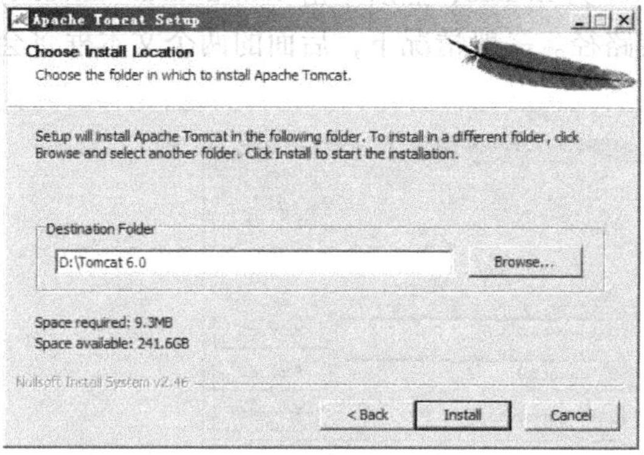

图 1-22　选择安装路径

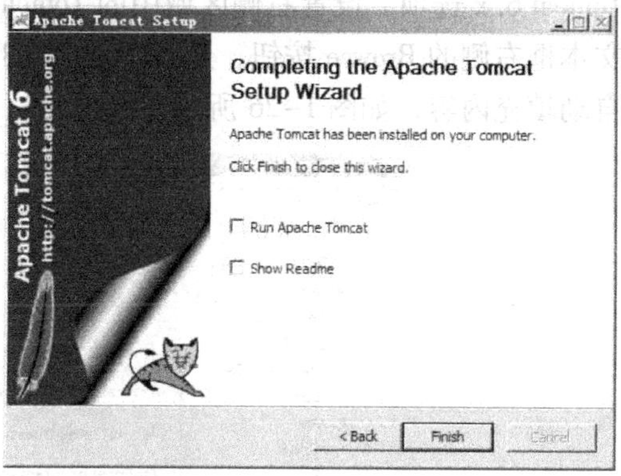

图 1-23　安装完成

2. 配置 Tomcat

Tomcat 安装完成后，单击“开始”按钮，选择“所有程序”→Apache Tomcat 6.0 →Configure Tomcat 命令，将弹出 Tomcat 属性对话框，如图 1-24 所示。单击 Start 按钮，将启动 Tomcat 服务。单击 Stop 按钮，将关闭 Tomcat 服务。如果需要自动启动 Tomcat，可将 Startup type（启动类型）设置为 Automatic。

启动 Tomcat 服务器后，在浏览器地址栏中输入 http://localhost:8080/或 http://127.0.0.1:8080/，如果出现的是如图 1-25 所示的测试界面，则表示 Tomcat 已安装成功并正常启动。

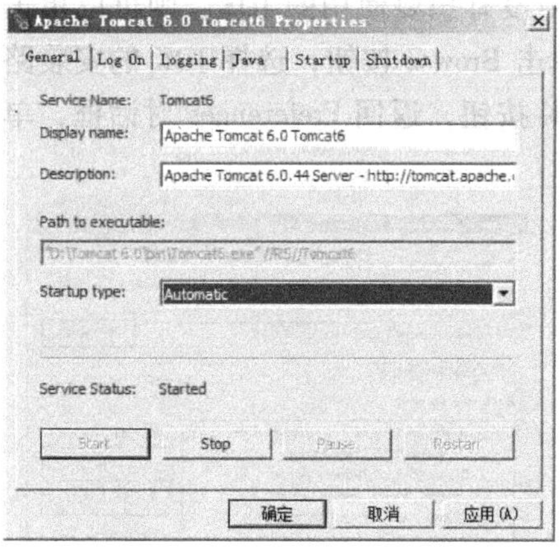

图 1-24　Tomcat 属性对话框

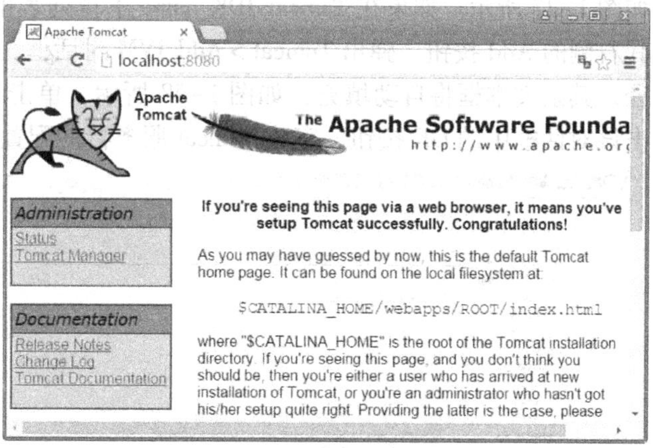

图 1-25　Tomcat 测试界面

1.3.4　部署项目

虽然 MyEclipse 6 已经内置了一个简易的 Tomcat，但在实际开发过程中，最常用到的还是用单独安装的 Tomcat 作为服务器进行 Web 应用程序的开发。

下面将介绍如何在 MyEclipse 中配置 Tomcat 服务器，具体操作步骤如下。

1）打开 MyEclipse，在菜单中选择 windows→preferences 命令，在弹出的 Preferences 对话框左侧列表框中依次展开 MyEclipse Enterprise Workbench→Servers→Tomcat 结点，选择 Tomcat 6. x 选项，设置右侧区域中的 Tomcat server 为 Enable，然后单击 Tomcat home directory 文本框右侧的 Browse 按钮，选择 Tomcat 的安装路径。一般情况下，后面的两个文本框将会自动填充内容，如图 1-26 所示。

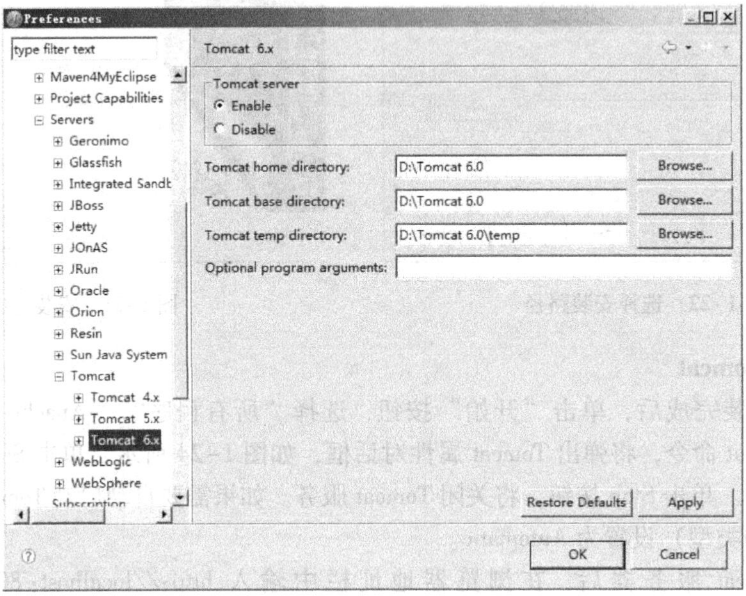

图 1-26　Preferences 对话框

2）展开左侧列表框中的 Tomcat 6. x 结点，并选择 JDK 选项，设置为自己安装的 JDK，如图 1-27 所示。如果在 Tomcat JDK name 下拉列表框中没有想要使用的 JDK，则可以单击其右侧的 Add 按钮，弹出 Tomcat > Add JVM 对话框，单击 Browse 按钮，选择 JDK 的安装路径，其余文本框将自动填充，如图 1-28 所示。单击 OK 按钮，返回 Preferences 对话框，单击该对话框中的 OK 按钮，完成 Tomcat 服务器的配置。

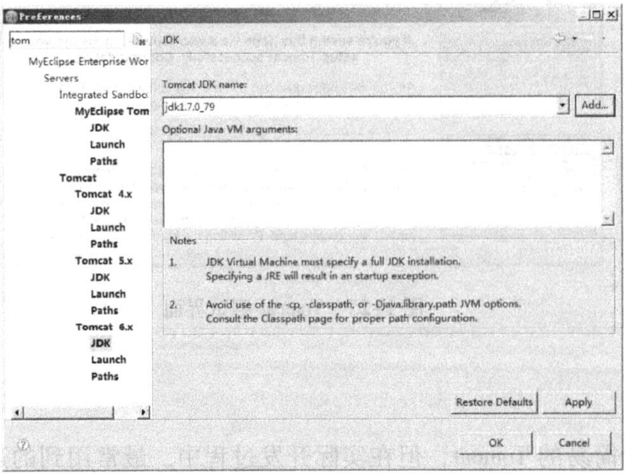

图 1-27　配置 JDK

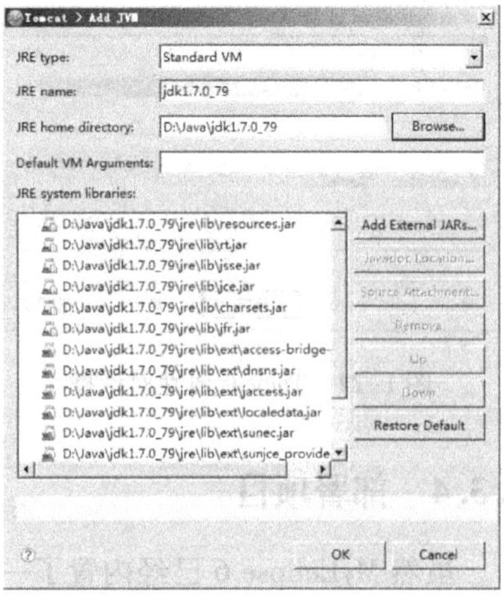

图 1-28　选择 JDK 安装路径

3）在 MyEclipse 主界面的工具栏上，单击服务器按钮右侧的下拉按钮，可以看到已经配置好的 Tomcat 6. x，如图 1-29 所示，选择 Start 选项，启动服务。如果在 Console 视图中出现如图 1-30 所示的提示信息，则表明服务器运行成功。至此，在 MyEclipse 中配置 Tomcat 服务器成功。

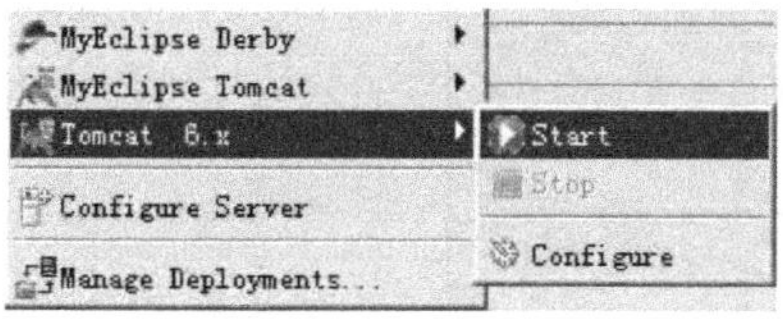

图 1-29　启动服务

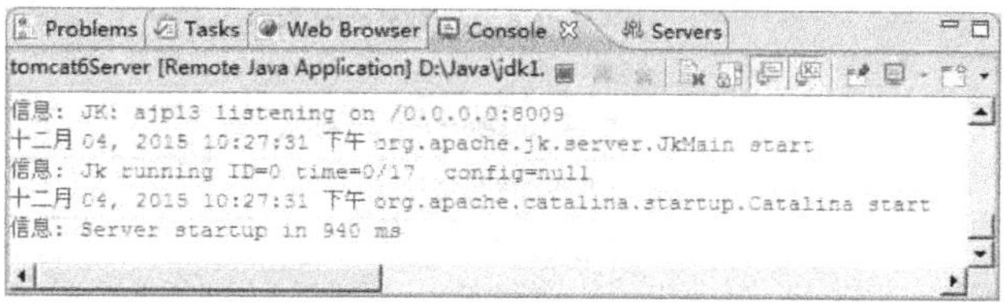

图 1-30　Console 视图

1.3.5　创建第一个 Java Web 项目

本节通过一个简单的实例说明 Java Web 项目的创建及执行过程。

1. 创建 Java Web 项目

以创建 Hello 项目为例，具体操作步骤如下。

1）在 MyEclipse 菜单中选择 File→New→Web Project 命令，弹出 New Web Project 对话框，在 Project Name 文本框中输入 Hello，并在 J2EE Specification Level 选项组中选择 Java EE 5.0 单选按钮，如图 1-31 所示，单击 Finish 按钮，完成 Hello 项目的创建。

2）在 MyEclipse 左侧的 Package Explorer 视图中会显示出刚刚创建的 Hello 项目，如图 1-32 所示。

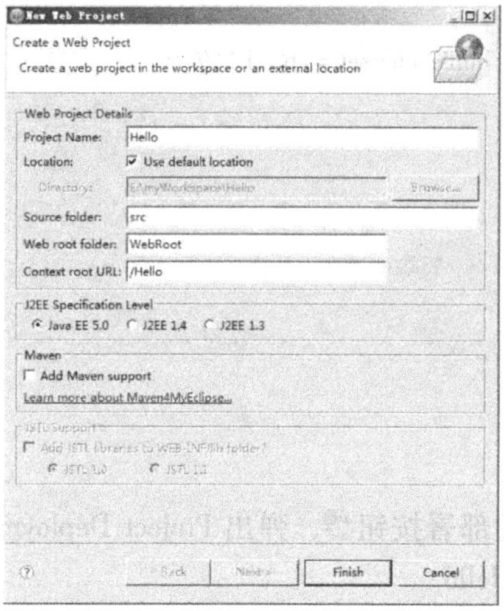

图 1-31　New Web Project 对话框

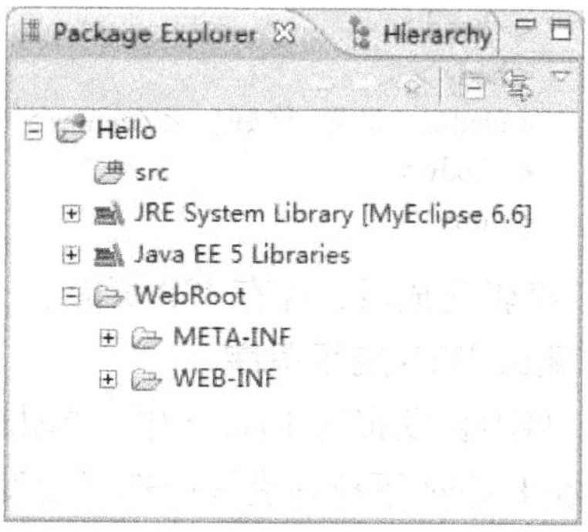

图 1-32　Package Explorer 视图

2. 创建 JSP 页面

1）在图 1-32 的 Hello 项目中，右击 WebRoot 选项，在弹出的快捷菜单中依次选择 New→Other 命令，在弹出的 New 对话框中依次展开 MyEclipse→Web 结点，选中结点下的 JSP（Basic templates）选项，然后单击 Next 按钮。

2）弹出 New JavaServer Page 对话框，在 File name 文本框中输入 Hello. jsp，然后单击 Finish 按钮，如图 1-33 所示。

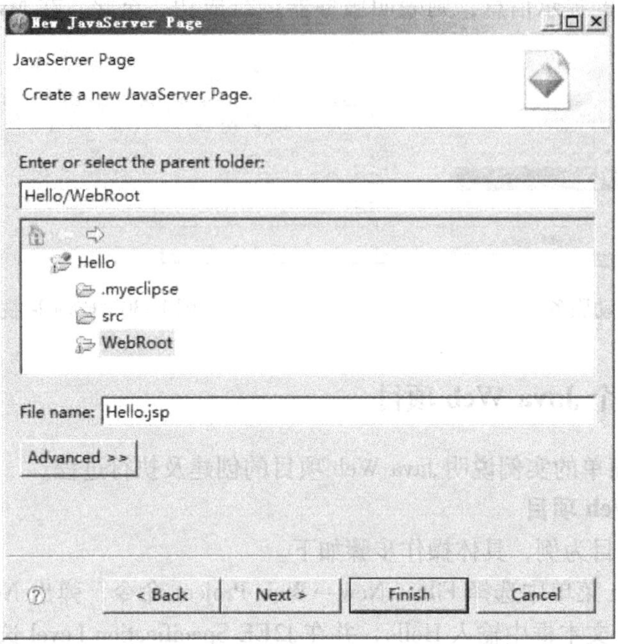

图 1-33　New JavaServer Page 对话框

3）文件创建完成后，MyEclipse 会在编辑窗口中自动以默认的 JSP 代码编辑器打开文件 Hello. jsp，修改页面代码如下。

```
<%@ page language="java" contentType="text/html; charset=gb2312"%>
<html>
<head>
<title>HelloWorld</title>
</head>
<body>
<center>世界,你好！ </center>
</body>
</html>
```

4）编辑完成后，保存 JSP 页面。

3. 测试 Web 应用程序

1）将项目发布到 Tomcat 中。单击工具栏中的部署按钮，弹出 Project Deployments 对话框，在 Project 下拉列表框中选择要发布的项目 Hello。

2）然后单击右侧的 Add 按钮，弹出 New Deployment 对话框，在 Server 下拉列表框中选择 Tomcat 6. x 选项，如图 1-34 所示，单击 Finish 按钮，返回 Project Deployments 对话框。设置完成后的该对话框如图 1-35 所示，再单击 OK 按钮，即可完成项目的发布。

3）确认 Tomcat 服务器已经成功启动，然后打开浏览器，在地址栏中输入 http://localhost:8080/Hello/Hello. jsp 进行访问，运行结果如图 1-36 所示。

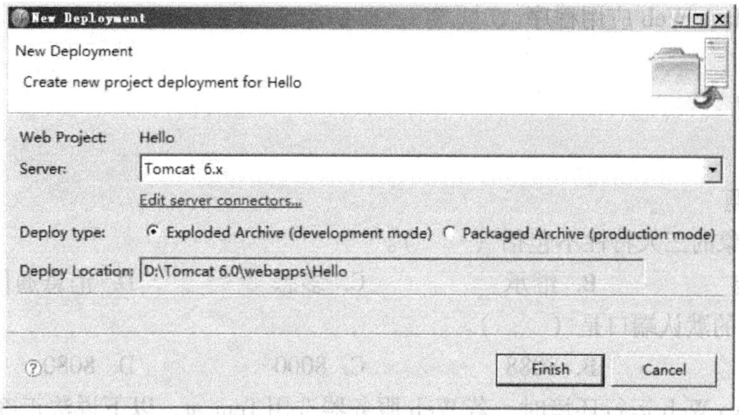

图 1-34 New Deployment 对话框

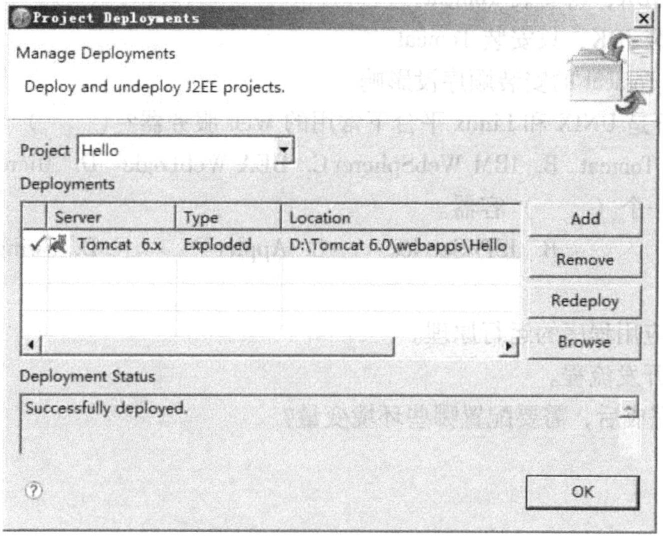

图 1-35 Project Deployments 对话框

图 1-36 运行结果

本章小结

本章主要对 Java Web 开发中的一些基本知识进行了简单介绍，重点介绍了如何搭建Java Web 的开发环境，包括 JDK、Tomcat 及 MyEclipse 的安装，以及如何在 MyEclipse 中部署 Tomcat。最后，通过创建一个简单的 Java Web 应用程序，使读者能够快速掌握如何使用开发工具来创建 Java Web 应用程序。

实践与练习

一、选择题

1. 面向对象的三大特性不包括（　　）。

A. 封装　　B. 继承　　C. 多态　　D. 消息通信

2. Tomcat 的默认端口是（　　）。

A. 80　　B. 8088　　C. 8000　　D. 8080

3. 搭建 Java Web 运行环境时，若 Web 服务器选用 Tomcat，以下说法正确的是（　　）。

A. 先安装 Tomcat，再安装 JDK

B. 先安装 JDK，再安装 Tomcat

C. 无需安装 JDK，只安装 Tomcat

D. JDK 和 Tomcat 的安装顺序没影响

4. 以下哪个不是 UNIX 和 Linux 平台下常用的 Web 服务器？（　　）

A. Apache Tomcat　B. IBM WebSpherer　C. BEA WebLogic　D. Microsoft IIS

5. Tomcat 是一个（　　）容器。

A. EJB　　B. JSP/Servlet　　C. Applet　　D. Swing 组件

二、简答题

1. 简述 Web 应用程序的运行原理。

2. 简述 Web 开发流程。

3. JDK 安装完成后，需要配置哪些环境变量？

实验指导

题目 1　搭建 Java Web 开发环境

1. 任务描述

掌握 Java Web 开发环境的安装与配置。

2. 任务要求

1）安装 JDK 1.7，并配置环境变量。

2）安装 Tomcat，并测试。

3）安装 MyEclipse，并配置 Tomcat。

3. 操作步骤提示

1）安装完 JDK 后，需要配置环境变量：JAVA_HOME、PATH、CLASSPATH。

2）安装完 Tomcat 后，需要在浏览器中输入 http://localhost:8080 来测试 Tomcat 是否安装成功。运行结果参见本书中的图 1-25。

题目 2　创建第一个 Java Web 程序

1. 任务描述

在页面中输出 1 +2 +3 +⋯ +50 的结果。

2. 任务要求

使用 for 循环计算 1 ～ 50 的和，并在页面上输出结果。

3. 知识点提示

本任务主要用到以下几个知识点。

1）可以在 HTML 页面文件中加入 Java 代码块，Java 代码块要放在 <%... % >标记符号中。

2）使用 <% =... % >输出表达式的值，如输出变量 sum 的值，可使用 <% = sum% >。

4. 操作步骤提示

1）创建 Java Web 项目。

2）创建 JSP 页面。

3）完成 Java 代码块。

4）将项目发布到 Tomcat 中。

5）在浏览器中测试程序的运行情况。运行结果如图 1–37 所示。

图 1–37　SX_2 运行结果

第2章　Java Web 开发前端静态技术

对于 Web 前端设计，最准确的理解就是把网页看成3个层次：①结构层，由 HTML 来定义页面中的内容；②表现层，由 CSS 来定义页面中的内容如何显示；③行为层，由 JavaScript 和 DOM 来增加页面的交互功能。

2.1　Java Web 开发前端技术简介

1. HTML

HTML 是 HyperText Markup Language 的简称，中文译为"超文本标签语言"或"超文本标记语言"。HTML 属于一种标签语言，它不同于一般的程序设计语言，程序设计语言是设计应用软件的工具，而标签语言的功能比较单一，是用来描述网页的一种语言。

XML 是 eXtensible Markup Language 的简称，中文译为"可扩展标记语言"。XML 也是一种标记语言，类似于 HTML，但 XML 标签没有被预定义，需要自行定义标签。XML 被设计用来描述数据，其焦点是数据的内容。

XHTML 是 Extensible HyperText Markup Language 的简称，中文译为"可扩展超文本标记语言"，目前推荐遵循的是 W3C 组织于2000年年底发布的 XHTML 1.0 版本，这是一种在 HTML 4.0 基础上进行优化和改进的新语言，目的是基于 XML 应用。

虽然 XML 数据转换能力强大，完全可以替代 HTML，但面对成千上万已有的站点，直接采用 XML 还为时过早。因此，在 HTML 4.0 的基础上，用 XML 的规则对其进行扩展，得到了 XHTML。简单而言，建立 XHTML 的目的就是实现 HTML 向 XML 的过渡。

HTML 5 将是下一代的 Web 标准。HTML 5 具有全新的、更加语义化的、合理的结构化元素，新的、更具表现性的表单控件，多媒体视频和音频支持，以及更加强大的交互操作功能，一切都是全新的。

2. CSS

CSS 是 Cascading Style Sheet 的缩写，中文译为"层叠样式表"，是用于控制网页样式并允许将样式信息与网页内容分离的一种标记性语言。CSS 目前的最新版本为 CSS 3，能够真正做到网页表现与内容分离。相对于传统的 HTML 表现而言，CSS 能够对网页中对象的位置排版进行像素级的精确控制。CSS 扩充了 HTML 标签的属性设定，使得页面效果更加丰富，表现效果更加灵活，更具有动态性。

本章只详细介绍 HTML 和 CSS 部分。

2.2　HTML 5 标签技术

HTML 文档其实就是一个文本文件。这个文件内包含了要发布的信息和指示浏览器如何显示这些信息的标签指令。

2.2.1 HTML 5 声明文件

一个标准的 HTML 5 文件的代码如下所示。

```
<!DOCTYPE html>
<html>
<head>
<meta charset="UTF-8"/>
<title>Hello World! </title>
</head>
<body>
<h1>Hello World! </h1>
</body>
</html>
```

上述代码中，DOCTYPE 是 document type（文档类型）的简写，用来说明当前页面是使用哪个 HTML 版本进行编写的。在 HTML 5 文档中，不但 DOCTYPE 的声明变得简单，而且字符集的声明也被简化。UTF-8 是一套几乎包含所有语言全部字符的通用字符集，是目前国际上通行的编码方式，也是目前最主要的编码方式。

需要注意的是，<! DOCTYPE> 声明必须是 HTML 文档的第一行，位于 <html> 标签之前，并且声明不区分大小写，也没有结束标签。

通过上面示例可以看出，一个 HTML 文档由 4 个基本部分组成。

1）文档类型声明。

2）<html> </html>标签对，用来标识 HTML 文档的开始和结束。

3）<head> </head>区域，用来描述 HTML 文档的相关信息，如编码方式、网页标题等。

4）<body> </body>区域，用来定义在 HTML 文档中需要显示的实际内容，如文字、图片、表格和表单等。

HTML 使用标签来描述网页。标签就是由尖括号包围的关键词，如<html>。标签的使用有两种形式：成对出现的标签和单独出现的标签。

1. 成对出现的标签

这种类型的标签包含开始标签和结束标签，基本格式如下。

```
<开始标签>内容</结束标签>
```

举例如下。

```
<h1>这是标题 1 的效果</h1>
```

2. 单独出现的标签

这种类型的标签有换行标签
、图片标签<img/>和水平线标签<hr/>等。例如，要在页面中插入一幅图片，可以使用如下代码。

```
<img src="images/photo.png"/>
```

提示：虽然 HTML 5 并没有要求标签必须闭合，但还是建议使用 XHTML 严格的语法规则来标记 HTML 5。大家都遵照一种标准化的语法，将更有利于协同工作。XHTML 中还规定，标签及属性全部采用小写字母；属性值必须用双引号括起来等。

无论使用哪种标签，都切忌不要出现交叉闭合的情况，比如：

```
<p>这里是需要<em>强调</p>的地方</em>
```

应修改为：

```
<p>这里是需要<em>强调</em>的地方</p>
```

也就是说，嵌套必须是严格对称的。

另外，为代码适当地添加一些注释，将有利于增加文档的可读性，比如：

```
<!--这是一段注释,注释不会在浏览器中显示。-->
```

2.2.2 HTML 5 文本和段落

在创建 HTML 5 文档时，用户可以通过多种开发工具来实现，最简单的就是使用记事本。

【例 2-1】 使用记事本设计一个简单的个人简历页面，预览效果如图 2-1 所示。

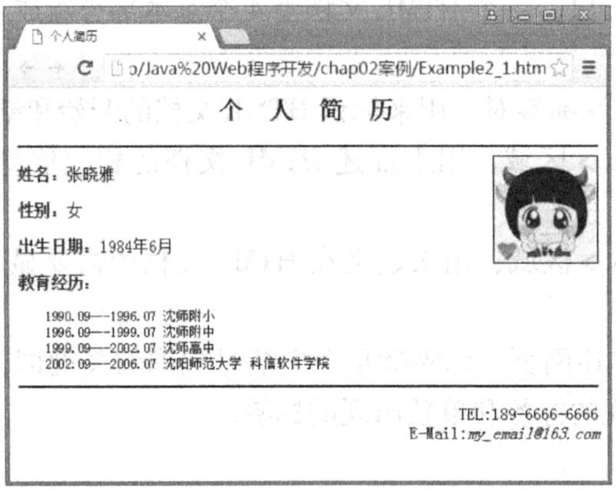

图 2-1　个人简历

具体的操作步骤如下。

1）编辑代码。打开记事本，编写如下代码。

```
<! DOCTYPE html>
<html>
<head>
<meta charset="UTF-8"/>
<title>个人简历</title>
</head>
<body>
<h2 align="center">个 人 简 历</h2>
```

```
<hr color = "black"/>
<img src = "images/photo. jpeg" width = "100" height = "100" align = "right" alt = "靓照" border
    = "1px"/>
<p> <b>姓名: </b>张晓雅</p>
<p> <b>性别: </b>女</p>
<p> <b>出生日期: </b>1984 年 6 月</p>
<p> <b>教育经历: </b> </p>
<pre>
    1990. 09 ---1996. 07 沈师附小
    1996. 09 ---1999. 07 沈师附中
    1999. 09 ---2002. 07 沈师高中
    2002. 09 ---2006. 07 沈阳师范大学 科信软件学院
</pre>
<hr color = "black"/>
<p align = "right" >TEL:189 - 6666 - 6666 <br/> E - Mail: <em> my_email@ 163. com </em>
</p>
</body>
</html>
```

2）保存文件。选择“文件”→“保存”命令，在弹出的对话框的“保存类型”下拉列表框中选择“所有文件”选项，在“文件名”文本框中输入文件名 Example2_1. html，在“编码”下拉列表框中选择“UTF-8”选项，选择相应的路径后，单击“保存”按钮。

3）浏览页面。在磁盘上找到保存的路径，双击 Example2_1. html 文件，就可以在浏览器中看到如图 2-1 所示的效果。

下面将介绍本例中涉及的标签的作用及使用方法。

提示：本例源代码中使用了标签的属性来实现相应的效果，但在实际应用中，相应的效果都是通过 CSS 来实现的。

---

1. 标题 <hn>

标题标签 <hn>可以建立文件内容的主标题、次标题和小标题的文字效果。n 的范围是 1～6，值越小，字体越大。<hn>标签的 align 属性可以设置标题的水平对齐方式分别为左对齐、居中或右对齐。其语法格式如下。

```
<hn align = "left"/"center"/"right" >… </hn>,n = 1 ~6
```

2. 水平线 <hr/>

使用 <hr/>标签将在页面中创建一条水平线。<hr/>的属性如表 2-1 所示。

表 2-1 <hr/>的属性

属 性	描 述
width	水平线的宽度（可以使用绝对像素，也可以使用百分比为单位）
size	水平线的高度
align	水平线的水平对齐方式（取值为 left、center 和 right）
noshade	去掉水平线阴影

3. 加粗、倾斜和下划线

对于重要的文字内容，可以用粗体来表现。在设计上可以使用<b></b>标签，也可以使用<strong></strong>标签，这两个标签都可以表现文字粗体的效果。在 HTML 5 中，推荐使用<strong></strong>。

对需要表示强调的文字内容，可以选择斜体效果。<i></i>标签或<em></em>标签都可以表现文字斜体的效果。在 HTML 5 中，推荐使用<em></em>。

要实现下划线效果，可以使用<u></u>标签，但要尽量避免为文本添加下划线，用户可能会把它混淆为一个超链接。

常用的字型标记还有：（表示定义上标文本）、（表示定义下标文本）、<small></small>（表示呈现小号字体效果）和<big></big>（表示呈现大号字体效果）等。

**4. 段落<p>与换行
**

段落由标记<p></p>定义。段落标记可以使用 align 属性来实现段落的水平对齐方式分别为左、中、右的对齐，用法同<hn>标记。

要想在 HTML 文件中实现换行效果，应使用换行标记
，它的作用类似于平时处理文档时使用的〈Enter〉键。

5. 预定格式<pre>

如果有一段已经编排好的段落内容，并且希望直接按照原编排格式显示在 HTML 文件中，就可以使用预定格式标记<pre></pre>，它可以保留文字在源代码中的格式。

6. 特殊字符

HTML 中特殊符号的表示法如表 2-2 所示。

表 2-2 特殊符号表示法

HTML 源代码	显示结果	HTML 源代码	显示结果
<	<	®	®
>	>	©	©
&	&		空格
"	“	·	·

2.2.3 HTML 5 链接

网页中的超链接分为文本超链接和图像超链接，只要用户单击带有链接的文字或图像，就可以自动链接到对应的文件，从而使网页链接成为一个整体。因此，超链接是整个因特网的基础。链接目标可以是一个网页或一个图像，也可以是同一网页上的不同位置，还可以是一个电子邮件地址、一个文件，甚至是一个应用程序。

使用标签<a></a>来定义超链接，其语法格式如下。

```
<a href = "URL" >… </a>
```

其中，URL 是超链接指向的目标网页地址。超链接常用属性如表 2-3 所示。

表 2-3 超链接常用属性

属 性	说 明
href	链接指向的页面的 URL
target	在何处打开链接文档
name	定义锚点

表 2-4 列出了 target 属性的属性值说明。

表 2-4 target 属性值说明

属 性	说 明
_self	浏览器默认的设置，在当前窗口或同一框架中载入链接的文档
_blank	在一个新的、未命名的浏览器窗口中载入链接的文档
_parent	如果是嵌套的框架，则在父框架或窗口中打开链接的文档；如果不是嵌套的框架，则与选择 _top 选项的效果相同
_top	在整个浏览器窗口中载入链接的文档

1. 创建页面链接

使用超链接，既可以链接到外部的地址，如 http://www.baidu.com，也可以链接到站点内的其他文件，在 href 属性值中输入站点内文件的相对路径即可。代码如下。

```
<a href="http://www.baidu.com" target="_blank">百度</a>
<a href="Example2_1.html" target="_blank">个人简历</a>
```

在浏览器中查看文档，效果如图 2-2 所示。

当鼠标移到带有下划线的文字上时，鼠标指针变为手形，单击超链接文字，将会在新窗口中分别显示链接页面。

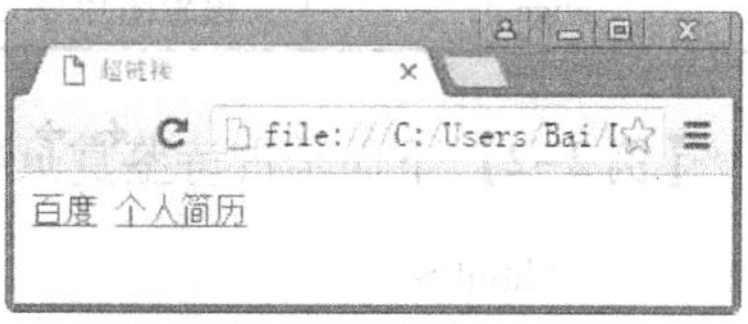

图 2-2 外部链接

2. 其他链接

（1）电子邮件链接

电子邮件链接是指当浏览者单击该链接后，会启动用户系统客户端的电子邮件软件（如 Outlook Express），并打开一个新的电子邮件窗口。代码如下。

```
<a href="mailto:abc@163.com">联系我们</a>
```

（2）空链接

所谓空链接，就是没有链接对象的链接。空链接具有链接的表现形式，但是不能跳转到其他页面，有时使用空链接是为了响应 JavaScript 代码。代码如下。

```
<a href="#">空链接</a>
<a href="#" onclick="alert('欢迎光临本页面！');">Click me！</a>
```

当单击 Click me！链接时，页面上将弹出一个警示窗口，单击“确定”按钮，即可关闭警示窗口。

3. 锚点链接

锚点链接可以将网页中的文本或图像链接到同一个网页的不同位置，也可以链接到不同网页中的指定位置，使浏览者可以快速浏览到指定的位置。

锚点链接通常用于含有大量文本的网页。创建锚点链接的过程主要分为两部分：首先创建命名锚点；然后创建到该命名锚点的链接，也就是锚点链接。相应的代码如下。

```
<a name="test">test 位置</a>
<a href="#test">跳转到 test 位置</a>
```

2.2.4 HTML 5 图像

网页中常用的图片文件格式有 GIF、JPEG 和 PNG。要想在网页中显示这些图片，必须将它们链接到网页。可以使用图像标签 <img/> 来实现，通过 <img/> 属性还可以设置图片的大小、边框和图文混排等。

图片标记 <img/> 需要配合其他属性来完成显示图片的功能，常见的属性如表 2-5 所示。

表 2-5 <img/> 的属性

属　性	描　述
src	指定图片的路径
alt	设置图片的替代文字
width、height	设置图片的宽度和高度
border	设置图片边框，默认为四边无框线
vspace、hspace	设置图片的垂直间距和水平间距
align	设置图片与文字之间的排列（取值为 left、right、top、bottom 和 middle）

【例 2-2】下面是古诗鉴赏页面代码，将页面保存为 Example2_2. html。

```
<html>
<head>
<title>古诗鉴赏</title>
</head>
<body>
<img src="images/meng.jpg" border="2px" width="400px" height="200px" alt="孟浩然" a-
lign="left" hspace="20px" vspace="5px" border="1px"/>
<h2 align="center">春  晓</h2>
<p align="center"><small>唐 &middot;孟浩然</small><p/>
<p align="center">
春眠不觉晓，<br/><br/>
处处闻啼鸟，<br/><br/>
夜来风雨声，<br/><br/>
花落知多少。
</p>
</body>
</html>
```

images/meng. jpg 表示在 images 目录中有一个 meng. jpg 图片，页面预览效果如图 2-3 所示。

图 2-3　古诗鉴赏页面

图片也可以创建超链接，当用户单击图片时，就会跳转到链接所指向的页面，代码如下。

```
<a href = " Example2_2. html"   target = "_blank" >
<img src = "images/meng. jpg" border = "2px" width = "400px" height = "200px" alt = "孟浩然"
align = "left" hspace = "20px" vspace = "5px" border = "1px"/ >
</a >
```

当单击孟浩然图片时，将在新窗口中打开 Example2_2. html 页面。

2. 2. 5　HTML 5 表格和列表

1. 表格

在 HTML 网页中，表格一般由 4 个基本标签构成。

1）标签 <table>用来定义表格，整个表格包含在 <table>和 </table>标签中。

2）标签对 <tr> </tr>用来定义表格中的一行，它是单元格的容器，每行可以包含多个单元格。

3）标签对 <th> </th>和 <td> </td>用来定义单元格，所有单元格都放在行标签内，标签 <th>用来定义表头，标签 <td>用来定义普通的单元格。

表格的基本语法结构如下。

```
<table >
  <tr >
     <th >…  </th >
     …
  </tr >
  <tr >
     <td >… </td >
     …
  </tr >
  <tr >… </tr >
</table >
```

表格的常用属性如表 2-6 所示。

表 2-6　表格的常用属性

属　性	说　明	示　例
width	表格宽度，单位为像素或百分比	width = "400px"
height	表格高度，单位为像素或百分比	height = "100%"
border	表格边框宽度	border = "1px"
cellspacing	单元格间距	cellspacing = "2px"
cellpadding	单元格内，文字与单元格的间距	cellpadding = "2px"
align	水平位置（取值为 left、right 和 center）	align = "center"
valign	垂直位置（取值为 top、bottom 和 middle）	valign = "top"
background	背景图	background = "bg. gif"
bgcolor	背景颜色	bgcolor = "#0000FF"
bordercolor	边框颜色	bordercolor = "#FF00FF"
rowspan	行合并	<td rowspan = "2" >… </td>
colspan	列合并	<td colspan = "2" >… </td>

【例 2-3】 创建 Example2_3. html 文件，并编写如下代码。

```
<html>
<html>
<head>
<title>表格-单元格合并</title>
</head>
<body>
<h2 align = "center" >文具订单表</h2>
<table border = "1px"  align = "center"  width = "400px"  cellpadding = "8px"  cellspacing = "1px" >
   <tr>
       <th>文具</th>
       <th>价格</th>
       <th>数量</th>
       <th>合计</th>
   </tr>
   <tr>
       <td>钢笔</td>
       <td>￥2.50/支</td>
       <td>3</td>
       <td rowspan = "2" >￥12.5</td>
   </tr>
   <tr>
       <td>铅笔</td>
       <td>￥0.50/支</td>
       <td>10</td>
   </tr>
</table>
</body>
</html>
```

页面预览效果如图 2-4 所示。

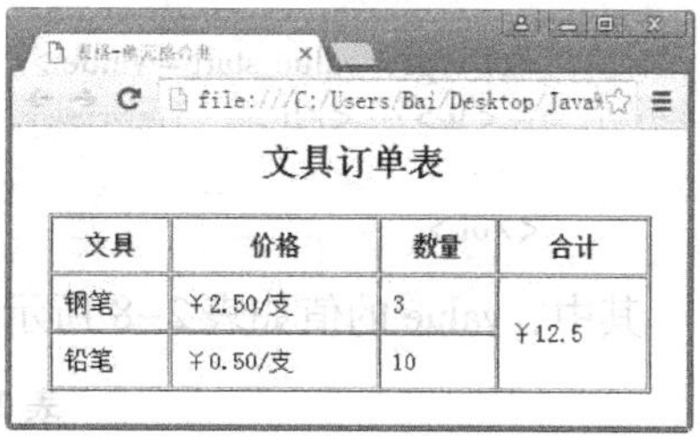

图 2-4　文具订单表

2. 列表

在 HTML 中，常用的有以下两种列表类型。

（1）无序列表 <ul>

无序列表用于将一组相关的列表项目排列在一起，列表中的项目没有特别的先后顺序。无序列表使用标签 <ul> </ul> 来定义，每一个列表项使用标签对 <li> </li> 来定义。语法结构如下。

```
<ul type = value >
   <li >… </li >
   …
</ul >
```

其中，value 的值如表 2-7 所示。

表 2-7　无序列表中 value 的值

值	描　述
disc	实心小圆点
circle	空心小圆点
square	实心小方块

【例 2-4】 创建 Example2_4. html 文件，并编写如下代码。

```
<html >
<head >
<title >无序列表 </title >
</head >
<body >
<div style = "border:1px solid #000;font - size:12px; width:330px;" >
  <ul >
    <li >切实保障人民群众"舌尖上的安全" </li >
    <li >国家领导人对食品安全工作做出指示 </li >
    <li >电脑再次叫板人脑 谷歌人工智能击败欧洲围棋冠军 </li >
    <li >29 省份居住证制度落地 居住证含金量各有不同 </li >
    <li >纪录片《风情中国》走进联合国发布会在京召开 </li >
    <li >图说中国:黑龙江呼玛河淞雪之韵 </li >
  </ul >
</div >
</body >
</html >
```

页面预览效果如图 2-5 所示。

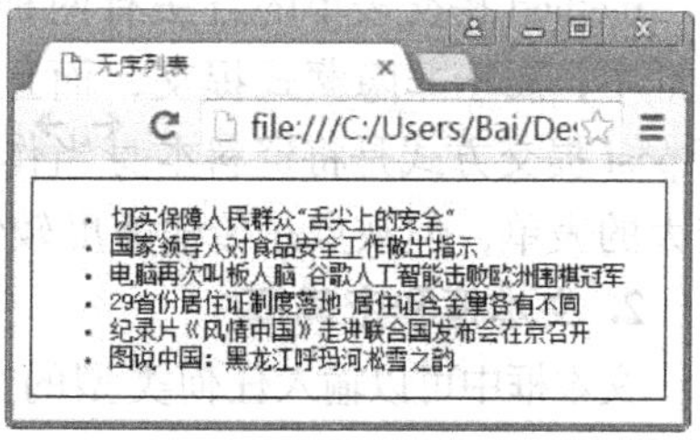

图 2-5　无序列表

（2）有序列表 <ol>

有序列表使用数字或英文字母来记录项目的顺序。默认情况下，有序列表从数字 1 开始计数，可以通过 start 属性来修改起始值。通过 type 属性可以将有序列表的类型设置为英文或罗马数字。语法结构如下。

```
<ol type = value start = value >
  <li > … </li >
  …
</ol >
```

其中，value 的值如表 2-8 所示。

表 2-8　有序列表中 value 的值

值	描　述
1	数字 1、2、3……（此为默认值）
a	小写字母 a、b、c……
A	大写字母 A、B、C……
i	小写罗马数字ⅰ、ⅱ、ⅲ……
I	大写罗马数字Ⅰ、Ⅱ、Ⅲ……

2.2.6　HTML 5 表单

表单是网页设计中不可或缺的元素之一，如登录窗口、注册页面和搜索框等，利用表单可以收集客户端提交的相关信息。

1. 表单

表单是网页上的一个特定区域，该区域由标签对 <form> </form> 来定义。表单属于容器标记，其他表单标签需要位于它的包围中才有效。其语法结构如下。

```
<form name = "form_name" method = "method" action = "url" >
<input > … </input >
<textarea > </textarea >
<select >
    <option > … </option >
</select >
</form >
```

其中，标签 <form> 的属性如表 2-9 所示。

表 2-9　<form> 标签的属性

属　性	描　述
name	表单的名称
method	定义表单数据从浏览器传送到服务器的方法，有 post 和 get 两种
action	定义表单处理程序的位置，如 Jsp 文件、Servlet 文件等

method 提交表单的方法有两种：get 和 post。get 提交方式将把数据发送到网页的 URL 地址中，属于非隐藏式提交，而且允许传送的信息量一般要小于 1 KB，但是传输效率高；而 post 提交方式是将资料本身当作主体来传递，属于隐藏式提交，此方式用于传送信息量较大的表单，但缺点是传输速度较慢。一般注册信息时使用 post，查询时使用 get。

2. 文本框和密码框

文本框中可以输入任何类型的文本、数字或字母，输入的内容以单行显示。其语法结构如下。

```
<input type = "text"  name = "field_name"  maxlength = "value"  size = "value"  value = "string" >
```

其属性如表 2-10 所示。

表 2-10　文本框属性

属　　性	描　　述
name	文本框的名称
maxlength	文本框的最大输入字符数
size	文本框的宽度
value	文本框的默认值

密码框的语法结构如下。

```
<input type = "password"  name = "field_name"  maxlength = "value"  size = "value" >
```

其属性说明和文本框相同，输入到密码框中的文字均以星号（*）或圆点（●）显示。

3. 单选按钮与复选框

单选按钮能够进行项目的单项选择，每一组单选按钮的名称都是相同的，但各有其独立的值，其语法结构如下。

```
<input type = "radio"  name = "field_name"  checked = "checked"  value = "string" >
```

其中 checked 属性表示此项被默认选中，value 表示选中项目后传送到服务器端的值。

复选框允许在一组选项中选择多个选项，用户可以选择任意多个适用的选项。其语法结构如下。

```
<input type = "checkbox"  name = "field_name"  checked = "checked"  value = "string" >
```

其属性与单选按钮相同。每一个复选框都有其独立的名称和值。

4. 菜单/列表

菜单是一种最节省空间的方式，在正常状态下只能看到一个选项，单击按钮打开菜单后才能看到全部的选项。列表可以显示一定数量的选项，如果超出了这个数量，会自动出现滚动条，浏览者可以拖拽滚动条来查看各选项。其语法结构如下。

```
<select name = "select_name"  size = "number"  multiple = "multiple" >
<option value = "select_name"  selected = "selected" >选项名称</option>
<option value = "select_name" >选项名称</option>
…
</select>
```

其属性如表 2-11 所示。

表 2-11　菜单/列表属性

属　　性	描　　述
name	菜单/列表的名称
size	显示的选项数目，1 为下拉菜单，大于 1 则是列表框
multiple	允许选项多选
value	选项的值
selected	默认选项

5. 文件框

文件框主要用来浏览客户端的文件列表，然后将选择的文件上传到 Web 服务器，其语法结构如下。

```
<input type="file" name="field_name" >
```

6. 隐藏域

隐藏域在页面中对用户是不可见的，用来传送数据给 Web 服务器。浏览者提交表单时，隐藏域的信息也被一起发送到服务器。其语法结构如下。

```
<input type="hidden" name="field_name" value="string">
```

其中 value 值用于设定传送的值。举例如下。

```
<input type="hidden" name="code" value="F001">
```

7. 按钮

表单中的按钮可以分为 4 种：普通按钮、提交按钮、重置按钮和图片按钮。普通按钮主要是配合 JavaScript 等客户端的脚本来进行表单的处理；单击提交按钮后，可以实现表单内容的提交；单击重置按钮后，可以清除表单的内容，恢复成默认值；图片按钮是用图片作为按钮，具有提交按钮的功能。其语法结构如下。

```
<input type="button/submit/reset" name="field_name" value="button_text">
```

其中 value 值代表显示在按钮上面的文字。

图片按钮的语法结构如下。

```
<input type="image" name="field_name" src="image_url">
```

其中 src 属性代表图片的路径。

8. 多行文本域

利用多行文本域，可以在其中输入更多的文本，语法结构如下。

```
<textarea name="memo_name" rows="value" cols="value" value="string">
```

其属性如表 2-12 所示。

表 2-12　多行文本域属性

属　性	描　述
name	文本域的名称
rows	文本域的行数
cols	文本域的列数
value	文本域的默认值

【例 2-5】创建 Example2_5. html 文件，并编写相应代码如下。

```
<html>
<head>
<title>用户注册</title>
</head>
<body>
<div style="line-height:2em;">
```

```
<form name="userReg" method="post" action="">
<h2>用户注册</h2>
姓名:<input type="text" name="username" maxlength="50" size="20"><br/>
密码:<input type="password" name="pwd" maxlength="50" size="20"><br/>
性别:
<input type="radio" name="sex" value="male" checked="checked" >男</input>
<input type="radio" name="sex" value="female">女</input><br/>
请选择你感兴趣的小组:<br/>
<input type="checkbox" name="g1" value="culture">文化</input>
<input type="checkbox" name="g2" value="photo" checked="checked">摄影</input>
<input type="checkbox" name="g3" value="entertainment">娱乐</input><br/>
<input type="checkbox" name="g4" value="fashion">时尚</input>
<input type="checkbox" name="g5" value="life">生活</input>
<input type="checkbox" name="g6" value="tech" checked="checked" >科技</input><br/>
请选择你居住的城市:
<select name="city" size="1">
<option value="shenyang" selected="selected">沈阳</option>
<option value="shanghai">上海</option>
<option value="beijing">北京</option>
</select><br/>
请上传你的照片:<input type="file" name="photo" ><br/>
<input type="hidden" name="code" value="F001">
请留言:<textarea name="demo" cols="50" rows="6"></textarea><br/>
<input type="submit" value="提交">  <input type="reset" value="重置">
</form>
</div>
</body>
</html>
```

页面预览效果如图 2-6 所示。

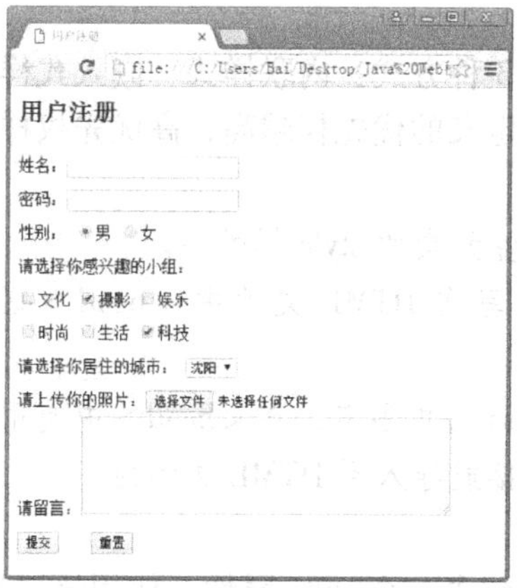

图 2-6　用户注册页面

2.3　CSS 技术

CSS 的引入就是为了使得 HTML 能够更好地适应页面的美工设计。它以 HTML 为基础,提供了丰富的格式化功能，如字体、颜色、背景和整体排版等。CSS 文件是一种文本文件，可以使用任何一种文本编辑器对其进行编辑，如记事本等。CSS 不需要编译，是可以直接由浏览器执行的一种标记性语言，或者说是一种浏览器解释性语言。

2.3.1 CSS 样式

CSS 样式表是由许多 CSS 规则组成的文件。规则定义一种或多种样式效果。规则确定如何设计样式，以及如何应用这些样式。因此，样式表由规则列表组成，浏览器用它来确定页面的显示效果。

1. CSS 基本语法

CSS 规则由选择器和声明两部分组成，每条声明由一个属性和一个属性值组成，因此，样式表的基本语法结构如下。

```
选择器{属性1:属性值1;属性2:属性值2;属性3:属性值3;…}
```

选择器是指要使用该样式的对象，可以是 HTML 标签，也可以是页面中指定的 class 或者 id 属性限定的标签，甚至可以将选择器组合使用。

声明放在花括号{}内，属性和属性值之间用冒号（:）分隔，结尾的分号是可选项，但推荐使用分号结尾。所有的属性和属性值都由官方 CSS 规范定义。

例如，要将 HTML 文件中所有段落内的文字设置为宋体，同时设置字体大小为 12 像素，则可以定义样式为如下格式。

```
p{font-family:宋体;font-size:12px;}
/*将<p>的样式定义为宋体、12 px 大小的文字*/
```

在这个例子中，p 是选择器，font-family 和 font-size 是属性，宋体和 12 px 是属性值。/*……*/为 CSS 的注释说明。

2. CSS 引入方式

在网页中应用 CSS 样式有 3 种方式：内联样式、嵌入式样式表和外部样式表。在样式应用过程中，越接近目标的样式定义的优先权越高，高优先权样式将继承低优先权样式的未重叠定义并覆盖重叠的定义。

- 内联样式：直接写在标签元素的 style 属性中。
- 嵌入式样式表：将样式写在 HTML 文件中 <head> 区域里的 <style> </style> 标签内。
- 外部样式表：文件以 .css 为扩展名，在 <head> 中使用 <link/> 标签或@ import 关键字将外部样式表文件链接或导入到 HTML 文件内。

（1）内联样式

每一个 HTML 标签元素都包含一个 style 属性，使用该属性可以直接指定 CSS 样式，该样式只能应用于该标签元素所定义的内容，但是优先权却是最高的。

在下面的代码中，对同样的 p 标签应用不同的样式，代码如下。

```
<p style="color:#ff0000;font-size:12px;text-decoration:underline;">这段文字显示为红色 12
        像素带下划线的字体</p>
<p style="color:#0000ff;font-size:12px;text-decoration:none;">这段文字显示为蓝色 12 像素
        不带下划线的字体</p>
```

页面预览效果如图 2-7 所示。内联样式没有很好地实现表现与内容的分离，没有体现出 CSS 的优势，所以不推荐使用。

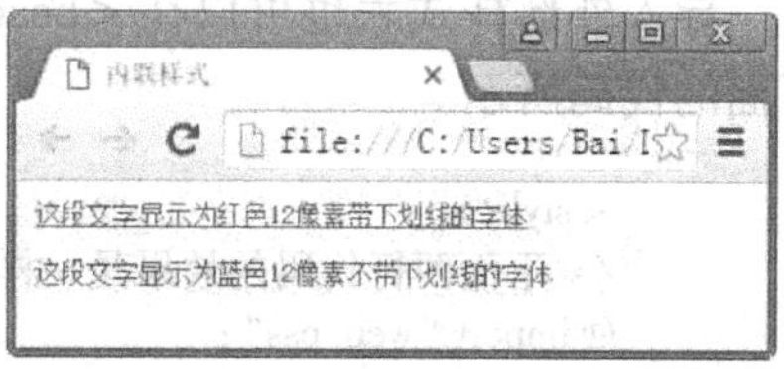

图 2-7　内联样式

(2) 嵌入式样式表

嵌入式样式表也称为内部样式表。嵌入式样式表是将对页面中各种元素的样式设置集中写在 <head> 中的 <style> </style> 标签里。这种样式表只针对当前页面有效，不能跨页面执行，因此达不到 CSS 代码重用的目的。代码如下。

```
<style>
h2{ font-family:黑体; color:#ff0000;}
p{ color:#0000ff; font-weight:bold;font-size:12px;}
</style>

<body>
<h2>样式表</h2>
<p>在网页中应用 CSS 样式有 3 种方式:内联样式、嵌入式样式表和外部样式表。</p>
</body>
```

页面预览效果如图 2-8 所示。

(3) 外部样式表

外部样式表是将 CSS 样式表代码单独写在一个独立文件中，由网页进行调用，多个网页可以调用同一个外部样式表文件，因此能够实现代码的最大化重用及网站文件的最优化配置，还能保证网站风格的一致性。

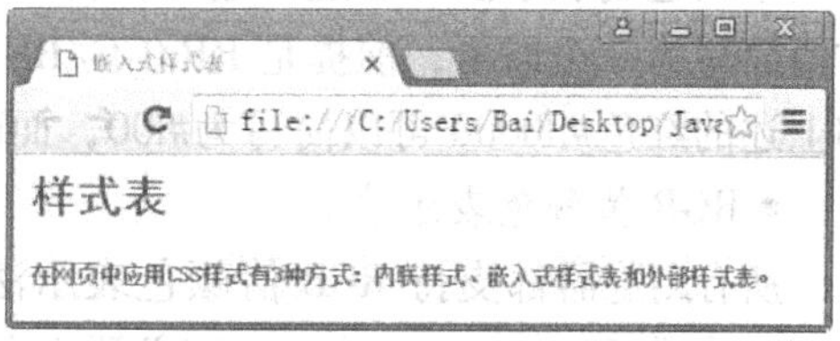

图 2-8　嵌入式样式表

● 使用 <link> 标签。

将上述代码中的样式表内容单独放在一个样式表文件中，命名为 web.css，并存放于 style 文件夹下。修改后的代码如下。

```
web.css
  h2{ font-family:黑体; color:#ff0000;}
  p{ color:#0000ff; font-weight:bold; font-size:12px;}
```

HTML 文件部分代码如下。

```
<head>
<link href="style/web.css" rel="stylesheet" type="text/css" >
</head>
<body>
<h2>样式表</h2>
<p>在网页中应用 CSS 样式有 3 种方式:内联样式、嵌入式样式表和外部样式表。</p>
</body>
```

页面预览效果同图 2-8。<link>标签的 href 属性用于指定样式表文件所在的 URL，rel="stylesheet"表示链接的是外部样式表，type="text/css"表示被链接文档的 MIME 类型是样式表。

● 使用@ import 指令。

导入外部样式表也可以在<head>中的<style></style>标签里使用@import 指令，如下面的代码所示。

```
<style>
/*下面两行代码的效果是一样的*/
@import "web.css";
@import url("web.css");
</style>
```

3. 颜色表示法

CSS 中除了可以使用颜色名称来表示颜色，如 red、blue、green 和 white 等，还可以使用以下几种常用的 CSS 颜色表示法。

- 以十六进制表示的 RGB 颜色。

所有浏览器都支持十六进制颜色值。十六进制颜色的规定为：#RRGGBB，其中的 RR（红色）、GG（绿色）、BB（蓝色）十六进制整数规定了颜色的成分。所有值必须介于 0 ～ FF 之间。例如，#ff0000 值显示为红色。

📖 注意：十六进制表示的 RGB 值是不区分大小写的，#fff、#FFf 和#FFF 效果是一样的。

十六进制表示法可以进行缩写，将 6 位 RGB 值简写为 3 位，方法是将两个连续重复的数值简写为一个即可，前提是 RR/GG/BB 这 3 种颜色是由 3 组两个相同的值组成的颜色值。如上述的红色#ff0000 可以简写为#f00，而颜色值#fe6600 则不可以进行缩写。

- RGB 值颜色表示法。

所有浏览器都支持 RGB 值颜色表示法。RGB 值颜色表示法的规定为：rgb（red，green，blue）。参数（red、green、blue）定义颜色的强度，可以是介于 0 ～ 255 之间的整数，或者是百分比值（0%～100%）。例如，rgb(255,0,0)值显示为红色。下面的表示方法，其效果是一样的。

```
rgb(255,0,0) = rgb(100%,0%,0%) = #f00
```

- RGBA 值颜色表示法。

支持 RGBA 值颜色表示法的浏览器有 IE 9+、Firefox 3+、Chrome、Safari 及 Opera 10+。RGBA 值颜色表示法是 RGB 值颜色表示法的扩展，带有一个 Alpha 通道，它规定了对象的不透明度。RGBA 值颜色表示法的规定为：rgba（red，green，blue，alpha）。alpha 参数是介于 0.0（完全透明）～ 1.0（完全不透明）的数字。例如，若要将背景颜色设置为具有 50% 透明度的红色，可以使用以下代码。

```
background-color:rgba(255,0,0,0.5);
```

4. CSS 常用属性

CSS 常用字体和段落的属性及属性值如表 2-13 所示。

表 2-13　CSS 字体及段落属性

属　性	描　述	示　例
font	在一个声明中设置字体的所有属性	font:italic bold 12px/30px arial,sans-serif; （倾斜 加粗 字号/行间距 字体）

(续)

属　　性	描　　述	示　　例
font - family	设置文本的字体	font - family:"宋体","黑体",Arial;
font - size	设置文本的字体大小	font - size:12px;
color	设置文本的颜色	color:#0099FF;
font - style	设置文本的样式	font - style: italic;（倾斜）
font - weight	设置文本粗细	font - weight: bold;（加粗）
text - decoration	用于设置文字下划线	text - decoration:underline; text - decoration:none;（清除下划线）
text - align	设置段落的水平对齐方式，属性值分别为 left、center、right	text - align: center;
vertical - align	设置段落的垂直对齐方式，属性值分别为 top、middle、bottom	vertical - align: top;
line - height	设置段落的行间距，em 为相对行距	line - height:1.5em; line - height:30px;
text - indent	设置段落首行缩进	text - indent:2em; text - indent:24px;

【例 2-6】创建 Example2_6.html 文件，并编写代码如下。

```
<html>
<head>
<title>3D 打印</title>
<style>
h1{color: #333;font - family:Arial,Helvetica,sans - serif;font - size: 30px;font - weight: bold;
line - height: 34px;}
p{color: #333;font - size:14px;line - height: 24px;text - indent: 2em;}
</style>
</head>
<body>
<h1>3D 打印</h1>
<p>3D 打印(3DP)即快速成型技术的一种,它是一种以数字模型文件为基础,运用粉末状金属或塑料等可粘合材料,通过逐层打印的方式来构造物体的技术。</p>
<p>3D 打印通常是采用数字技术材料打印机来实现的。常在模具制造、工业设计等领域被用于制造模型,后逐渐用于一些产品的直接制造,已经有使用这种技术打印而成的零部件。该技术在珠宝、鞋类、工业设计、建筑、工程和施工(AEC)、汽车,航空航天、牙科和医疗产业、教育、地理信息系统、土木工程、枪支以及其他领域都有所应用。</p>
</body>
</html>
```

页面预览效果如图 2-9 所示。

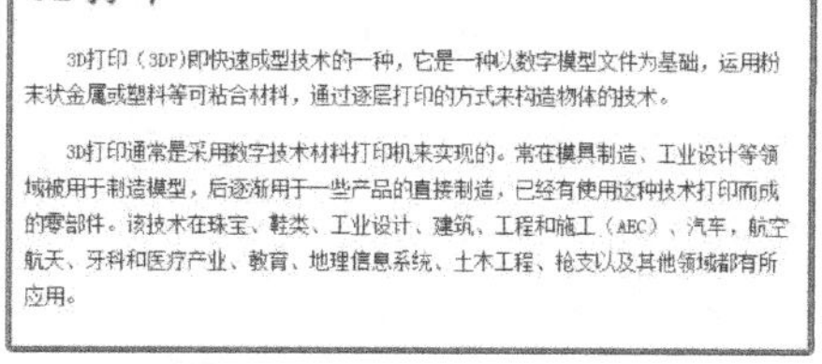

图 2-9　3D 打印页面

CSS 常用图片属性及属性值如表 2-14 所示。

表 2-14　CSS 图片属性

属　性	描　述	示　例
width	设置元素的宽度	width:400px;　width:50%;
height	设置元素的高度	height:200px;　height:30%;
background	在一个声明中设置所有的背景属性	background:#0F0 url(images/logo.png) no-repeat scroll top left;
background-color	设置背景颜色	background-color:#FFF;
background-image	设置背景图片	background-image:url(images/bg.png);
background-repeat	设置背景图片的平铺方式，属性值分别为：repeat（默认）、repeat-x、repeat-y、no-repeat	background-repeat:repeat-x; background-repeat:no-repeat;
background-position	设置背景图片的位置	background-position:bottom right; background-position:30px 50px; background-position:30% 50%;
background-attachment	设置背景图片的滚动方式：固定或者随着页面内容滚动（默认）	background-attachment:scroll; background-attachment:fixed;

CSS 常用列表属性及属性值如表 2-15 所示。

表 2-15　CSS 列表属性

属　性	描　述	示　例
list-style	简写属性，将所有用于列表的属性设置在一个声明中	list-style:square inside url("arrow.gif");
list-style-image	将图像设置为列表项标志	list-style-image:url("arrow.gif");
list-style-position	设置列表中列表项标志的位置（属性值为 inside、outside、inherit）	list-style-position:inside;
list-style-type	设置列表项标志的类型	list-style-type:square; list-style-type:none;(无项目符号)

【例 2-7】 将 Example2_4.html 文件另存为 Example2_7.html，并为项目列表设置背景图片，修改后的代码如下。

```
<html> <head>
<title>无序列表</title>
<style>
div{font-size:12px;font-family:"宋体";width:338px;height:165px; padding-top:33px;
background-image:url(images/news.jpg);background-repeat:no-repeat;}
li{width:300px;height:23px;}
</style>
</head> <body>
<div>
  <ul>
    ...
  </ul>
</div>
</body> </html>
```

页面预览效果如图 2-10 所示。

2.3.2 CSS 框模型

框模型是学习 CSS 样式布局的基础，只有熟练地掌握框模型的用法，才可以控制页面中元素周围的空间，使网页看起来更有序、更专业。

页面中所有的元素（如段落、图片和标题等）都可以看成是以一个盒子的表现形式存在的，每个盒子是由元素的内容、内边距（padding）、边框（border）和外边距（margin）组成的，这就是框模型，如图 2-11 所示。

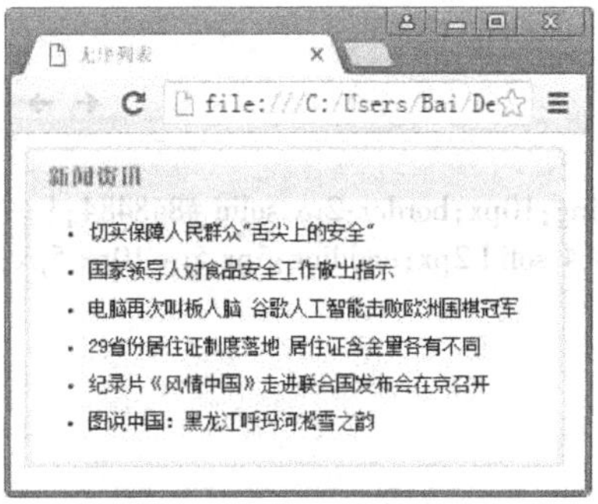

图 2-10 项目列表页面

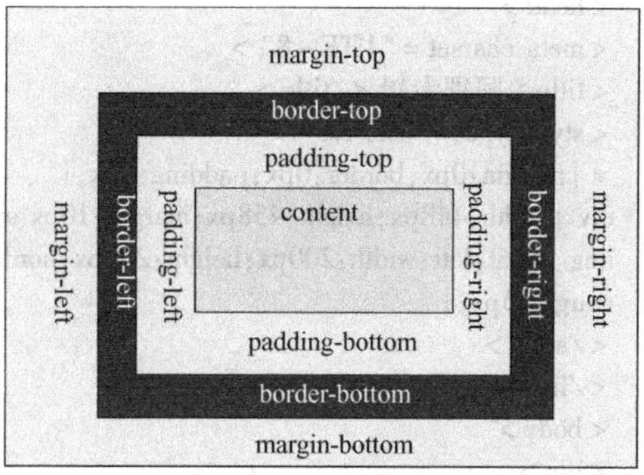

图 2-11 框模型

一个元素的框模型有多大，那么该元素在页面中所占用的空间就会有多大。

框模型中的外边距（margin）属性如表 2-16 所示，padding 属性的用法同 margin 属性。

表 2-16 CSS 外边距属性

属 性	描 述	示 例
margin	在一个声明中设置所有外边距属性	margin:10px; margin:10px 20px;(上下 左右) margin:10px 40px 20px 30px;(按顺时针方向:上 右 下 左)
margin - top	设置元素的上外边距	margin - top: 10px;
margin - bottom	设置元素的下外边距	margin - bottom: 20px;
margin - left	设置元素的左外边距	margin - left: 30px;
margin - right	设置元素的右外边距	margin - right: 40px;

边框（border）属性如表 2-17 所示。

表 2-17 CSS 边框属性（以 border - bottom 为例）

属 性	描 述	示 例
border	在一个声明中设置所有的边框属性	border:1px solid #F00;(宽度 样式 颜色)
border - width	设置 4 条边框的宽度	border - width:2px;
border - style	设置 4 条边框的样式	border - style: dotted;(点状线)
border - color	设置 4 条边框的颜色	border - color:#F0F0F0;
border - bottom	在一个声明中设置所有的下边框属性	border - bottom: 1px solid #FFF;
border - bottom - width	设置下边框的宽度	border - bottom - width:1px;

（续）

属　　性	描　　述	示　　例
border - bottom - style	设置下边框的样式	border - bottom - style: dashed;(虚线)
border - bottom - color	设置下边框的颜色	border - bottom - color:#FF0;

【例 2-8】创建 Example2_8. html 文件，并编写代码如下。

```
<! DOCTYPE html>
<html>
<head>
<meta charset = "UTF - 8" >
<title>阿狸专辑</title>
<style type = "text/css" >
* {margin:0px;border:0px;padding:0px;}
div {width:448px;height:458px;margin:10px auto;padding:10px;border:2px solid #848484;}
img {float:left;width:200px;height:200px;border:#e4e4e4 solid 2px;padding:5px 5px 10px 5px;
margin:5px;}
</style>
</head>
<body>
<div>
        <img src = "images/katong1. jpg"/>
        <img src = "images/katong2. jpg"/>
        <img src = "images/katong3. jpg"/>
        <img src = "images/katong4. jpg"/>
</div>
</body>
</html>
```

页面预览效果如图 2-12 所示。其中每个图片的框模型结构如图 2-13 所示。从图 2-13 中可以清晰地看出每个图片本身所占的空间大小、内边距、边框及外边距的大小，由此可以精确地控制每个元素的位置。

图 2-12　阿狸页面图

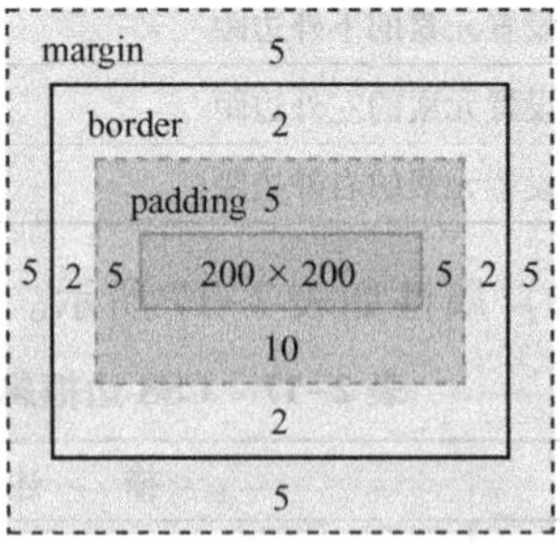

图 2-13　图片的框模型

2. 3. 3　CSS 定位

HTML 中的所有对象几乎都默认为以下两种类型。

1）块状对象（block）：指的是当前对象显示为一个方块，在默认的显示状态下将占据整行，其他对象在下一行显示，如 p、h1 和 div。

2）行间对象（inline）：正好和 block 相反，它允许下一个对象与其本身在同一行中显示，如 a、strong 和 span。

📖 提示：使用 display 属性可以修改对象的类型，将 display 属性值设置为 block，可以将行间对象显示为块状对象。

相对于其他 HTML 标签，div 和 span 标签只是一种语法结构，没有任何语义上的呈现，也没有任何样式信息可用。但它们可以包含其他标签，通过定义样式信息来改变它的呈现效果。在使用 DIV + CSS 布局页面过程中，首先将页面在整体上进行 <div> 标签的块状排版，将页面分成几个区块，然后对各个块进行 CSS 定位，最后在各个块中添加相应的内容，并设定相应的 CSS 样式，从而实现网页内容与样式的分离。

在设计网页时，能否控制好各个模块在页面中的位置是非常重要的。CSS 规范定义了 3 种定位方式。

1. 相对定位

如果对一个元素进行相对定位，可设置 position 属性的属性值为 relative，然后根据 left、right、top 和 bottom 等属性，让这个元素相对于它在文档流中的位置的起始点进行移动。

📖 注意，在使用相对定位时，即使元素被偏移了，但元素仍占据着它未偏移前的空间。

如果将 top 设置为 30 像素，那么框将在原位置顶部下面 30 像素的地方。如果将 left 设置为 50 像素，那么会在元素左边创建 50 像素的空间，也就是将元素向右移动。假如，页面上有两个块，初始状态如图 2-14a 所示，对第一个块设置相对定位，代码如下。

```
.move { position: relative; left: 50px; top: 30px;}
```

此时页面效果如图 2-14b 所示。第一个块仍然占据原来的空间，它的偏移也不会把别的块从文档流中原来的位置挤开，如果有重叠的地方，它会重叠在其他文档流元素之上，而不是把它们挤开，此时它已经覆盖在了第二个块之上。

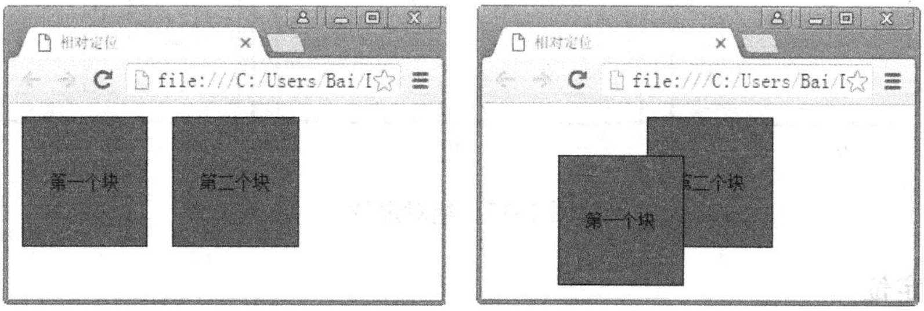

a)　　b)

图 2-14　相对定位

2. 绝对定位

如果某元素设置了绝对定位，那么它在文档流中的位置会被删除，这个元素就浮在网页的上面了。绝对定位是相对于最近的已定位的父元素的，如果不存在已定位的父元素，那就相对于最初的包含块。已定位的父元素是指那些设置了除 static 之外的定位，如 position: relative/absolute/fixed 的父元素，位置通过 left、top、right 和 bottom 属性来设定。编写如下代码。

```
<style>
body{margin:0;padding:0;font-family:arial;font-size:13px;}
#father{width:310px;height:155px;border:1px dashed #000000;margin:10px;padding:5px;
/* position:absolute; */}
#block{width:100px;height:100px;border:1px dashed #000000;float:left;}
#block2{width:100px;height:100px; border:1px dashed #000000;
position:absolute;left:50px;top:50px;}
</style>

<body>
<div id="father">
    <div id="block">block1</div>
    <div id="block">block2</div>
    <div id="block">block3</div>
</div>
</body>
```

上述页面初始预览效果如图 2-15a 所示。现在对第二个块设置绝对定位，修改 body 中 block2 所在 <div>标签的代码如下。

```
<div id="block2">block2</div>
```

此时页面效果如图 2-15b 所示，此时 block2 的绝对定位是相对于最初的包含块 body。若将#father 样式中的注释语句/* position: absolute; */两边的注释符号去掉，成为一条可以使用的声明，则预览效果如图 2-15c 所示，此时 block2 的绝对定位是相对于父元素——id 值为 father 的 <div>标签。

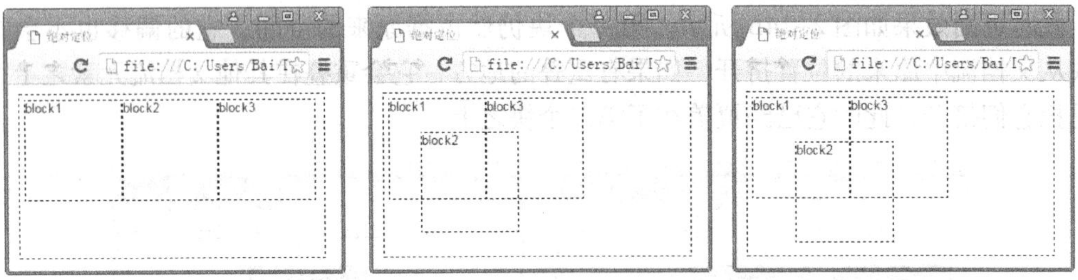

a)　　b)　　c)

图 2-15　绝对定位

3. 浮动定位

浮动定位是 CSS 排版中非常重要的方法。浮动的框可以向左或向右移动，直到其外边缘碰到包含框或另一个浮动框的边框为止。float 属性用于设置浮动定位，其属性值可以是 none、left 和 right，代码如下。

```
float:left;  /* 设置元素左浮动 */
```

由于浮动框是“浮”在页面之上的，所以其并不在文档的普通流中。

假设，页面上有 4 个 <div>标签，代码如下。

```
<div id = "box" >
<div id = "left" >left </div >
<div id = "main" >main </div >
<div id = "right" >right </div >
</div >
```

不设置浮动效果的 CSS 样式代码如下。

```
<style type = "text/css" >
div{border:1px dotted #f00;font - size:12px;}
#box{width:245px;}
#left{width:60px;height:50px;margin:10px;}
#main{width:60px;height:50px;margin:10px;}
#right{width:60px;height:50px;margin:10px;}
</style >
```

此时页面效果如图 2-16a 所示。设置 left 为右浮动，修改代码如下。

```
#left{width:60px;height:50px;margin:10px;float:right;}
```

此时页面效果如图 2-16b 所示，left 将脱离文档流并向右移动，直到其右边框碰到包含框 box 的右边框为止。

若将 left、main 和 right 都设置为左浮动，此时页面效果如图 2-16c 所示。

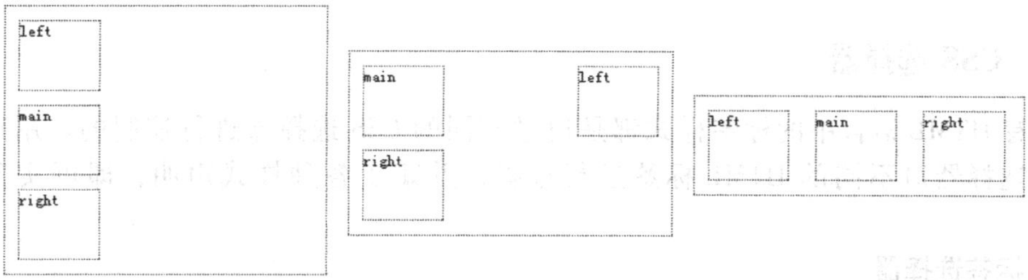

a) b) c)

图 2-16 浮动定位

要清除浮动，可使用 clear 属性，其属性值分别为 left、right 和 both。

【例 2-9】 创建 Example2_9. html 文件，并编写代码如下。

```
<html >
<head >
<title >CSS 排版 </title >
<style >
body {margin:10px;font - size:16px;font - family:arial;text - align:center;}
#container{margin:0 auto;width:800px;}
#banner{height:40px;width:798px;border:1px solid #000000;margin - bottom:2px;}
#main{height:202px;width:800px;margin - bottom:2px;}
#content{float:right;width:594px;height:200px;border:1px solid #000000;}
#links{float:left;width:200px;height:200px;border:1px solid #000000;}
#footer{height:30px;border:1px solid #000000;}
</style >
```

```
<body>
<div id="container">
  <div id="banner">banner</div>
  <div id="main">
    <div id="links">links</div>
    <div id="content">content</div>
  </div>
  <div id="footer">footer</div>
</div>
</body>
</html>
```

页面预览效果如图 2-17 所示。

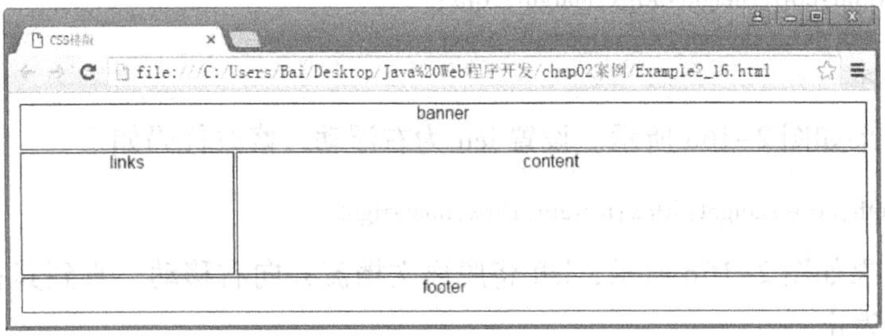

图 2-17　浮动定位

2.3.4　CSS 选择器

所有 HTML 语言中的标签样式都是通过不同的 CSS 选择器进行控制的。用户只需要通过选择器对不同的 HTML 标签进行选择，并赋予各种样式声明，即可实现各种效果。

1. 标签选择器

一个 HTML 页面由很多不同的标签组成，标签选择器用来声明哪些标签采用哪种 CSS 样式。因此，每一种 HTML 标签的名称都可以作为相应的标签选择器的名称，如 p、h1 等。如下面的代码所示。

```
p{color:#ff0000;}
```

则页面中所有的 <p> 段落都显示为红色字体。

2. 类选择器

如果声明了 <p> 标签为红色，那么页面中所有的 <p> 标签都将显示为红色。若希望其中的某一个 <p> 标签显示为蓝色，就需要使用类选择器。定义类选择器时，类名前面有“.”符号，类名可任意命名，但最好根据元素的用途来定义名称。如下面的代码所示。

```
.one{color:#00f;font-size:16px;text-decoration:underline;}
```

若某个标签（如 <p>）要采用该样式，则相应的代码如下。

```
<p class="one">蓝色、16 像素、下划线效果</p>
```

3. ID 选择器

在 HTML 网页中，每个标签都可以使用 id 属性来唯一标识当前标签，每个网页中的每个 id 值只能使用一次。ID 选择器与 class 类选择器的不同之处在于：ID 选择器只能在 HTML 页面中使用一次，只能用在唯一的元素上，而类选择器可以用在不止一个元素上。ID 选择器使用“#”符号进行标识，相应的代码如下。

```
#header{width:400px;height:200px;border:2px solid #f00;}
```

若要将其应用到 <div> 上，则相应的代码如下。

```
<div id="header">此处为 header 区域</div>
```

4. 通配符选择器

如果页面中有多个选择器都具有相同的样式，这时可以对选择器进行集体声明。相应的代码如下。

```
h1, h2, h3, p,#header,.one{color:#ccc;font-size:14px;}
```

多个选择器之间使用逗号分隔，h1、h2、h3、p、#header 和 .one 都具有相同的样式定义。

通配符选择器使用星号（*）来表示，它的定义对 HTML 页面中的每一个元素都会起作用，实际上定义的是一个全局样式。如下面的代码所示。

```
*{margin:0px;border:0px;padding:0px;}
```

这个样式定义可以清除页面中所有的标签默认所具有的外边距、边框与内边距的样式。

5. 派生选择器

派生选择器又称为包含选择器或后代选择器，该选择器作用于某个元素中的任意后代元素。其格式如下。

```
A  B{…}
```

该样式将应用于元素 B，并且元素 B 是元素 A 的任意后代，而不仅仅是元素 A 的直接子元素。

```
<style>
p span{text-decoration:underline;}
</style>

<p>这是<span>段落 p 下的 span 内的文字</span></p>
<p>这是单独的段落 p</p>
<span>这是单独的 span</span>
<h2>这是<span>标题 h2 下的 span 内的文字</span></h2>
```

上述代码中，只有 <p> 标签下的 <span> 标签应用了 text-decoration:underline 的样式设置，对于单独的 <p>、<span> 及其他非 <p> 标签下的 <span> 均不会应用此样式。派生选择器除了可以两者包含外，也可以多级包含。

6. 伪类

伪类可以用来指定一个或多个与其相关的选择器的状态。CSS 对于超链接的样式控制就是通过伪类来实现的。CSS 中提供了 4 个伪类，分别对应超链接的不同状态。这 4 个伪类如下。

- a:link：未被访问的链接。
- a:visited：已经访问过的链接。
- a:hover：鼠标悬停时的链接。
- a:active：被激活时的链接。

这 4 个伪类定义的先后顺序很重要，通常按照下面顺序来定义。

a:link→a:visited→ a:hover→ a:active

在实际应用中，通常采取 a + a:hover 这种组合。

2.3.5 CSS 高级特性

1. 页面居中设计

使用 DIV + CSS 布局页面，首先要掌握的重点内容就是如何让整个页面居中显示。下面介绍一种使用自动外边距来实现居中的方法。

如下面的应用，首先将页面中所有的内容放在一个“容器”里（即 id 为 container 的 div），然后设置这个容器居中显示，则页面中所有的内容都将居中显示了。

```
<body>
<div id = "container" > </div>
</body>
```

要实现 div 的居中，首先要定义 div 的宽度，将水平方向上的外边距（margin）设置为 auto 即可，代码如下。

```
#container{width:800px;margin:0 auto;}
```

在大多数主流浏览器中，这种方法都非常有效，除了 IE 浏览器。在 IE 浏览器中实现元素居中的方法是使用 text - align 属性，代码如下。

```
body{text-align:center;}
```

随之而来的问题是 body 的所有子孙元素都会被居中显示。综上所述，为了兼容大多数的浏览器，可采用以下代码。

```
body{ text-align:center; }
#container{width:800px;margin:0 auto;text-align:left;}
```

2. 使用列表制作菜单

导航菜单是网页设计过程中不可缺少的部分，下面介绍使用列表标签制作网页导航菜单的方法。

【例 2-10】 创建 Example2_10. html 文件，并设计导航菜单，具体的操作步骤如下。

1）设计 HTML 页面的主体结构。用项目列表 <ul> 设计各个菜单项，并为列表项添加空链接。

2）设计 CSS 样式。在容器 tabs 中完成字体、背景和边框的设置；在项目列表 <ul> 中，通过 list - style - type 属性设置项目符号为不显示，之后设置 <li> 为左浮动，使项目列表项可以横向排列；最后添加超链接的样式定义。其完整代码如下。

```
<html>
<head>
<style type="text/css">
* {margin:0;padding:0;border:0;}
#tabs{width:100%;font: bold 12px/1.5em Verdana;float:left;background:#F4F7FB;
border-bottom:1px solid #BCD2E6;}
#tabs ul {padding:10px 10px 0 50px;list-style-type:none;}
#tabs li {float:left;width:107px;}
#tabs a {display:block;background:url("images/tab1.jpg") no-repeat;text-decoration:none;
padding:5px 15px 5px 15px;color:#627EB7;}
#tabs a:hover {background:url("images/tab2.jpg") no-repeat;} */
</style>
<title>导航菜单</title>
<body>
<div id="tabs">
  <ul>
    <li> <a href="#" title="Link 1">Link 1</a> </li>
    <li> <a href="#" title="Link 2">Link 2</a> </li>
    <li> <a href="#" title="Link 3">Link 3</a> </li>
    <li> <a href="#" title="Link 4">Link 4</a> </li>
</ul>
</div> </body>
</html>
```

页面预览效果如图 2-18 所示（图中所示是鼠标悬停在 Link 2 上的效果）。

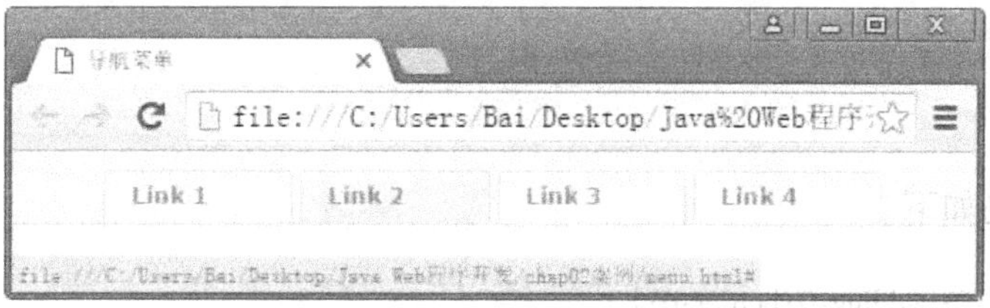

图 2-18　导航菜单

2.4　HTML 5/CSS 设计页面案例

本节将完成一个新闻页面的设计。整个新闻页面放在一个容器 container 里，在 container 里按照上、中、下的结构进行排版，分别定义为 header、main 和 footer。在“热点推荐”部分使用了 <tt>标签，<tt>标签将呈现出类似打字机或者等宽的文本效果。

【例 2-11】创建 Example2_11.html 文件，并编写代码如下。

```
<html>
<head>
  <title>国家领导人访欧</title>
  <link href="style/news.css" type="text/css" rel="stylesheet"/>
```

```
</head>
<body>
  <div id="container">
  <div id="header">
    <h1>国家领导人受邀访欧</h1><br/>
    <p class="p1">2016年01月23日  08:01   新闻网-生
活报</p>
  </div>
  <div id="main">
  <p><strong>中荷元首将会晤 都是体育爱好者</strong></p>
 <p>随后三天多时间,国家领导人的访荷日程与核安全峰会日程将交叉进行。访问期间,国家
领导人将会见荷兰王国第七代君主威廉·亚历山大国王,会见议会领导人,并同首相吕特举行会
谈。双方将签署农业、能源、金融、文化等领域多项合作协议,推动中荷合作取得更多实实在在的
成果。威廉·亚历山大曾多次访华,是一位爱好网球、滑雪、登山的"60后"。同样是超级体育爱
好者,中荷两国元首或许将有不少有趣的共同语言。</p>
 </div>
  <div id="footer">
    <span>热点推荐</span>
    <ul>
    <li><a href="#">外媒曝光普京武力"吞并"克里米亚决策内幕</a>
 <tt>2016/01/23 09:01:19</tt></li>
    <li><a href="#">媒体人:银行不合理利润太多 年赚息差3万亿</a>
    <tt>2016/01/23 09:01:19</tt></li>
    <li><a href="#">云南幼儿中毒:当地幼儿园不足 按规定无资质</a>
    <tt>2016/01/23 09:01:19</tt></li>
    </ul>
  </div>
  </div>
</body>
</html>
```

news. css 代码如下。

```
*{margin:0;padding:0;border:0;}
#container{width:800px;margin:10px auto;font-size:14px;}
#header{border-bottom:1px dotted #4c4c4c ;text-align:center; padding:20px 10px 10px 10px;}
#header h1{font-family:"黑体",arial;font-size:26px;}
.p1{font-size:12px;color:#4c4c4c;}
#main{width:90% ;margin:10px auto;}
#main p{line-height:2em;text-indent:2em;}
#footer{width:90% ;margin:20px auto;}
#footer span{font-weight:bold;}
ul{margin:10px 0 0 15px;list-style-type:square;}
li{height: 18px;padding-top:3px;padding-bottom:3px;}
li a{text-decoration:none;color:#4c4c4c;}
li a:hover{text-decoration:underline;}
li tt{float:right;}
```

页面预览效果如图 2-19 所示。

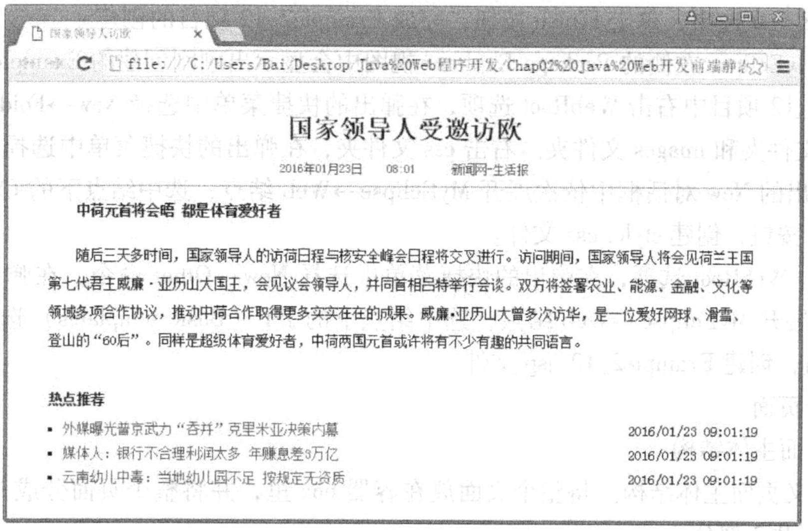

图 2-19 新闻页面

2.5 案例：DIV + CSS 精美窗口设计

在使用 CSS 排版的页面中，利用 DIV 标签，加上 CSS 对其样式的控制，可以很方便地实现各种效果，而且还实现了网站结构、表现和行为三者分离的目的。案例的最终效果如图 2-20 所示。

图 2-20 美食网页面

本节案例将在 MyEclipse 环境下实现美食网首页的设计。具体的操作步骤如下。

1. 创建 Java Web 项目

1）在 MyEclipse 菜单中选择 File→New→Web Project 命令，弹出 New Web Project 对话框，在 Project Name 文本框中输入 Example2_12，并在 J2EE Specification Level 下拉列表框中

选择 Java EE 5.0 选项，单击 Finish 按钮，完成 Example2_12 项目的创建。

2）在 MyEclipse 左侧的 Package Explorer 视图中会显示出刚刚创建的 Example2_12 项目。在 Example2_12 项目中右击 WebRoot 选项，在弹出的快捷菜单中选择 New→Folder 命令，分别创建 css 文件夹和 images 文件夹。右击 css 文件夹，在弹出的快捷菜单中选择 New→Other 命令，在弹出的 New 对话框中依次展开 MyEclipse→Web 结点，选中结点下的 CSS 选项，然后单击 Next 按钮，创建 style. css 文件。

3）右击 WebRoot 选项，在弹出的快捷菜单中选择 New→Other 命令，在弹出的 New 对话框中依次展开 MyEclipse→Web 结点，选中结点下的 JSP（Basic templates）选项，然后单击 Next 按钮，创建 Example2_12. jsp 文件。

2. 设计页面

（1）页面主体结构

首先定义页面主体结构。将整个页面放在容器 box 里，并将整个页面分成 header、content 和 footer 共 3 部分。

```
<%@ page language = "java" contentType = "text/html; charset = UTF - 8" pageEncoding = "UTF -
8"% >
<! DOCTYPE html" >
<html >
<head >
<meta http - equiv = "Content - Type" content = "text/html; charset = UTF - 8" >
<title >美食网 </title >
<link href = "css/style. css" rel = "stylesheet" type = "text/css"/ > </head >
<body >
<div id = "box" >
<div id = "header" > </div >
<div id = "content" > </div >
<div id = "footer" > </div >
</div >
</body >
</html >
```

设计页面的初始化样式，代码如下。

```
*{margin:0;padding:0;border:0;}
body{font - family:Verdana, Arial, "宋体";background:#444;}
ol,ul{list - style:none;}
a{text - decoration:none;}
#box{width:1024px;margin:0 auto;background:#fff;}
```

（2）header 部分

header 部分主要完成 logo 和搜索框的设计，页面结构如下。

```
<div id = "header" >
    <div class = "logo" > <a href = "#" > <img src = "images/logo. jpg" / > </a > </div >
    <div class = "search" >
        <form >
            <input type = "text" value = ""/ > <input type = "submit" value = ""/ >
        </form >
```

```
        </div>
        <div class="clear"></div>
    </div>
```

对应的样式代码如下。

```
.logo{float:left;margin-left:20px;width:197px;height:101px;}
.search{float:right;border:1px solid #eee; margin:60px 60px 0 100px;padding:5px;
 -webkit-border-radius:1em;   -moz-border-radius:1em;     border-radius:1em;}
.search input[type="text"]{background:none;border:none;width:250px;outline:none;color:#aaa;}
.search input[type="submit"]{background:url(../images/search.png);border:none;width:16px;
height:16px;margin:0 10px 0 0;}
.clear{clear:both;}/*清除浮动 */
```

(3) content 部分

content 部分主要完成页面主要内容的设计，包括侧边栏 sidebar、导航栏 nav 和主要产品展示的 main 共 3 部分，页面结构如下。

```
<div id="content">
<div class="sidebar"></div>
<div class="nav"></div>
<div class="main"></div>
<div class="clear"></div>
</div>
```

其中，sidebar 部分的代码如下。

```
<div class="sidebar">
    <h3>美食天下</h3>
    <ul>
        <li><a href="#">菜谱</a></li>
        <li><a href="#">食材</a></li>
...
        <li><a href="#">活动</a></li>
    </ul>
</div>
```

nav 部分的代码如下。

```
<div class="nav">
    <ul>
      <li><a href="#">健脾养胃</a></li>
      <li><a href="#">消暑解渴</a></li>
      ...
      <li><a href="#">更多...</a></li>
    </ul>
      </div>
```

(4) main 部分

main 部分的页面结构如下。

```
<div class="main">
<div class="grid">
```

```
<div class="prev"><a href="#"><img src="images/shanghai.jpg" alt="生煎包" /></a
></div>
<ul class="details">
<li><a href="#">生煎包</a></li>
<li>生煎包是流行于上海、浙江、江苏及广东的一种汉族传统小吃,简称为生煎,由于上海人习
惯称"包子"为"馒头",因此在上海生煎包一般被称为生煎馒头。特点:皮酥、汁浓、肉香、精巧。
</li>
</ul>
</div>
<div class="grid">…</div>
<div class="grid">…</div>
<div class="grid">…</div>
</div>
```

对应的样式代码如下。

```
#content{padding:15px;}
.sidebar{border-left:1px solid #e7e6e6;border-right:1px solid #e7e6e6;border-bottom:1px solid #
e7e6e6; -webkit-border-radius: 7px; -moz-border-radius: 7px; border-radius: 7px;
width:200px;
margin-bottom:20px;margin-left:5px;float:left;}
.sidebar h3{background:url(../images/button.png) no-repeat;padding:10px;font-size:14px;
text-align:center;color:#fff;}
.sidebar ul{margin:0;padding:0;}
.sidebar li{border-bottom:1px dotted #ddd;}
.sidebar li:last-child{border-bottom:none;}
.sidebar li a{color:#666;font-size:14px;display:block;text-align:center; letter-spacing:40px;
padding:10px 10px 10px 50px;}
.sidebar li a:hover{color:#0066CC;}
.nav{float:left;width:787px;}
.nav ul{padding-left:25px;margin:0;}
.nav li{display:inline-block;}
.nav li a{color:#eee;display:block;font-size:14px;padding:11px 30px; background: #4096ee;
-webkit-border-top-right-radius:5px; -moz-border-top-right-radius:5px;border-top-
right-radius:5px;
-webkit-border-top-left-radius:5px; -moz-border-top-left-radius:5px;border-top-left
-radius:5px;
background: -moz-linear-gradient(top, #4096ee 0%, #60abf8 56%, #7abcff 100%);
background: -webkit-gradient(linear, left top, left bottom, color-stop(0%,#4096ee),
color-stop(56%,#60abf8), color-stop(100%,#7abcff));
background: -webkit-linear-gradient(top, #4096ee 0%,#60abf8 56%,#7abcff 100%);
background: -o-linear-gradient(top, #4096ee 0%,#60abf8 56%,#7abcff 100%);
background: -ms-linear-gradient(top, #4096ee 0%,#60abf8 56%,#7abcff 100%);
background: linear-gradient(to bottom, #4096ee 0%,#60abf8 56%,#7abcff 100%);
filter: progid:DXImageTransform.Microsoft.gradient(startColorstr='#4096ee',
endColorstr='#7abcff',GradientType=0 );}
.nav li a:hover{color:#fff;text-decoration:underline;text-shadow:#666 1px 1px 1px;}
.main{float:left;width:756px;padding-bottom:10px;margin-left:20px;border:1px solid #f3f2f2;
-webkit-border-bottom-right-radius:5px;    -moz-border-bottom-right-radius:5px;
border-bottom-right-radius:5px; -webkit-border-bottom-left-radius:5px;
-moz-border-bottom-left-radius:5px;         border-bottom-left-radius:5px;}
.grid{float:left;width:350px;padding:5px;margin:11px 0 3px 11px;
```

```
-webkit-box-shadow:0 0 4px #ddd; -moz-box-shadow:0 0 4px #ddd; -box-shadow:0 0 4px
#ddd;}
.grid img{width:150px;height:150px;}
.prev{float:left;padding:10px;width:150px;height:150px;}
ul.details{float:left;padding-left:5px;margin:0;width:175px;}
ul.details li:first-child{margin-top:8px;}
ul.details li:first-child a{font-size:15px;color:#0066CC;}
ul.details li{padding:2px 0;font-size:12px;}
ul.details li a{font-size:12px;color:#888;}
```

（5）footer 部分

footer 部分主要完成页面版权信息的设计，页面结构如下。

```
<div id="footer">
    <div class="copy">© Copyright 2010-2016 美食网 | Design by 美食爱好者</div>
</div>
```

对应的样式代码如下。

```
#footer{position: relative;width: 100%;background: #202020;height: auto;padding:20px 0;}
.copy{font-size:12px;color:#FFF;text-align:center;}
```

至此，整个页面就设计完成了。

3. 测试 Web 应用程序

1）单击工具栏中的部署按钮，弹出 Project Deployments 对话框，在 Project 下拉列表框中选择要发布的项目 Example2_12。

2）然后单击右侧的 Add 按钮，弹出 New Deployment 对话框，在 Server 下拉列表框中选择 Tomcat 6.x 选项，单击 Finish 按钮，返回 Project Deployments 对话框，单击 OK 按钮，即可完成项目的发布。

3）确认 Tomcat 服务器已经成功启动了，打开浏览器，在地址栏中输入 http://localhost:8080/Example2_12/Example2_12.jsp，即可进行访问。

本章小结

本章通过大量的案例介绍了 Web 开发前端使用的相关技术，包括 HTML 和 CSS。HTML 用于完成页面的结构设计，CSS 用于完成页面的样式设计。通过 DIV + CSS 这种布局方式，可以真正地实现页面内容和样式设计的彻底分离。

实践与练习

一、选择题

1. 在 HTML 中，插入图片的 HTML 代码是（　　）。

   A. <img href="image.gif>　　B. <img src="image.gif">

   C. <image src="image.gif">　　D. <img>image.gif</img>

2. 选项（　　）为正确的 CSS 语法。

A. body {color: black;}

B. {body;color:black}

C. {body - color:black}

D. {body: color = black}

3. 在 CSS 中，设置某个元素的文字颜色的选项是（　　）。

A. color:　　B. fgcolor:　　C. text - color =　　D. text - color:

4. 在 CSS 中，设置超链接没有下划线的选项是（　　）。

A. a {decoration:no underline}　　B. a {text - decoration:none}

C. a {underline:none}　　D. a {text - decoration:no underline}

5. 如果希望单击超链接后在新窗口中打开 HTML 页面，则需将 target 属性设置为(　　)。

A. _self　　B. _top　　C. _parent　　D. _blank

二、填空题

1. 在 CSS 中，__________________属性是用来设置底边框的。

2. 使用 link 元素引用外部 CSS 文件，________属性用来指定 CSS 文件的路径。

3. 在 CSS 中，设置外边距用__________属性，设置内边距用__________ 属性。

4. 在 HTML 中，创建超链接用______标记，设置字体加粗用________ 标记。

5. HTML 中用来实现换行的标记是______ 。

6. CSS 的中文名是____________。

7. 在 HTML 中，定义无序列表标签是______。

实验指导

题目 1　设计表格

1. 任务描述

掌握表格标签的使用，灵活应用行、列合并属性。

2. 任务要求

1）使用记事本完成任务。

2）使用 HTML 标签完成表格。

3. 操作步骤提示

1）新建一个文本文档，修改扩展名为 . html。

2）在记事本中完成相应的代码。运行结果参见图 2-21。

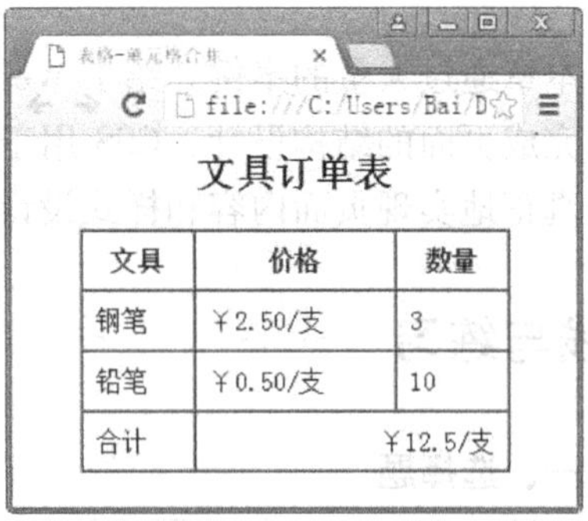

图 2-21　运行结果

题目 2　使用项目列表制作垂直菜单

1. 任务描述

使用项目列表制作垂直导航菜单。

2. **任务要求**

1）使用项目列表设计菜单项。

2）结合 CSS 完成菜单样式的设定。

3. **操作步骤提示**

1）创建网页文件。

2）使用项目列表完成菜单项设计，参考代码如下。

```
<div id = "menu" >
<ul >
    <li > <a href = "#" >Link 1 </a > </li >
    <li > <a href = "#" > Link 2 </a > </li >
    <li > <a href = "#" > Link 3 </a > </li >
    <li > <a href = "#" > Link 4 </a > </li >
 </ul >
</div >
```

3）完成样式设定，参考代码如下。

```
#menu{ width:150px; }
#menu ul{list - style - type:none;margin:0px;padding:0px;}
#menu li{ border - bottom:1px solid #ed9f9f; }
#menu li a{display:block;text - decoration:none;border - left:12px solid #711515; color:#990000;
border - right:1px solid #711515;padding:5px 5px 5px 0. 5em;background - color:#F0F0F0;}
#menu li a:hover{ background - color:#990020;color:#ff0; }
```

4）在浏览器中预览页面。运行结果如图 2-22 所示。

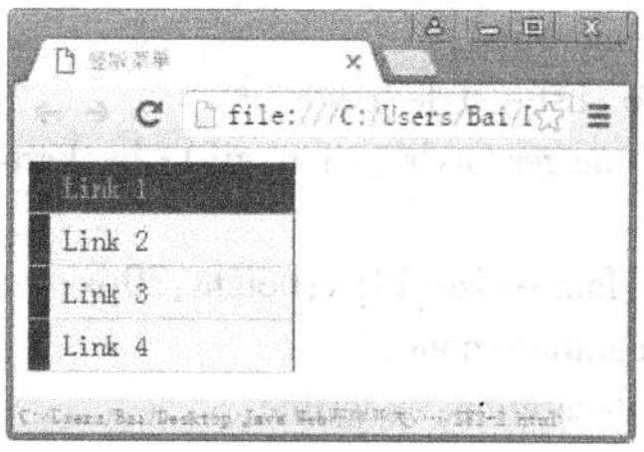

图 2-22　运行结果

题目 3　使用项目列表设计新闻模块

1. **任务描述**

使用项目列表设计新闻标题列表。

2. **任务要求**

1）使用项目列表设计标题列表。

2）结合 CSS 完成样式的设定。

3. **操作步骤提示**

1）创建网页文件。

2）整个模块分为上、下两部分，上部分采用 <div >标签，并设定 id 属性为 title，参考代码如下。

```
<div class = "title" >
<h4 > <a href = "#" >高层动态 </a > </h4 >
<span > <img src = "images/jjstwm. jpg" style = "margin - top: -2px;"/ > </span >
</div >
```

3）使用项目列表完成新闻标题列表设计，参考代码如下。

```
<ul >
<li > <a href = "#" >主席访问新加坡 </a > <a href = "#" >媒体发署名文章 </a > </li >
<li > <a href = "#" >主席会见新加坡总统陈庆炎 </a > </li >
<li > <a href = "#" >国家领导人再次见阮富仲 </a > <a href = "#" >见中越青年代表 </a >
</li >
<li > <a href = "#" >中越两国首领举行会谈 </a > </li >
<li > <a href = "#" >主席会见越南国会主席阮生雄 </a > <a href = "#" >演讲 </a > </li >
<li > <a href = "#" >中萨两国元首埃菲互致贺电 </a > </li >
</ul >
```

4）完成样式设定，参考代码如下。

```
<style type = "text/css" >
* { margin:0;padding:0;border:0;}
#dt{font:normal 12px/30px "SimSun";width:278px;height:230px;margin:10px auto;
padding - bottom:5px;border:1px solid #e0e0e0;}
. title{width:90%;height:30px;overflow:hidden;margin:10px auto 0 auto;}
h4{font - family: "Microsoft YaHei","SimHei";margin:0;font - weight:bold;font - size:16px;
float:left;line - height:25px;}
span{ float:right; }
. red{ color:#900;text - decoration:none; }
. red:hover{text - decoration:underline;}
ul{ margin:0 auto;width:90%;list - style:none; }
li{background - image: url(images/style _ dian. gif); background - repeat: no - repeat; padding -
left:11px;
background - position:0 14px;font - size:14px;height:30px;overflow:hidden;}
li a{color:#033266;text - decoration:none;}
li a:hover{color:#900;text - decoration:underline;}
</style >
```

5）在浏览器中预览页面。运行结果如图 2-23 所示。

图 2-23 运行结果

第3章　Java Web开发前端动态技术

HTML语言是网页设计普遍采取的一种超文本标记语言，但HTML自身不能为网页提供动态支持，更不能对用户请求做出响应。JavaScript的出现则弥补了HTML语言的缺陷，它将静态页面转变成支持用户交互并响应事件的动态页面。JavaScript是一种基于对象和事件驱动并具有安全性能的解释型脚本语言，它直接嵌入在HTML页面中，并由客户端浏览器解释执行。JavaScript可以用来创建动态页面、响应事件、读写HTML元素、验证表单、检测浏览器和创建Cookies等。本章将详细介绍JavaScript的基本语法、流程控制、函数及对象。

3.1　JavaScript基本语法

JavaScript是Netscape公司的产品，它是为了扩展Netscape Navigator功能而开发的一种可以嵌入在Web页面中的解释性语言。JavaScript的语法基本结构与C、C++、Java十分类似，但在使用前不像这些语言需要先编译，而是在程序运行过程中被逐行地解释。下面详细介绍JavaScript的基本语法。

3.1.1　JavaScript的输出

JavaScript有两种使用方法，一种是嵌入到HTML文档中，另一种是将JavaScript代码单独写成一个文件，然后在HTML文档中链接该文件。

1. 嵌入JavaScript

在HTML文档中通过<script> </script>标签来嵌入JavaScript代码，<script> </script>标签可以写在<head> </head>标签中，也可以写在<body> </body>标签中。在使用<script> </script>标签时，language属性用来指定所使用的脚本语言，所以要指定language属性的值为JavaScript。

【例3-1】 在<script>标签中嵌入JavaScript代码。

```
<html>
  <head>
    <title>在script标签中嵌入JavaScript代码</title>
  </head>
  <body>
    <script language="javascript" type="text/javascript">
      <!--
        document.write("欢迎来到JavaScript的世界!");
      -->
    </script>
  </body>
</html>
```

用浏览器打开该文件，运行结果如图 3-1 所示。

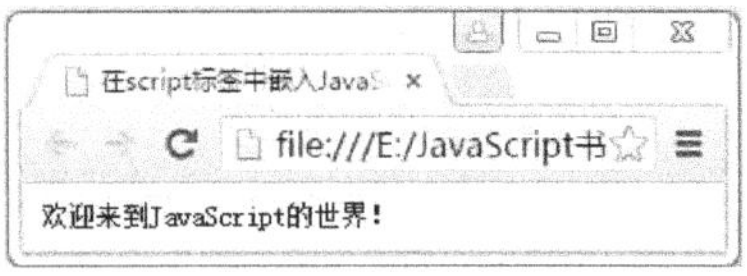

图 3-1　在 <script> 标签中嵌入 JavaScript 代码

当 HTML 文件在浏览器中运行时，会执行 <script> 标签中的 JavaScript 代码，该 JavaScript 代码通过 document 对象在浏览器中输出“欢迎来到 JavaScript 的世界!”这一行字符串。

如果 JavaScript 脚本是在文档载入后或者响应用户动作时才运行，可以将 JavaScript 语句放在一个函数定义中，然后让事件处理来激活这个函数。

【例 3-2】通过调用函数来执行 JavaScript 代码。

```
<html>
  <head>
    <title>通过调用函数来执行 JavaScript 代码</title>
    <script language="javascript" type="text/javascript">
      <!--
       function out_nav(){
         //输出浏览器名称
         document.write("本浏览器的名称为:"+navigator.appName+"<br>");
         //输出浏览器版本
         document.write("本浏览器的版本为:"+navigator.appVersion+"<br>");
       }
      -->
    </script>
  </head>
  <body onload="out_nav()">
  </body>
</html>
```

用浏览器打开该文件，运行结果如图 3-2 所示。

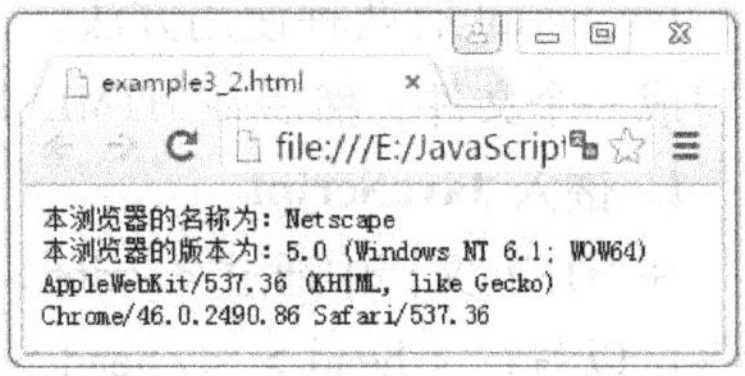

图 3-2　通过调用函数来执行 JavaScript 代码

在 <script> 标签中定义了函数 out_nav()，当 HTML 页面完成载入时，onLoad 事件处理触发 out_nav() 函数，执行该函数会输出当前浏览器的名称及版本。

2. 链接 JavaScript

如果在多个网页中都要使用相同的 JavaScript 代码，则可以将 JavaScript 代码写在一个独立的文件中，该文件以 .js 作为扩展名。在 <script> 标签中通过使用 src 属性来指定外部脚本文件的 URL。

【例 3-3】在 <script> 标签中链接 JavaScript 脚本文件。

首先编写脚本文件 output.js，文件代码如下。

```
<!--
  document.write("欢迎来到 JavaScript 的世界!");
-->
```

HTML 文件内容如下。

```
<html>
  <head>
    <title>在 script 标签中链接 JavaScript 脚本文件</title>
  </head>
```

```
    <body>
        <script language="javascript" type="text/javascript" src="output.js">
        </script>
    </body>
</html>
```

程序运行结果与【例 3-1】相同。

3.1.2 JavaScript 的注释

在编写程序时，添加注释（comments）可以增强程序的可读性。JavaScript 语言提供了两种类型的注释：单行注释和多行注释。

1. 单行注释

单行注释就是一行，表示从“//”开始到这一行结束的内容都作为注释部分。如以下的代码片段所示。

```
var now = new Date();        //获取日期对象
```

2. 多行注释

多行注释表示从“/*”开始到“*/”结束的单行或多行内容都作为注释部分。如以下的代码片段所示。

```
/*
    *功能:输出浏览器的名称及版本
    *时间:2015-12-10
    *编写者:Jack
*/
function out_nav(){
    document.write("本浏览器的名称为:"+navigator.appName+"<br>");
    document.write("本浏览器的版本为:"+navigator.appVersion+"<br>");
}
```

3.1.3 JavaScript 标识符与关键字

1. JavaScript 标识符

标识符是为 JavaScript 程序中定义的变量、函数和数组等所起的名称。JavaScript 语言中标识符的命名规则如下。

- 标识符的首字符为字母、下划线（_）和美元符号（$）。
- 标识符的后续字符可以为字母、下划线（_）、美元符号（$）及数字。
- 标识符区分大小写。
- 标识符中不能出现连字符（-）、空格等特殊字符。
- 标识符不能是 JavaScript 关键字。

符合上述标识符定义规则，则为正确的标识符定义。如下面的示例所示。

```
student、老师、MAX_VALUE、intValue;
```

下面的标识符为错误的标识符定义。

```
1_person        //标识符不能以数字开头
new             //关键字不能作为标识符
a#b             //标识符中不能出现#等特殊字符
```

JavaScript 语言与 Java 语言一样，都是严格区分大小写的。例如，变量 studentNo 与变量 studentno 是两个不同的变量。在输入关键字、变量名、函数名及所有的标识符时，都必须采取一致的大小写形式。在 HTML 中，标签和属性并不区分大小写，但在 JavaScript 中必须按照规定的格式书写。

2. JavaScript 关键字

JavaScript 语言将一些单词赋予特定的含义，并用作专门用途，不允许再当作普通的标识符来使用，这些单词统称为关键字（keyword）。JavaScript 语言中的关键字如表 3-1 所示。

表 3-1 JavaScript 语言中的关键字

abstract	continue	float	int	return	transient
boolean	default	for	interface	short	true
break	do	function	long	static	try
byte	double	goto	native	super	var
case	else	if	new	switch	void
catch	extends	implements	null	synchronized	while
char	false	import	package	this	with
class	final	in	protected	throw	
const	finally	instanceof	public	throws	

3.1.4 JavaScript 基本数据类型

JavaScript 中的数据类型可以分为基本数据类型和复合数据类型两种。基本数据类型包括数值型、字符串型和布尔型。复合数据类型包括数组、对象等。除了基本数据类型和复合数据类型外，JavaScript 还支持两个特殊的数据类型：空值和未定义。由于 JavaScript 采用弱类型的形式，因此数据在使用前不必先进行声明，而是在使用或赋值时才确定其数据类型。

1. 数值型

数值型是基本数据类型，可用于完成数学运算。在 JavaScript 中，所有数值型都是用浮点型表示的，而并不区分整型数值和浮点型数值。JavaScript 采用 IEEE 754 标准定义的 64 位浮点数值格式来表示数值型数据，所以数值型数据的最大值为 $+1.7976931348623157\times10^{308}$，最小值为 -5×10^{-324}。JavaScript 中支持的数值型常量包括整型常量和浮点型常量。

整型常量是指没有小数点的数值，可以用十进制、八进制或者十六进制表示。如下面的示例所示。

- 十进制整数——25、36。
- 八进制整数——012、04523。八进制整数要以数字 0 开头，并且后面数字的取值范围为 0 ～ 7。
- 十六进制整数：0x12、0XA2。十六进制整数要以 0x 或 0X 开头，后面的数字可以为 0 ～ 9，或 a ～ f、A ～ F。

带有小数点的数值为浮点型常量。如下面示例所示。

- 3.2、5.、.689 等常规表示法。
- 浮点型常量还可以使用科学记数法来表示，如 602.35 可以表示为：6.0235e2 或 6.0235E2。在这种表示方法中，e 或 E 的前面一定要有数字，且 e 或 E 后面的数字一定要为整数，如 E8、2.6e5.2 等都是错误的浮点型常量。

JavaScript 还使用了一些特殊的数值。

- 当一个浮点值大于所能表示的最大值时，其结果是一个特殊的无穷大值，JavaScript 将它输出为 Infinity。
- 当一个负值比所能表示的最小负值还小时，结果就是负无穷大，输出为 - Infinity。
- 当一个算术运算（如用 0 除以 0）产生了未定义的结果或出错返回时，结果是一个非数字的特殊值，输出为 NaN（Not a Number）。这个值比较特殊，它和任何值都不相等，包括自己在内，需要使用函数 isNaN()来检测这个值。

JavaScript 中特殊的数值常量可以使用 Number 中的属性来表示，这些属性及其所代表的数值如表 3-2 所示。

表 3-2 特殊的数值常量

常　量	含义及取值
Number.MAX_VALUE	可表示的最大值，即 1.7976931348623157e+308
Number.MIN_VALUE	可表示的最小值，即 5e-324
Number.NaN	特殊的非数字值
Number.POSITIVE_INFINITY	表示正无穷大，即 Infinity
Number.NEGATIVE_INFINITY	表示负无穷大，即 - Infinity

【例 3-4】JavaScript 中数值型数据的输出。

```
<html>
  <head>
    <title>JavaScript 中数值型数据的输出</title>
  </head>
  <body>
    <script language="javascript" type="text/javascript">
      <!--
        //输出可表示的最大值
        document.write("Number.MAX_VALUE:"+Number.MAX_VALUE+"<br>");
        //输出可表示的最小值
        document.write("Number.MIN_VALUE:"+Number.MIN_VALUE+"<br>");
        //输出非数字值
        document.write("0/0="+0/0+"<br>");
        //输出正无穷大
        document.write("1/0="+1/0+"<br>");
        //输出负无穷大
        document.write("-1/0="+-1/0+"<br>");
        //输出八进制整数值
        document.write("八进制整数 057 的值为:"+057+"<br>");
        //输出十六进制整数值
```

```
        document.write("十六进制整数0x41的值为:" +0x41 +" <br>");
      -->
    </script>
  </body>
</html>
```

用浏览器打开该文件，运行结果如图3-3所示。

图3-3 JavaScript中数值型数据的输出

2. 字符串型

在JavaScript中用字符串来表示文本，字符串是由单引号或双引号括起来的一系列字符，可以包含0个或多个Unicode字符。如下面的字符串示例所示。

```
"This is a String."
"123456"
'"Thank you!" "You are welcome."'
```

📖 在JavaScript中没有char数据类型，要表示单个字符，也必须使用长度为1的字符串。

有些字符需要包含在字符串中，但由于这些字符在JavaScript语法上已经有了特殊用途，或这些字符在屏幕上不能显示，所以不能以常规的形式直接写到字符串中。为了解决这个问题，JavaScript为这类字符提供了一种特殊的表达方式，称为转义字符。转义字符以反斜杠（\）开始，后面跟一些符号。表3-3列出了JavaScript中支持的转义字符及其含义。

表3-3 JavaScript转义字符及其含义

转义字符	含　义
\b	退格符
\t	水平制表符
\n	换行符
\v	垂直制表符
\f	换页符
\r	回车符
\"	双引号
\'	单引号
\\	反斜杠
\xnn	由2位十六制数值nn指定的编码字符
\unnnn	由4位十六制数值nnnn指定的编码字符
\nnn	由1～3位八进制数值nnn指定的编码字符

3. 布尔型

布尔型用来表示具有两种状态的逻辑值，如yes和no、on和off等，像这样的值可以用布尔类型表示。布尔类型的取值为true或false。如下面代码所示。

```
x ==32
```

在上面的代码中，如果 x 等于 32，则返回 true；否则返回 false。

4. 空值型

JavaScript 中的空值类型用关键字 null 来表示，它表示“无值”。如果一个变量的值为 null，则表示它的值不是有效的对象、数字、字符串和布尔值。null 用来初始化变量或用来清除变量的内容。

📖 JavaScript 区分大小写，NULL 与 Null 都不等同于 null。

---

5. 未定义型

JavaScript 中用 undefined 来表示未定义型，以下 3 种情况会返回 undefined 值。

- 使用一个并未声明的变量。
- 使用已声明但还没有赋值的变量。
- 使用并不存在的对象属性。

6. 基本数据类型的转换

JavaScript 中的三种基本数据类型值在运算时，必须将不同类型的值转换为相同类型值后才能进行运算。JavaScript 是一种松散类型的程序设计语言，并没有严格地规定变量的数据类型。已经定义数据类型的变量可以在表达式中自动转换数据类型，或通过相应的方法来转换数据类型。JavaScript 中数据类型的转换分为隐式类型转换和显式类型转换两种。

隐式类型转换的规则如下。

- 数值型数据可以自动转换为字符串型，非 0 数值型数据可以自动转换为布尔型值 true，数值 0 可以转换为布尔型值 false。
- 非空数值型字符串可以自动转换为数值型数据，如不能转换为数值，则返回 NaN。
- 空字符串可以自动转换为数值 0，或者布尔类型值 false。
- 字符串 true 可以自动转换为数值 1，或者布尔类型值 true。
- 字符串 false 可以自动转换为数值 0，或者布尔类型值 false。
- 布尔值 true 可以自动转换为字符串 true，或者数值 1。
- 布尔值 false 可以自动转换为字符串 false，或者数值 0。

显式类型转换的方法如下所示。

- String()方法可以将其他类型的值转换为字符串。
- Number()方法可以将其他类型的值转换为数值型。
- Boolean()方法可以将其他类型的值转换为布尔型。除 0、NaN、null、undefined 和""（空字符串）被转换为 false 外，其他值都被转换为 true。
- parseInt()方法用于将字符串转换为整数，其格式为：parseInt（numString，[radix]），第一个参数表示要转换为整数的字符串，第二个参数为进制数。
- parseFloat()方法用于将字符串转换为浮点数。
- eval()方法用于计算字符串表达式或语句的值。

【例 3-5】JavaScript 数据类型转换。

```
<html>
  <head>
```

```
<title>JavaScript 数据类型转换</title>
<script language="javascript" type="text/javascript">
  <!--
    var x = 23;
    var y = 34;
    var sx = String(23);
    var sy = String(34);
    var r1 = sx + sy;
    var r2 = "4 - 8 * 7 + 16";
    var ss = "123.4abc";
    var st = "11.8";
    document.write("\"" + sx + "\"" + "+" + "\"" + sy + "\"" + " = " + r1 + "<br>");
    document.write(sx + " + " + sy + " = " + (parseInt(sx) + parseInt(sy)) + "<br>");
    document.write("4 - 8 * 7 + 16" + " = " + eval(r2) + "<br>");
    document.write('"123.4abc"转换为整数为:'+ parseInt(ss) + "<br>");
    document.write('"11.8"转换为整数为:'+ parseInt(st,8) + "<br>");
  -->
</script>
</head>
<body>
</body>
</html>
```

用浏览器打开该文件，运行结果如图 3-4 所示。

上述代码中使用 parseInt()方法将字符串转换为整数时，如果字符串开始位置不是数字，则 parseInt()方法返回值为 NaN。如果字符串的开始位置为数字，遇到非数字字符时则停止读取，将已经读取的数字字符串转换为整数。

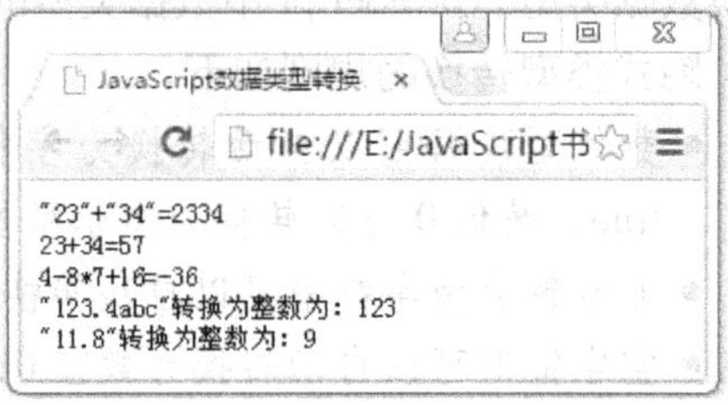

图 3-4　JavaScript 数据类型转换

3.1.5　JavaScript 变量

变量在使用之前必须声明，由于 JavaScript 是弱类型语言，因此在创建一个变量时可以不指定该变量的数据类型。根据需要，可以给同一个变量赋予不同类型的数据。在 JavaScript 中可以使用两种方式来声明变量。

1. 使用关键字 var 显式声明变量

```
格式 1:var 变量名 1[,变量名 2,变量名 3,…]
```

如下面的代码所示。

```
var x;
var name,sex,age;
```

使用上面语句声明变量后，并没有给变量赋初值，此时变量的数据类型为 undefined。

```
格式 2:var 变量名 1 = 值 1[,变量名 2 = 值 2,变量名 3 = 值 3,…]
```

如下面的代码所示。

```
var x = 12.34;
var name = "Tom", sex = "男", age = 20;
var finished = true;
```

当给变量赋初值后，JavaScript 会根据初始值来确定变量的数据类型。例如，在上面的变量中，变量 x 和变量 age 为数值型，变量 name 和变量 sex 为字符串型，变量 finished 为布尔型。

2. 使用赋值语句隐式声明变量

```
格式 3：变量名 = 值;
```

例如，上面的变量声明语句也可以写成下面的格式。

```
x = 12.34;
name = "Tom"; sex = "男"; age = 20;
finished = true;
```

📖 当一行中有多个赋值语句时，语句之间用分号分隔。为了提高程序的可读性，建议对变量声明时使用关键字 var 进行显式声明。

---

3. 变量的有效范围

变量可以根据其有效范围分为全局变量与局部变量两种。全局变量从定义开始，到整个 JavaScript 代码结束为止，都可以使用；局部变量只在定义的函数内部起作用。

- 变量的优先级：如果在函数体中定义了一个与全局变量名相同的局部变量，则在该函数体中起作用的是局部变量。
- 在函数体内定义全局变量：在函数体内使用 var 关键字定义的变量为局部变量，不使用关键字 var 而直接给变量赋值所定义的变量为全局变量。
- 嵌套函数内变量的有效范围：每个函数中定义的变量可以在该函数及其嵌套的函数体内起作用，但不能在父级或父级以上的函数体内起作用。
- 局部变量在整个函数体内都有效：局部变量不是从定义的那行代码开始起作用，而是在定义的整个函数内都起作用。

【例 3-6】JavaScript 中变量的优先级。

```
<html>
  <head>
    <title>JavaScript 中变量的优先级</title>
    <script language="javascript" type="text/javascript">
      <!--
       var s = "全局变量";
       function output(){
         var s = "局部变量";
         document.write(s + "<br>");
       }
       output();
       document.write(s + "<br>");
      -->
    </script>
```

```
    </head>
    <body>
    </body>
</html>
```

用浏览器打开该文件，运行结果如图 3-5 所示。

【例 3-7】JavaScript 中在函数体内定义全局变量。

```
<html>
  <head>
    <title>JavaScript 中在函数体内定义全局变量</title>
    <script language = "javascript" type = "text/javascript" >
      <! --
        function output( ){
          var s1 = "局部变量";
          s2 = "全局变量";
          document. write( s1 + " <br > " );
          document. write( s2 + " <br > " );
        }
        output( );
        document. write( s2 + " <br > " );
      -->
    </script>
  </head>
  <body>
  </body>
</html>
```

用浏览器打开该文件，运行结果如图 3-6 所示。

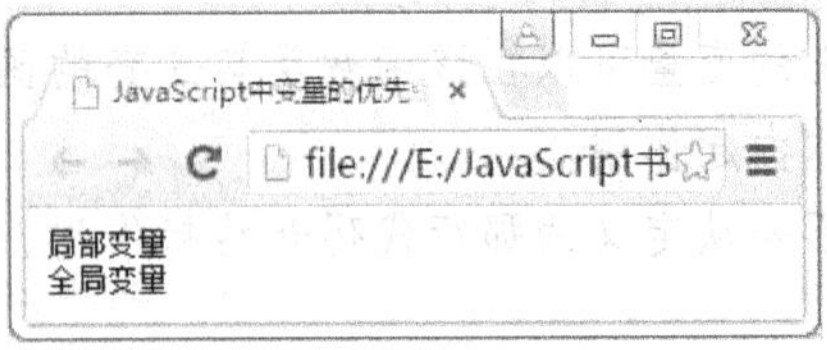

图 3-5　JavaScript 中变量的优先级

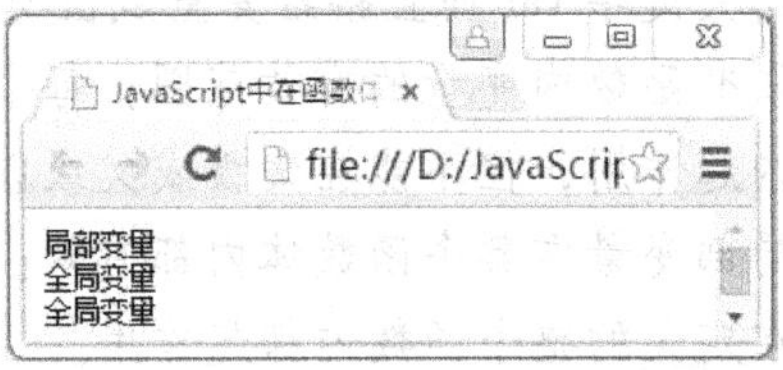

图 3-6　JavaScript 中在函数体内定义全局变量

【例 3-8】JavaScript 中嵌套函数体内变量的有效范围。

```
<html>
  <head>
    <title>JavaScript 中嵌套函数体内变量的有效范围</title>
    <script language = "javascript"  type = "text/javascript" >
      <! --
        function output1( ){
          var s1 = "局部变量";
          function output2( ){
            var s2 = "嵌套函数中的局部变量";
            document. write( s1 + " <br > " );
            document. write( s2 + " <br > " );
          }
```

```
            output2( );
            document. write( s1 + " <br> " );
        }
        output1( );
    -->
    </script>
  </head>
  <body>
  </body>
</html>
```

用浏览器打开该文件，运行结果如图 3-7 所示。

【例 3-9】 JavaScript 中局部变量在整个函数体内有效。

```
<html>
  <head>
    <title>JavaScript 中局部变量在整个函数内有效</title>
    <script language = "javascript" type = "text/javascript" >
      <! --
        var s = "全局变量";
        function output( ) {
          document. write( s + " <br> " );
          var s = "局部变量";
          document. write( s + " <br> " );
        }
        output( );
      -->
    </script>
  </head>
  <body>
  </body>
</html>
```

用浏览器打开该文件，运行结果如图 3-8 所示。

图 3-7　JavaScript 中嵌套函数体内变量的有效范围

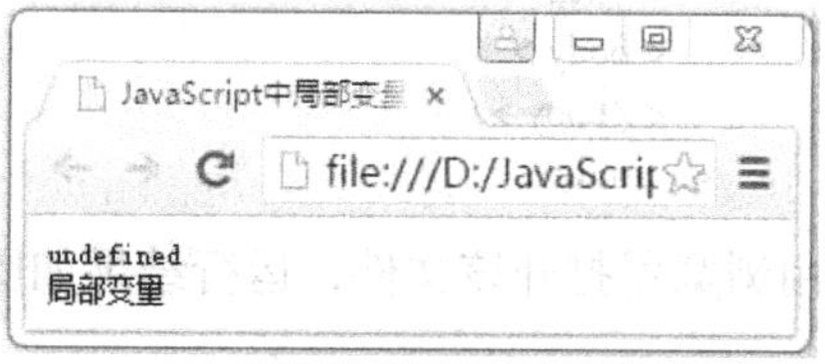

图 3-8　JavaScript 中局部变量在整个函数体内有效

在上述代码中，在函数体内定义局部变量 s，无论在哪里定义局部变量都等同于在函数的开头定义局部变量，所以函数体内的代码等同于以下代码。

```
function output( ) {
  var s;
  document. write( s + " <br> " );
  s = "局部变量";
  document. write( s + " <br> " );
}
```

📖 如果只是定义变量，但未给变量赋值，则变量的初始值为 undefined。

3.1.6 JavaScript 运算符

在 JavaScript 语言中，运算符（operator）分为算术运算符、逻辑运算符、关系运算符、位运算符、赋值运算符、三元运算符、字符串连接运算符及其他运算符。下面将介绍这些运算符的具体用法。

1. 算术运算符

算术运算用于完成数值型数据的运算，这些运算包括加法（+）、减法（-）、乘法（*）、除法（/）、取余（%）、自增（++）、自减（--），以及取正（+）和取负（-）运算。

【例 3-10】 JavaScript 中算术运算符的使用。

```
<html>
  <head>
    <title>JavaScript 中算术运算符的使用</title>
    <script language = "javascript" type = "text/javascript" >
      <! --
        var a = 4;
        var b = 5;
        document.write(a + " + " + b + " = " + (a + b) + "<br>");
        document.write(a + " - " + b + " = " + (a - b) + "<br>");
        document.write(a + " * " + b + " = " + (a * b) + "<br>");
        document.write(a + "/" + b + " = " + (a/b) + "<br>");
        document.write(a + "%" + b + " = " + (a% b) + "<br>");
        document.write(" + " + a + " = " + ( + a) + "<br>");
        document.write(" - " + b + " = " + ( - b) + "<br>");
        document.write("a ++ 的值为:" + (a ++ ) + " ,a 的值为:" + a + "<br>");
        document.write(" -- b 的值为:" + ( -- b) + " ,b 的值为:" + b + "<br>")
      -->
    </script>
  </head>
  <body>
  </body>
</html>
```

用浏览器打开该文件，运行结果如图 3-9 所示。

图 3-9　JavaScript 中算术运算符的使用

📖 JavaScript 中的所有数值型数据都是以浮点型表示的，所以整型数据相除的结果也可能为浮点型值，并且浮点型值也可以进行取余运算。

2. 关系运算符

关系运算符用来比较两个操作数的大小，包括大于（>）、大于等于（>=）、小于（<）、小于等于（<=）、等于（==）、严格等于（===）、不等于（!=）和严格不等于（!==）8 个运算符。关系运算结果是一个布尔值（true 或 false），关系运算符的操作数可以是数值、字符串和布尔值。

JavaScript 提供的运算符等于（==）和不等于（!=）在进行比较前，要先进行类型转换，然后再测试是否相等。而严格等于（===）和严格不等于（!==）这两个运算符在比较之前不需要进行类型转换，而是直接测试是否相等。只有当两个操作数的值相等并且类型也相同时，严格等于（===）运算符的计算结果才为 true，否则为 false。

【例 3-11】JavaScript 中关系运算符的使用。

```
<html>
  <head>
    <title>JavaScript 中关系运算符的使用</title>
    <script language="javascript" type="text/javascript">
      <!--
        var a=79;
        var b="79";
        var c="79";
        var d;
        var e=0/0;
        var f=null;
        if(a==b)
          document.write("a 与 b 相等"+"<br>");
        else
          document.write("a 与 b 不相等"+"<br>");
        if(a===b)
          document.write("a 与 b 严格相等"+"<br>");
        else
          document.write("a 与 b 严格不相等"+"<br>");
        if(b===c)
          document.write("b 与 c 严格相等"+"<br>");
        else
          document.write("b 与 c 严格不相等"+"<br>");
        document.write(d+"<br>");
        document.write(e+"<br>");
        document.write(f+"<br>");
        if(d===e)
          document.write("d 与 e 严格相等"+"<br>");
        else
          document.write("d 与 e 严格不相等"+"<br>");
        if(d==e)
          document.write("d 与 e 相等"+"<br>");
        else
```

```
        document.write("d 与 e 不相等" + " <br > ");
    if(d === f)
        document.write("d 与 f 严格相等" + " <br > ");
    else
        document.write("d 与 f 严格不相等" + " <br > ");
    if(d == f)
        document.write("d 与 f 相等" + " <br > ");
    else
        document.write("d 与 f 不相等" + " <br > ");
   -->
  </script >
 </head >
 <body >
 </body >
</html >
```

用浏览器打开该文件，运行结果如图 3-10 所示。

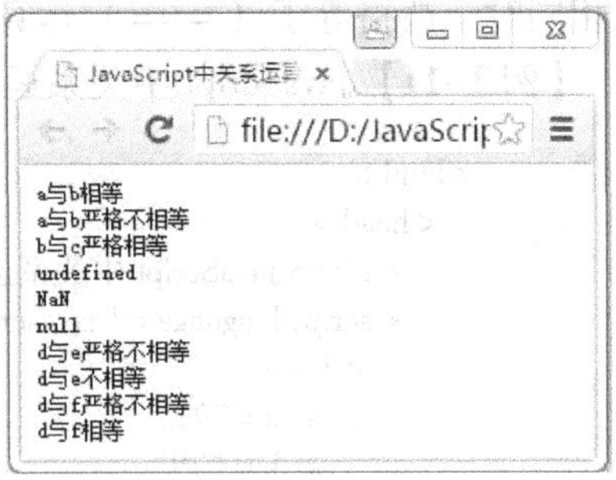

图 3-10　JavaScript 中关系运算符的使用

📖 null 与 undefined 相等，但不严格相等。NaN 不会与任何值相等，包括它自己。

3. 逻辑运算符

逻辑运算包括逻辑与（&&）、逻辑或（||）和逻辑非（!），逻辑运算的结果为逻辑值。逻辑运算的操作规则如表 3-4 所示。

表 3-4　逻辑运算操作规则

操作数 1	操作数 2	与运算结果	或运算结果	非运算（操作数 1）结果
true	true	true	true	false
true	false	false	true	false
false	true	false	true	true
false	false	false	false	true

- 逻辑与（&&）的操作规则——如果操作数 1 能够决定整个表达式的结果，则操作数 2 不需要计算。
- 逻辑或（||）的操作规则——如果操作数 1 能够决定整个表达式的结果，则操作数 2 不需要计算。

4. 位运算

位运算是指对每一个二进制位进行的操作，它包括位逻辑运算和移位运算。位逻辑运算包括：按位与（&）、按位或（|）、按位取反（~）和按位异或（^）。操作数在进行位运算时，是将操作数在内存中的二进制补码按位进行操作的。

- 按位与（&）——如果两个操作数的二进制位同时为 1 时，则按位与（&）的结果为 1；否则按位与（&）的结果为 0。例如，5&2 = 0。

&	00000000	00000000	00000000	00000101	…………	5
	00000000	00000000	00000000	00000010	…………	2
	00000000	00000000	00000000	00000000	…………	0

- 按位或（|）——如果两个操作数的二进制位同时为 0 时，则按位或（|）的结果为 0；否则按位或（|）的结果为 1。例如，5|2 =7。

|	00000000	00000000	00000000	00000101	…………	5
	00000000	00000000	00000000	00000010	…………	2
	00000000	00000000	00000000	00000111	…………	7

- 按位取反（～）——如果操作数的二进制位为 1 时，则按位取反（～）的结果为 0；否则按位取反（～）的结果为 1。例如，～(-5) =4。

~	11111111	11111111	11111111	11111011	…………	-5
	00000000	00000000	00000000	00000100	…………	4

- 按位异或（^）——如果两个操作数的二进制位相同时，则按位异或（^）的结果为 0；否则按位异或（^）的结果为 1。例如，-5^3 =-8。

^	11111111	11111111	11111111	11111011	…………	-5
	00000000	00000000	00000000	00000011	…………	3
	11111111	11111111	11111111	11111000	…………	-8

移位运算是指将整型数据向左或向右移动指定的位数，移位运算包括左移（<<）、右移（>>）和无符号位右移（>>>）。

- 左移（<<）——将整型数据在内存中的二进制补码向左移出指定的位数，向左移出的位数丢弃，右侧添 0 补位。例如，5 <<3 =40。

<<3	00000000	00000000	00000000	00000101		…………	5
	00000	00000000	00000000	00000101	000		
	00000	00000000	00000000	00000101	000	…………	40

- 右移（>>）——将整型数据在内存中的二进制补码向右移出指定的位数，向右移出的位数丢弃，左侧进行符号位扩展。即如果操作数为正数则左侧添 0 补位，否则左侧添 1 补位。例如，-5 >>3 =-1。

>>3		11111111	11111111	11111111	11111 011	…………	-5
	111	11111111	11111111	11111111	11111		
	111	11111111	11111111	11111111	11111	…………	-1

- 无符号位右移（>>>）——将整型数据在内存中的二进制补码向右移出指定的位数，向右移出的位数丢弃，左侧添 0 补位。例如，-5 >>>25 =127。

>>>25					11111111	11111111 11111111 11111011	… -5
					1111111		
	0	00000000	00000000	00000000	1111111		… 127

5. 三元运算符

三元运算符的语法形式如下。

```
布尔表达式？表达式1:表达式2
```

三元运算符的运算规则是：首先计算布尔表达式的值，如果布尔表达式的值为 true，则表达式 1 的值作为整个表达式的结果；如果布尔表达式的值为 false，则表达式 2 的值作为整个表达式的结果。

6. 字符串连接运算符

字符串连接运算符（+）可以将两个字符串连接起来形成一个新的字符串。当操作数中有一个操作数为字符串时，另一个操作数会自动转换为字符串。其中，数据转换为相应的字符串，而布尔类型则相应地转换为 true 或 false。如下面的代码所示。

```
89 + "45" 输出为:8945
false + "56" 输出为:false56
```

7. 其他运算符

JavaScript 中的其他运算符如表 3-5 所示。

表 3-5　JavaScript 中的其他运算符

运　算　符	说　　明
=	赋值运算符
,	逗号运算符，计算两个表达式的值，并返回第二个表达式的值
new	用于生成对象实例
delete	用于删除对象，并释放对象所占用的存储空间
instanceof	用于判断对象是否为某个类的实例
typeof	用于返回操作数的数据类型
void	运算符对表达式求值，但返回 undefined
in	用于判断指定属性是否为对象的属性，如果是则返回 true，否则返回 false

8. 运算符的优先级与结合性

通过学习 JavaScript 语言的运算符，读者已经了解了每种运算符的运算规则。但是在一个表达式中往往有多种运算符，要先进行哪一种运算呢？这就涉及了运算符优先级的问题。优先级高的运算符先执行，优先级低的运算符后执行，同一优先级别的运算符则按照其结合性依次计算。JavaScript 语言中各种运算符的优先级与结合性如表 3-6 所示。

表 3-6　JavaScript 运算符的优先级与结合性

优 先 级	运　算　符	结　合　性
1	括号运算、函数调用、数组下标	左结合性
2	!、~、+、-、++、--、typeof、new、void、delete	!、~、+、-、++、--为右结合性，其余为左结合性
3	*、/、%	左结合性
4	+、-	左结合性
5	<<、>>、>>>	左结合性

（续）

优先级	运算符	结合性
6	<、<=、>、>=	左结合性
7	==、!=、===、!==	左结合性
8	&	左结合性
9	^	左结合性
10	|	左结合性
11	&&	左结合性
12	||	左结合性
13	?:	右结合性
14	=、+=、-=、*=、/=、%=、<<=、>>=、>>>=、&=、^=、!=	右结合性
15	,	左结合性

3.2 JavaScript 中的流程控制

JavaScript 程序的流程控制分为顺序结构、分支结构和循环结构 3 种。其中，顺序结构是按照语句的书写顺序逐一执行；分支结构是根据条件选择性地执行某段代码；循环结构是根据循环条件重复执行某段代码。本节将详细介绍分支结构和循环结构。

3.2.1 分支结构

JavaScript 提供了两种类型的分支结构，分别为 if - else 语句和 switch 语句。一般情况下，if - else 语句用于从两条执行线路中选择一条执行，而 switch 语句用于从多条执行线路中选择一条执行。

1. if - else 语句

if - else 语句的语法格式如下。

```
if(表达式){
  语句组 1;
}
else{
  语句组 2;
}
```

if - else 语句的执行流程是：当 if 后面表达式的值为 true 时，执行语句组 1，然后顺序执行 if - else 后面的语句；否则，执行语句组 2，然后顺序执行 if - else 后面的语句。

if - else 语句中的 else 分支也可以省略，省略后的 if - else 语句的语法格式如下。

```
if(表达式){
  语句组;
}
```

【例 3-12】 JavaScript 中 if - else 语句的使用。

```
<html>
  <head>
    <title>JavaScript 中 if - else 语句</title>
    <script language = "javascript"  type = "text/javascript" >
      <! --
        var input;
        input = prompt("请输入成绩:","");
        var score = parseFloat(input);
        if(score >=60)
           alert("成绩及格!");
        else
           alert("成绩不及格!");
      -->
    </script>
  </head>
  <body>
  </body>
</html>
```

用浏览器打开该文件，运行结果如图 3-11 所示。

图 3-11　JavaScript 中 if - else 语句的使用

2. switch 语句

switch 语句是多分支语句，完成的功能和 if - else - if 语句相同。使用 switch 语句可以使程序结构更清晰，switch 语句的语法格式如下。

```
switch(表达式){
     case 常量 1: 语句组 1;
                break;
     case 常量 2: 语句组 2;
                break;
     …
     case 常量 n: 语句组 n;
                break;
     default:语句组;
}
```

switch 语句的执行流程是：首先计算 switch 语句中表达式的值，并将该值与 case 后面的常量进行匹配，如果与哪一个常量相匹配，则从哪个 case 所对应的语句组开始执行，直至遇到 break，结束 switch 语句。如果表达式的值不能与任何一个常量相匹配，则执行 default 后面的语句组。在每个 case 语句中，如果不加 break 语句，程序会把所有的分支都执行一遍。在一般情况下，每个 case 子句中都要加上 break 语句。

【例 3-13】JavaScript 中 switch 语句的使用。

```
<html>
  <head>
    <title>JavaScript 中 switch 语句的使用</title>
    <script language="javascript" type="text/javascript">
      <!--
        var now = new Date();
        var month = now.getMonth() + 1;
        document.write("当前日期是:" + now + "<br>");
        document.write("当前月份是:" + month + "<br>");
        switch(month){
          case 1:
          case 2:
          case 3:
            document.write("当前月份是第一季度");
            break;
          case 4:
          case 5:
          case 6:
            document.write("当前月份是第二季度");
            break;
          case 7:
          case 8:
          case 9:
            document.write("当前月份是第三季度");
            break;
          case 10:
          case 11:
          case 12:
            document.write("当前月份是第四季度");
        }
      -->
    </script>
  </head>
  <body>
  </body>
</html>
```

用浏览器打开该文件，运行结果如图 3-12 所示。

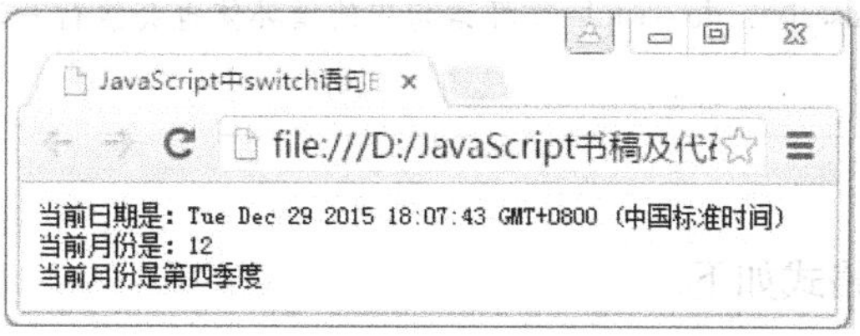

图 3-12　JavaScript 中 switch 语句的使用

3.2.2 循环结构

循环结构可以在满足一定条件的情况下反复执行某段代码，这段被重复执行的代码称为循环体。在执行循环体时，需要在适当的时候把循环条件设置为假，从而结束循环。循环语句包含以下 4 个部分。

- 初始化语句（init_statements）——可能包含一条或多条语句，用于完成初始化工作，初始化语句在循环开始之前执行。
- 循环条件（test_expression）——是一个 boolean 表达式，它能够决定是否执行循环体。
- 循环体（body_statements）——是循环的主体，如果循环条件允许，循环体将被重复执行。
- 迭代语句（iteration_statements）——在一次循环体执行结束后，对循环条件求值前执行，通常用于控制循环条件中的变量，使得循环在合适时结束。

1. while 循环语句

while 循环语句的语法格式如下。

```
[init_statements ]
while(test_expression){
      statements;
      [iteration_statements]
}
```

while 循环结构在每次执行循环体之前，首先对循环条件 test_expression 求值，如果值为 true 则执行循环体部分。iteration_statements 语句总是位于循环体的最后，用于改变循环条件的值，使得循环在适当的时候结束。

2. do - while 循环语句

do - while 循环语句的语法格式如下。

```
[init_statements ]
do {
      statements;
      [iteration_statements]
}
while(test_expression);
```

do - while 循环与 while 循环的区别在于：while 循环先判断循环条件，如果条件成立才执行循环体；而 do - while 循环则先执行循环体，然后再判断循环条件，如果循环条件成立则执行下一次循环，否则中止循环。

📖 当循环条件的初始值为 false 时，do - while 循环语句中的循环体也会执行一次，而 while 循环语句中的循环体一次也不执行。

---

3. for 循环语句

for 循环语句的语法格式如下。

```
for([init_statements];[test_expression];[iteration_statements]){
```

```
        statements;
    }
```

for 循环在执行时，先执行循环的初始化语句 init_statements，初始化语句只在循环开始前执行一次。每次执行循环体之前，先计算 test_expression 循环条件的值，如果循环条件的值为 true，则执行循环体部分，循环体执行结束后执行循环迭代语句。因此，对于 for 循环而言，循环条件总比循环体要多执行一次，因为最后一次执行循环条件的值为 false，将不再执行循环体。

【例 3-14】 JavaScript 中循环语句的使用。

```
<html>
  <head>
    <title>JavaScript 中循环语句的使用</title>
    <script language="javascript" type="text/javascript">
      <!--
      for(var i=1;i<=10;i++){
        var j=1;
        while(j<=i){
          document.write("*");
          j++;
        }
        document.write("<br>");
      }
      -->
    </script>
  </head>
  <body>
  </body>
</html>
```

用浏览器打开该文件，运行结果如图 3-13 所示。

4. for…in 语句

for…in 语句是 JavaScript 中特殊的 for 语句，是专门用来处理数组元素和对象属性的循环语句，使用该语句可以列出数组中的所有元素及对象中的所有属性。

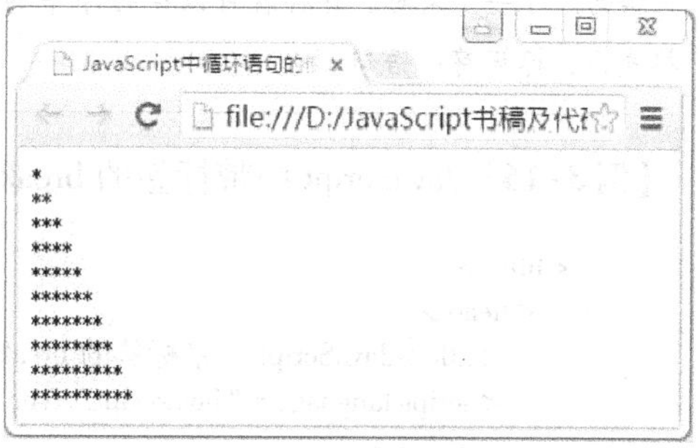

图 3-13 JavaScript 中循环语句的使用

for…in 语句的语法格式如下。

```
for(变量 in 数组或对象){
    语句组;
}
```

【例 3-15】 JavaScript 中使用 for…in 语句遍历对象的属性。

```
<html>
  <head>
    <title>JavaScript 中使用 for…in 语句遍历对象的属性</title>
    <script language="javascript" type="text/javascript">
      <!--
      var student={sno:"20150912",sname:"Tom",sage:19,ssex:"男"};
```

```
        for(var i in student){
            document.write(i+":"+student[i]+"<br>");
        }
        -->
    </script>
  </head>
  <body>
  </body>
</html>
```

用浏览器打开该文件，运行结果如图 3-14 所示。

图 3-14　JavaScript 中使用 for…in 语句遍历对象的属性

3.2.3　控制循环结构

JavaScript 语言中提供了 break 和 continue 语句来控制循环结构，这样在循环体中，当满足一定条件的情况下，可以直接跳出循环语句或者开始下一次新的循环。

1. break 语句

当在循环体中出现 break 语句时，其功能是从当前所在的循环中跳出来，结束本层循环，但对其外层循环没有影响。

带标签的 break 语句不仅能够跳出本层循环，还能够跳出多层循环，而标签 label 可以指出要跳出的那层循环。带标签的 break 语句的语法格式如下所示。

```
break  label;
```

📖 标签 label 是一个标识符，应该符合 JavaScript 中标识符的定义。为一个语句加上一个标签，就相当于为该语句起了一个名称，这样就可以在程序中的任何一个位置通过这个名称来引用该语句。标签语句的格式为，标识符：语句。

【例 3-16】JavaScript 中带标签的 break 语句的使用。

```
<html>
  <head>
    <title>JavaScript 中带标签的 break 语句的使用</title>
    <script language="javascript" type="text/javascript">
      <!--
      outer:for(var i=0;i<5;i++){
        inner:for(var j=0;j<5;j++){
          if(j>2)
          break outer;
          document.write(j+" and "+i+"<br>");
        }
      }
      -->
    </script>
  </head>
```

```
        <body>
        </body>
    </html>
```

用浏览器打开该文件，运行结果如图 3-15 所示。

2. continue 语句

当在循环体中出现 continue 语句时，其作用是结束本次循环，进行当前所在层的下一次循环。continue 语句的功能是根据条件有选择地执行循环体。

图 3-15　JavaScript 中带标签的 break 语句的使用

与 break 语句一样，continue 后面也可以加标签，构成带标签的 continue 语句。它能结束当前所在层的本次循环，跳到标签 label 所在层进行下一次循环。带标签的 continue 语句的语法格式如下所示。

```
    continue label;
```

【例 3-17】用带标签的 continue 语句实现输出 200 ～ 300 之间的素数。

```
<html>
    <head>
        <title>用带标签的 continue 语句实现输出 200～300 之间的素数</title>
        <script language = "javascript" type = "text/javascript">
          <! --
          document.write("200～300 之间的素数:" + "<br>");
          outer:for(var i =201;i <300;i += 2){
              for(var j = 2;j < i;j ++){
                  if(i% j ==0)
                      continue outer;
              }
              document.write(i + "   ");
          }
          -->
        </script>
    </head>
    <body> </body>
</html>
```

用浏览器打开该文件，运行结果如图 3-16 所示。

图 3-16　用带标签的 continue 语句实现输出 200～300 之间的素数

3.3　JavaScript 函数

函数是为实现特定功能或执行某项任务而定义的语句块，这些语句块可以在主程序或其他函数中根据需要而被调用。将代码独立为函数后，可以方便代码的维护。

3.3.1 函数定义

在 JavaScript 中定义函数有 3 种方式：使用 function 关键字，使用 Function( ) 构造函数，以及在表达式中定义函数。

1. 使用 function 定义函数

在 JavaScript 中定义函数的语法格式如下。

```
function 函数名(形式参数 1,形式参数 2,…,形式参数 n){
    语句组;
    return 返回值;
}
```

对函数定义的说明如下。

- function 为关键字，用于定义一个函数。
- 函数名为一个合法的标识符，并且函数名要易读易懂。
- 参数可以为 0 个或多个，用于接收调用函数时传递的值。
- 用大括号括起来的代码块为函数体，一个函数的功能由函数体来决定。
- 函数返回值由关键字 return 完成，如果函数没有返回值，则 return 语句可以省略。

2. 使用 Function( ) 构造函数

除了使用 function 语句定义函数外，还可以使用 Function( ) 构造函数来定义函数，其语法格式如下。

```
var 函数名 = new Function("参数 1","参数 2","参数 3",…,"函数体");
```

使用 Function( ) 构造函数定义函数时，参数可以为 0 个或多个，Function( ) 构造函数的最后一个参数值为函数体的内容。有关 Function( ) 构造函数的使用方法如下。

```
var outputSum = new Function("x","y","return x + y;");
```

在上面的代码中定义了一个名称为 outputSum 的函数，该函数有两个参数：x 和 y，函数的方法体为返回 x + y 的和。上面函数定义与下面代码的功能完全相同。

```
function outputSum(x,y){
  return x + y;
}
```

3. 在表达式中定义函数

除了使用 function( ) 语句和 Function( ) 构造函数定义函数外，还可以在表达式中直接定义函数，其语法格式如下。

```
var 函数名 = function( 参数 1,参数 2,… ){ 函数体 };
```

3.3.2 函数调用

定义函数之后，就可以调用这个函数，从而实现该函数的功能。JavaScript 中，可以在程序代码中调用函数，也可以在事件响应中调用函数，还可以通过链接调用函数。调用函数的语法格式如下。

```
函数名(实际参数 1,实际参数 2,…,实际参数 n)
```

3.3.3 函数的参数

1. 传递函数参数时的注意事项

由于 JavaScript 是一种无类型的语言，这样在定义函数时不需要为函数的参数指定数据类型，因此 JavaScript 也不会去检测传递过来的参数是否符合函数的要求。如果一个函数对参数有严格要求，则可以在函数体内使用 typeof 运算符来检测参数是否符合要求。通常情况下，在调用函数时传递的参数个数应与函数定义时的参数个数一致。但如果传递的参数个数小于函数定义的参数个数，则未传值的参数其值为 undefined；如果传递的参数个数大于函数定义的参数个数，则多余传递的参数被忽略。

【例 3-18】 JavaScript 中调用函数时参数的使用情况。

```
<html>
  <head>
    <title>JavaScript 中调用函数时参数的使用情况</title>
    <script language="javascript" type="text/javascript">
      <!--
       function numMultify(x,y){
         document.write("x,y 的值为:"+x+"    ,    "+y+"<br>");
         if(x==undefined || y==undefined){
              return("参数个数少!");
         }
         if(typeof(x)=="number" && typeof(y)=="number")
              return(x+y)*(x-y);
         else
              return "参数不是数值型!";
         }
         document.write(numMultify(6,4)+"<br>");
         document.write(numMultify(6,"a")+"<br>");
         document.write(numMultify(6)+"<br>");
         document.write(numMultify(6,1,3)+"<br>");
      -->
    </script>
  </head>
  <body>
  </body>
</html>
```

用浏览器打开该文件，运行结果如图 3-17 所示。

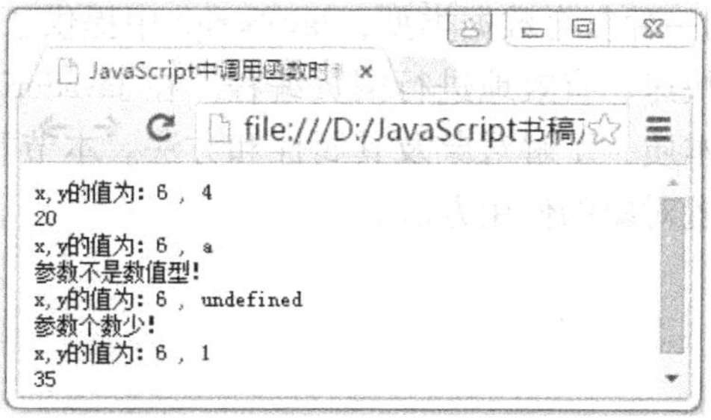

图 3-17　JavaScript 中调用函数时参数的使用情况

2. 获取函数参数

在 JavaScript 中提供了 arguments 对象，使用该对象可以获取函数调用时传递过来的参数，通过 arguments 对象的 length 属性可以获取参数的个数。

【例 3-19】JavaScript 中通过 arguments 对象获取传递参数的个数。

```
<html>
  <head>
    <title>JavaScript 中通过 arguments 对象获取传递参数的个数</title>
    <script language="javascript" type="text/javascript">
      <!--
      function max(x,y){
        if(arguments.length!=2){
          return "参数个数不正确!";
        }
        else{
          return x>y? x:y;
        }
      }
      document.write(max(1,2)+"<br>");
      document.write(max(3,4,5)+"<br>");
      document.write(max(7));
      -->
    </script>
  </head>
  <body>
</body>
</html>
```

用浏览器打开该文件，运行结果如图 3-18 所示。

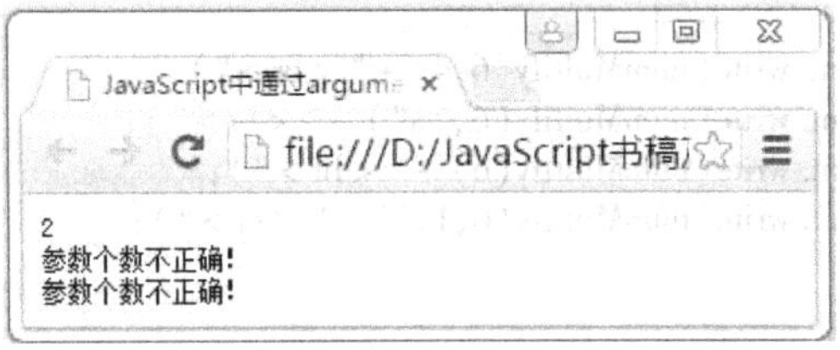

图 3-18　JavaScript 中通过 arguments 对象获取传递参数的个数

3.4　JavaScript 对象

对象是 JavaScript 中的一种复合数据类型，JavaScript 中提供了丰富的系统对象，灵活使用这些对象可以使程序员快速、有效地进行网页编程。在 JavaScript 中，还可以根据需要创建对象，这需要掌握对象本质，了解对象及其属性和方法。本节重点讲解在 JavaScript 中如何创建对象，以及常用内置对象的使用方法。

3.4.1　对象编程基础

1. 对象的概念

对象是描述一类事物的若干变量的集合体，它把数据与作用于数据的操作联系起来。对象的数据就是它的属性，作用于数据的函数是对象的方法。属性是指对象内部所包含的特征，而方法则表示对象所具有的行为。对象的属性和方法都称为对象的成员。

对象属性的存取可以通过在对象名称与其属性之间用“.”分隔的方法来实现，其语法格式如下。

```
对象名.属性名
```

例如，对象“学生”中拥有4个属性：学号、姓名、性别、年龄，以下代码可以分别获取该对象的4个属性值。

```
var sno = 学生.学号;
var name = 学生.姓名;
var sex = 学生.性别;
var age = 学生.年龄;
```

也可以通过以下代码来设置“学生”对象的4个属性值。

```
学生.学号 = "20150134";
学生.姓名 = "王小红";
学生.性别 = "女";
学生.年龄 = 20;
```

在对象中也可以包含一些函数，这些函数称为对象的方法。对象的方法用于表示对象所具有的行为，调用对象方法的语法格式如下。

```
对象名.方法名(参数列表)
```

例如，对象“学生”中有两个方法：计算学生各科平均分的方法和判断学生平均分是否为优秀的方法，以下代码为调用学生对象的两个方法。

```
学生.平均分();
学生.是否为优秀();
```

2. 对象的创建

JavaScript中提供了很多内置对象，每个内置对象都有一个构造函数，使用构造函数就可以创建并初始化一个对象。可以使用new运算符调用构造函数，从而创建JavaScript内置对象。例如，下面代码用于创建Date对象。

```
var now = new Date();
```

除了内置对象外，在JavaScript中还可以由用户自行创建对象，这类对象称为自定义对象。自定义对象的语法格式如下。

```
var 对象名 = {属性名1:值1,属性名2:值2,…,属性名n:值n}
```

【例3-20】 JavaScript中用户自定义对象的使用。

```
<html>
  <head>
    <title>JavaScript中用户自定义对象的使用</title>
    <script language = "javascript" type = "text/javascript">
      <!--
```

```
      var student = {
        sno:"201501245",
        name:"张明",
        sex:"男",
        age:19
      }
      document.write("学号:" + student.sno + "<br>");
      document.write("姓名:" + student.name + "<br>");
      document.write("性别:" + student.sex + "<br>");
      document.write("年龄:" + student.age + "<br>");
      -->
    </script>
  </head>
  <body>
  </body>
</html>
```

用浏览器打开该文件，运行结果如图 3-19 所示。

使用上面方法创建用户自定义对象时，如果要创建多个同类型的对象，就会很烦琐，在 JavaScript 中也可以通过调用用户自定义构造函数的方法来生成用户自定义对象。在使用用户自定义构造函数创建对象时，要先定义构造函数，然后使用 new 运算符来生成用户自定义对象。

图 3-19　JavaScript 中用户自定义对象的使用

【例 3-21】 JavaScript 中使用自定义构造函数创建对象。

```
<html>
  <head>
    <title>JavaScript 中使用自定义构造函数创建对象</title>
    <script language="javascript" type="text/javascript">
      <!--
      function student(sno,name,sex,age){
        this.sno = sno;
        this.name = name;
        this.sex = sex;
        this.age = age;
      }
      var s1 = new student("20150123","王亮","男",20)
      document.write("学号:" + s1.sno + "<br>");
      document.write("姓名:" + s1.name + "<br>");
      document.write("性别:" + s1.sex + "<br>");
      document.write("年龄:" + s1.age + "<br>");
      var s2 = new student("20150234","赵小慧","女",21);
      document.write("学号:" + s2.sno + "<br>");
      document.write("姓名:" + s2.name + "<br>");
      document.write("性别:" + s2.sex + "<br>");
      document.write("年龄:" + s2.age + "<br>");
      -->
```

```
    </script>
  </head>
  <body>
  </body>
</html>
```

用浏览器打开该文件，运行结果如图 3-20 所示。

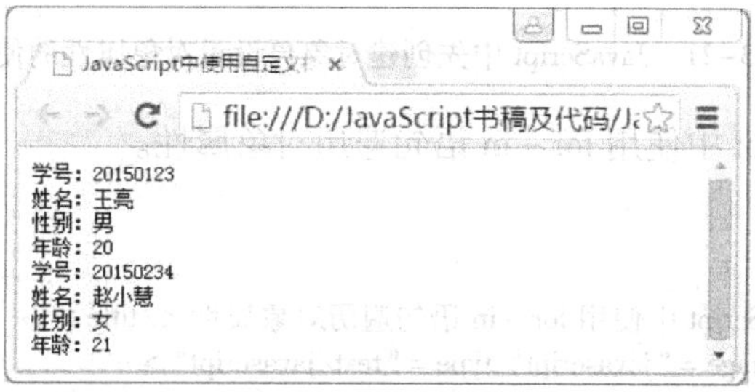

图 3-20　JavaScript 中使用自定义构造函数创建对象

3. 对象属性

除了在定义对象时指定对象的属性或者在构造函数中指定对象的属性外，还可以先创建一个对象，然后再设置对象的属性。

【例 3-22】JavaScript 中先创建对象再设置对象属性的使用。

```
<html>
  <head>
    <title>JavaScript 中先创建对象再设置对象属性的使用</title>
    <script language="javascript" type="text/javascript">
      <!--
      var student = new Object();
      student.sno = "20150123";
      student.name = "李小强";
      student.sex = "男";
      student.age = 21;
      student.score = 89.5;
      document.write("学号:" + student.sno + "<br>");
      document.write("姓名:" + student.name + "<br>");
      document.write("性别:" + student.sex + "<br>");
      document.write("年龄:" + student.age + "<br>");
      document.write("成绩:" + student.score + "<br>");
      -->
    </script>
  </head>
  <body>
  </body>
</html>
```

用浏览器打开该文件，运行结果如图 3-21 所示。

在输出对象属性值时可以使用“对象名.属性名”的方法，在遍历对象所有属性时也可以使用 for-in 语句来实现。

图 3-21　JavaScript 中先创建对象再设置对象属性的使用

【例 3-23】 JavaScript 中使用 for - in 语句遍历对象属性。

```
<html>
  <head>
    <title>JavaScript 中使用 for - in 语句遍历对象属性</title>
    <script language = "javascript"  type = "text/javascript">
      <! --
      var student = new Object( );
      student. sno = "20150123";
      student. name = "李小强";
      student. sex = "男";
      student. age = 21;
      student. score = 89. 5;
      for( x in student) {
        document. write( "属性名:" + x + ",属性值:" + student[ x] + "<br>");
      }
      -->
    </script>
  </head>
  <body>
  </body>
</html>
```

用浏览器打开该文件，运行结果如图 3-22 所示。

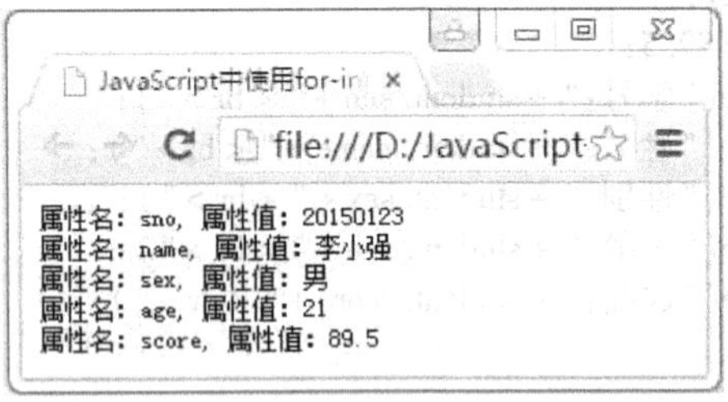

图 3-22　JavaScript 中使用 for - in 语句遍历对象属性

在 JavaScript 中删除对象的属性可以使用 delete 运算符，删除后该属性将不再属于对象。

【例 3-24】 JavaScript 中使用 delete 运算符删除对象属性。

```
<html>
  <head>
    <title>JavaScript 中使用 delete 运算符删除对象属性</title>
```

```
        <script language = "javascript" type = "text/javascript" >
          <! --
          function student( sno, name, sex, age) {
             this. sno = sno;
             this. name = name;
             this. sex = sex;
             this. age = age;
          }
          var s = new student( "20150267" , "刘方方" , "女" , 19) ;
          for( x in s) {
             document. write( "属性名:" + x + ",属性值:" + s[ x] + " <br > ") ;
          }
          delete s. sno;
          for( x in s) {
             document. write( "属性名:" + x + ",属性值:" + s[ x] + " <br > ") ;
          }
          -->
        </script >
     </head >
     <body >
     </body >
  </html >
```

用浏览器打开该文件，运行结果如图 3-23 所示。

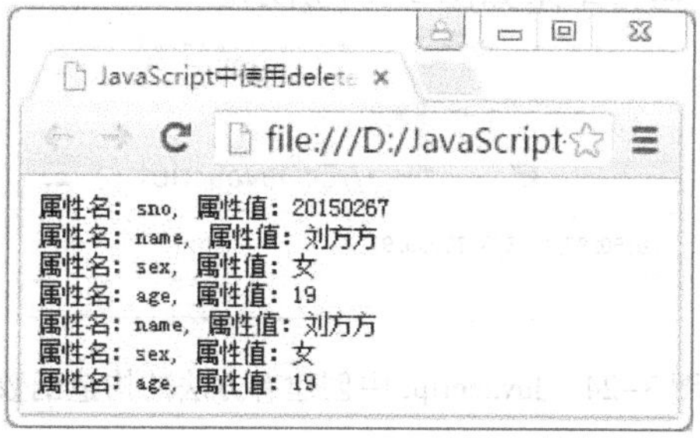

图 3-23　JavaScript 中使用 delete 运算符删除对象属性

4. 构造函数

构造函数的创建方法与普通函数相同，也是使用 function 语句，但与普通函数不同的是，构造函数必须使用 new 运算符来调用。在定义构造函数时，不但可以定义属性，还可以定义方法。与定义对象的属性相同，在构造函数里也可以使用 this 运算符来定义对象的方法。

【例 3-25】 JavaScript 中创建有方法的构造函数。

```
  <html >
     <head >
        <title > JavaScript 中创建有方法的构造函数 </title >
        <script language = "javascript" type = "text/javascript" >
          <! --
          function output( ) {
             document. write( this. sno + " , " + this. name + " , " + this. math + " , " +
```

```
        this. chinese + " ," + this. english + " <br > " ) ;
    }
    function getAver( ) {
        return( this. math + this. chinese + this. english) /3 ;
    }
    function student( sno, name, math, chinese, english) {
        this. sno = sno;
        this. name = name;
        this. math = math;
        this. chinese = chinese;
        this. english = english;
        this. output = output;
        this. getAver = getAver;
    }
    var s = new student( "20150267" ," 刘方方" ,78 ,89 ,91) ;
    s. output( ) ;
    document. write( s. getAver( ) ) ;
    -->
    </script >
  </head >
  <body >
  </body >
</html >
```

用浏览器打开该文件，运行结果如图 3-24 所示。

图 3-24　JavaScript 中创建有方法的构造函数

3.4.2　String 对象

String 对象是 JavaScript 提供的字符串对象，在 JavaScript 中可以使用下面方法来创建字符串对象。如下面的代码所示。

```
var string1 = new String( "欢迎来到 JavaScript 的世界!" ) ;
varstring2 = new String( string1) ;
```

在字符串对象中包括 length 属性，它用于获取字符串的长度。例如，下面的代码输出字符串的长度为 18。

```
var string1 = new String( "欢迎来到 JavaScript 的世界!" ) ;
document. write( string1. length) ;
```

String 对象中提供了丰富的对字符串进行查找、替换、连接及大小写转换等操作的方法，具体方法及说明如表 3-7 所示。

表 3-7 String 对象中字符串处理方法

方 法	说 明
charAt(n)	获取字符串第 n 个位置的字符，n 从 0 开始计算
charCodeAt(n)	获取字符串第 n 个位置字符的 Unicode 编码，n 从 0 开始计算
indexOf(subString ,[startIndex])	在字符串中从 startIndex 位置开始寻找指定的子串 subString，并返回子串第一次出现的起始位置；如果未找到，则返回 -1；省略 startIndex 时，从字符串头部开始搜索
lastIndexOf(subString ,[startIndex])	在字符串中从 startIndex 位置开始寻找指定的子串 subString，并返回子串最后一次出现的起始位置；如果未找到，则返回 -1；省略 startIndex 时，从字符串头部开始搜索
match(regexp)	使用指定的正则表达式匹配字符串，并返回包含匹配结果的字符串组成的数组，否则返回 null，参数 regexp 也可以是一个字符串
replace(regexp,replacement)	使用 replacement 替换字符串中 regexp 指定的内容，并返回替换后的结果。regexp 可以是正则表达式，也可以是一般文本
search(regexp)	获取与 regexp 匹配的第一个字符串的起始位置，如果都不匹配，则返回 -1
slice(startIndex,endIndex)	获取字符串中从 startIndex 位置开始到 endIndex 结束的字符串，其中不包括 endIndex 位置的字符。省略 endIndex 则表示到字符串的尾部；如果参数为负值，则表示从字符串尾部开始计算字符串的位置
substr(start,length)	获取从 start 位置开始连续 length 个字符的子串，省略 length 则表示从 start 位置开始到字符串结尾的子串
substring(from,to)	获取从字符串 from 位置开始，到 to -1 位置结束的子串。如果省略 to，则表示到字符串的结尾的子串
toLowerCase()	将字符串中的字符全部转换为小写
toUpperCase()	将字符串中的字符全部转换为大写
toString()	返回对象的字符串表示
valueOf()	返回指定对象的原始值
split(regexp,limit)	将字符串按照 regexp 方式分割为字符串数组，数组的最大长度为 limit
concat(value1,value2,…)	将一个或多个字符串连接生成新的字符串
fromCharCode((value1,value2,…)	将参数列表中整数代表的 Unicode 编码字符连接成一个字符串

【例 3-26】 JavaScript 中 String 对象方法的使用。

```
<html>
  <head>
    <title>JavaScript 中 String 对象方法的使用</title>
    <script language="javascript" type="text/javascript">
      <!--
      var s = new String("字符串开始/This is a testing String/字符串结束");
      document.write(s.toString() + "<br>");
      document.write(s.valueOf() + "<br>");
      document.write(s.charAt(3) + "<br>");
      document.write(s.charCodeAt(14) + "<br>");
```

```
                document.write(s.lastIndexOf("字符串") + "<br>");
                document.write(s.slice(6,30) + "<br>");
                document.write(s.substr(6,4) + "<br>");
                document.write(s.substring(6,30) + "<br>");
                document.write(s.concat("#附加字符串") + "<br>");
                document.write(s.toUpperCase() + "<br>");
                document.write(s.split("/") + "<br>");
                -->
            </script>
        </head>
        <body>
        </body>
    </html>
```

用浏览器打开该文件，运行结果如图 3-25 所示。

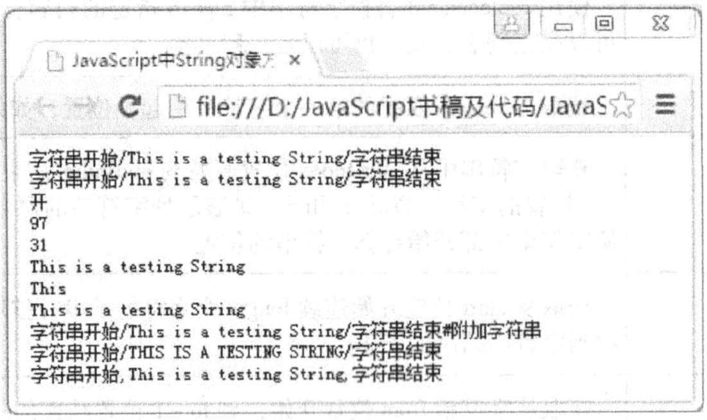

图 3-25　JavaScript 中 String 对象方法的使用

3.4.3　Boolean 对象

创建 Boolean 对象实例的语法格式如下。

```
var 变量名 = new Boolean(参数);
```

定义中的参数可以为逻辑值 true 或 false，也可以为其他类型。如果参数是 NaN、null、undefined、空字符串或数值 0，则 Boolean 对象值为 false，否则 Boolean 对象值为 true。

如下面的代码所示。

```
var b1 = new Boolean(NaN);
var b2 = new Boolean(78);
```

Boolean 对象中的 toString( )方法用于将 Boolean 值转换为字符串，真值 true 转换为字符串“true”，假值 false 转换为字符串“false”。

Boolean 对象中的 valueOf( )方法用于返回对象的原始值。

【例 3-27】JavaScript 中 Boolean 对象方法的使用。

```
<html>
    <head>
        <title>JavaScript 中 Boolean 对象方法的使用</title>
```

```
        <script language = "javascript"  type = "text/javascript" >
          <! --
          var b1 = new Boolean(true);
          var b2 = new Boolean(0);
          var b3 = new Boolean(NaN);
          var b4 = new Boolean(undefined);
          var b5 = new Boolean(56);
          var b6 = new Boolean("hello");
          document.write(b1 + "<br>");
          document.write(b2.valueOf() + "<br>");
          document.write(b3.valueOf() + "<br>");
          document.write(b4.toString() + "<br>");
          document.write(b5.valueOf() + "<br>");
          document.write(b6.toString() + "<br>");
          -->
        </script>
      </head>
      <body>
      </body>
    </html>
```

用浏览器打开该文件，运行结果如图 3-26 所示。

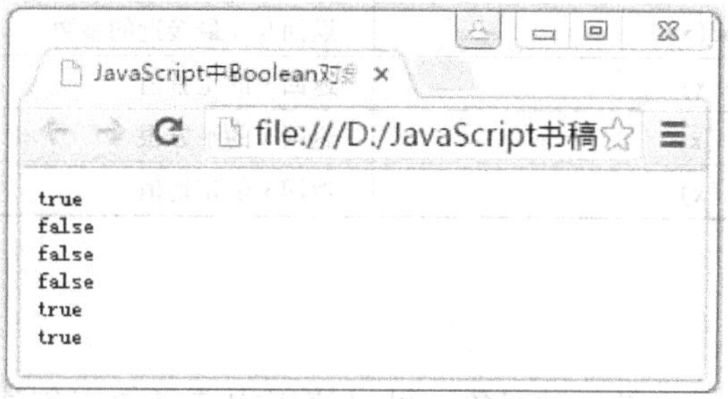

图 3-26　JavaScript 中 Boolean 对象方法的使用

3.4.4　Math 对象

Math 对象提供了基本的数学运算常量和方法。Math 对象的所有属性用于提供数学常量，共有 8 种属性。Math 对象的属性如表 3-8 所示。

表 3-8　Math 对象的属性

属　　性	说　　明
Math.E	自然对数的底，其值约为 2. 718281828459045
Math.LN10	10 的自然对数值，其值约为 2. 302585092994046
Math.LN2	2 的自然对数值，其值约为 0. 6931471805599453
Math.LOG10E	以 10 为底 e 的对数，其值约为 0. 4342944819032518
Math.LOG2E	以 2 为底 e 的对数，其值约为 1. 4426950408889633
Math.PI	圆周率，其值约为 3. 141592653589793
Math.SQRT1_2	1/2 的平方根，其值约为 0. 7071067811865476
Math.SQRT2	2 的平方根，其值约为 1. 4142135623730951

Math 对象中的所有方法都是静态方法，可以直接调用，不能使用 new 运算符来创建。Math 对象的方法如表 3-9 所示。

表 3-9　Math 对象的方法

方　　法	说　　明
Math.abs(x)	返回 x 的绝对值
Math.acos(x)	返回 x 的反余弦值
Math.asin(x)	返回 x 的反正弦值
Math.atan(x)	返回 x 的反正切值
Math.atan2(y,x)	返回由 X 轴到坐标(y,x)的角度
Math.ceil(x)	返回大于或等于 x 的最小整数
Math.cos(x)	返回 x 的余弦值
Math.exp(x)	返回 e 的 x 次幂
Math.floor(x)	返回小于或等于 x 的最大整数
Math.log(x)	返回 x 的自然对数
Math.max(x,y)	返回 x 和 y 中较大的一个数
Math.min(x,y)	返回 x 和 y 中较小的一个数
Math.pow(x,y)	返回 x 的 y 次幂
Math.random(x)	返回一个 0.0～1.0 之间的随机数
Math.round(x)	返回与 x 最接近的整数
Math.sin(x)	返回 x 的正弦值
Math.sqrt(x)	返回 x 的平方根
Math.tan(x)	返回 x 的正切值

3.4.5　Array 对象

在 JavaScript 中，数组也是一种对象，可以使用构造函数来创建数组对象。使用构造函数创建数组对象有以下 3 种格式。

```
var 变量名 = new Array();  //创建一个空数组
var 变量名 = new Array(n);  //创建一个包含 n 个元素的数组,但元素值为 undefined
var 变量名 = new Array(element1,element2,…,elementN);//元素值确定的有 N 个元素的数组
```

🕮 在将数组直接转换为字符串输出时，如果数组元素的值为 undefined，则输出空字符串。

【例 3-28】JavaScript 中使用构造函数创建 Array 对象。

```
<html>
  <head>
    <title>JavaScript 中使用构造函数创建 Array 对象</title>
    <script language="javascript" type="text/javascript">
      <!--
    var arr1 = new Array("20150123","赵刚",19);
    document.write(arr1 + "<br>");
    arr1[3] = "男";
```

```
            arr1[4] =91;
            document.write(arr1 + "<br>");
            -->
        </script>
    </head>
    <body>
    </body>
</html>
```

用浏览器打开该文件，运行结果如图 3-27 所示。

图 3-27　JavaScript 中使用构造函数创建 Array 对象

在定义数组对象时，也可以不使用构造函数，而是直接将数组元素定义在一个方括号中，元素之间用逗号分隔。定义的格式如下所示。

```
var 变量名 = [element1,element2,…,elementN];
```

当创建数组对象后，可以使用数组对象的 length 属性来获得数组对象的长度。使用 delete 运算符删除数组元素时，数组元素的值为 undefined，数组的长度不发生变化。

数组对象也是 JavaScript 中的一个内置对象，使用数组对象的方法可以方便地处理数组中的元素。数组对象中的常用方法如下。

- toString()方法：返回数组的字符串表示。
- join(separator)方法：使用指定的分隔符将数组元素拼接成字符串并返回。
- push()方法：在数组尾部添加元素，返回值为添加元素后数组的长度。
- concat()方法：将两个或两个以上的数组连接成一个新的数组。
- unshift()方法：在数组头部添加元素，返回值为添加元素后数组的长度。
- pop()方法：删除并返回数组的最后一个元素。
- shift()方法：删除并返回数组的第一个元素。
- splice(start,count)方法：删除并返回删除的数组元素。
- slice(start,end)方法：返回数组从 start 开始到 end 为止的所有元素，不包括 end 元素。
- reverse()方法：颠倒数组中的元素。
- sort()方法：对数组元素进行排序。

3.5　案例：用户注册信息的验证

1. 案例要求

在用户注册页面中，要求用户输入用户名、密码、确认密码和 E-mail 后进行注册，但在提交注册信息前，先要对用户填写的信息进行有效性验证。验证的内容包括以下两项。

● 所有注册信息都不能为空。

● 确认密码的内容与密码完全相同。

2. 编写 HTML 文件

创建用户注册页面 register. html 文件，该页面用于用户填写注册信息，该页面的 HTML 代码如下。

```
<html>
  <head>
    <title>用户注册</title>
  </head>
  <body>
    <form name="register" onsubmit="return checkContent()" action="registerOK.html">
      <table>
        <tr>
          <td>用户名:</td>
          <td>
              <input name="username"  type="text" title="用户名"/>
          </td>
        </tr>
        <tr>
          <td>密码:</td>
          <td>
            <input name="password1"  type="password" title="密码"/>
          </td>
        </tr>
        <tr>
          <td>确认密码:</td>
          <td>
            <input name="password2"  type="password" title="确认密码"/>
          </td>
        </tr>
        <tr>
          <td>Email:</td>
          <td>
              <input name="email"  type="text"  title="Email"/>
          </td>
        </tr>
        <tr>
          <td> </td>
          <td align="right">
            <input type="submit"  value="确认提交"/>
          </td>
        </tr>
      </table>
    </form>
  </body>
</html>
```

用浏览器打开该文件，运行结果如图 3-28 所示。

3. 编写 JavaScript 代码完成注册信息验证

编写代码完成注册信息验证，代码如下。

图 3-28　用户注册页面

```
<script language = "javascript" type = "text/javascript" >
        <!--
          function checkContent( ) {
            for( var i = 0;i < document. register. elements. length;i ++ ) {
             if( document. register. elements[ i ]. value. length == 0) {
                alert( document. register. elements[ i ]. title + "不能为空!" );
                document. register. elements[ i ]. focus( ) ;
                return false; }
            }
            if( document. register. password1. value ! = document. register. password2. value) {
               alert( "密码不相同!" ) ;
               document. register. password1. focus( ) ;
               return false; }
          }
      -->
</script >
```

4. 案例运行界面

当没有填写 E-mail 信息时，系统运行界面如图 3-29 所示。

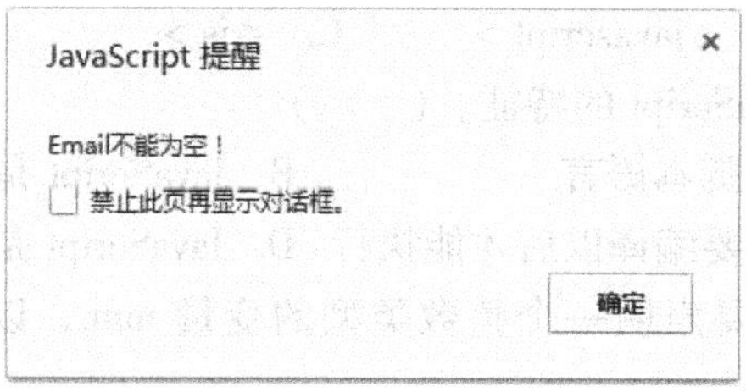

图 3-29　注册信息未填完全时的系统运行界面

当“确认密码”的内容与“密码”不相同时，系统运行界面如图 3-30 所示。

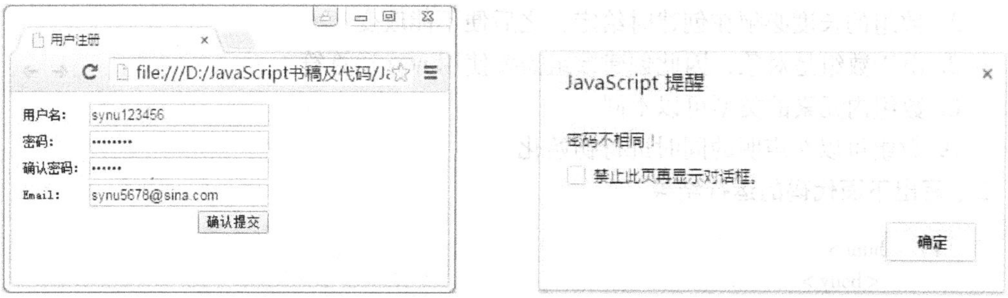

图 3-30　“确认密码”的内容与“密码”不相同时的系统运行界面

本章小结

本章主要介绍了 JavaScript 的基本语法、流程控制、函数及对象，通过对 JavaScript 语法规则的了解，熟悉 JavaScript 程序代码的格式。JavaScript 中的基本数据类型包括：数值型、字符串型和布尔型，此外还有两个特殊的数据类型：空值和未定义。变量在使用之前必须声明，由于 JavaScript 是弱类型语言，因此在创建一个变量时可以不指定该变量的数据类型。根据需要，可以给同一个变量赋予不同类型的数据。在 JavaScript 中，分支结构语句有 if - else 语句和 switch 语句，循环结构语句有 while 循环、do - while 循环和 for 循环。定义函数有 3 种方式：使用 function 关键字，使用 Function( ) 构造函数，以及在表达式中定义函数。在 JavaScript 中还可以由用户自己创建对象，通过调用用户自定义构造函数的方法来生成用户自定义对象。在使用用户自定义构造函数创建对象时，要先定义构造函数，然后使用 new 运算符来生成用户自定义对象。JavaScript 中提供了很多内置对象，每个内置对象都有一个构造函数，使用构造函数就可以创建并初始化一个对象。

实践与练习

一、选择题

1. 下面代码片段的输出结果是（　　）。

var str;

alert(typeof str) ;

A. null;　　B. undefined;　　C. Object;　　D. String;

2. 在下列哪个 HTML 元素中放置 JavaScript 代码？（　　）

A. <script>　　B. <javascript>　　C. <js>　　D. <scripting>

3. 以下哪项不属于 JavaScript 的特征。（　　）

A. JavaScript 是一种脚本语言　　B. JavaScript 是事件驱动的

C. JavaScript 代码需要编译以后才能执行　　D. JavaScript 是独立于平台的

4. 在 JavaScript 中，需要声明一个整数类型的变量 num，以下哪个语句能实现上述要求？（　　）

A. int num;　　B. number num;　　C. var num;　　D. Integer num;

5. 关于 JavaScript 中数组的说法，不正确的是（　　）。

A. 数组的长度必须在创建时给定，之后便不能改变

B. 由于数组是对象，因此创建数组需要使用 new 运算符

C. 数组内元素的类型可以不同

D. 数组可以在声明的同时进行初始化

二、写出下面代码的运行结果

```
1) <html>
     <body>
       <script language = "JavaScript" >
```

```
        function f(y) {
            var x = y * y;
            return x;
        }
        for(x = 0;x < 5;x ++ ) {
            y = f(x);
            document.write(y + " ");
        }
      </script>
    </body>
  </html>
2) <html>
    <head>
      <title>Untitled Document</title>
      <script language = "JavaScript">
        function add() {
            var first = document.myForm.first.value;
            var second = parseInt(document.myForm.second.value);
            var third = parseInt(document.myForm.third.value);
            alert(first + second + third);
        }
      </script>
    </head>
    <body>
        <form name = "myForm">
        <input type = text name = "first"  value = "40"/>
        <input type = text name = "second"  value = "30"/>
        <input type = text name = "third"  value = "70"/>
        <input type = button value = "add"  onclick = add()/>
      </form>
    </body>
  </html>
```

三、编写程序

输出系统当前的日期和时间。Date 对象用于表示日期和时间，可以使用 new 关键字和 Date()构造函数来创建 Date 对象实例。Date 对象中的 getFullYear()方法返回当前日期的年份；getMonth()方法返回当前日期的月份，有效值在 0 ～ 11 之间；getDate()方法返回当前日期的天数；getHours()方法返回当前日期的小时部分；getMinutes()方法返回当前日期的分钟部分；getSeconds()方法返回当前日期的秒数；getDay()方法返回当前日期是星期几。

实验指导

在使用 JavaScript 语言编程时，要掌握 JavaScript 基本语法，能够实现利用选择结构和循环结构的语句来控制程序的流程。函数是拥有特定功能的代码块，使用函数可以使程序维护更加方便和简洁。对于 JavaScript 中的常用内置对象，要了解其属性和方法，从而能够熟练使用。

实验目的和要求

- 掌握 JavaScript 中基本数据类型及变量的定义。
- 掌握 JavaScript 中的分支结构和循环结构。
- 掌握 JavaScript 中函数的定义及调用。
- 掌握 JavaScript 中常用内置对象的使用。

实验 1：JavaScript 中的流程控制

JavaScript 中分支结构可以使用 if - else 和 switch 语句，循环结构可以使用 while、do - while 和 for 语句。在循环体中跳出当前所在层循环可以使用 break 语句，结束当前层的本次循环可以使用 continue 语句。

题目 1　分支结构

1. 任务描述

根据学生成绩输出成绩等级，成绩等级标准如下。

90 ～ 100：优秀　80 ～ 89：良好　70 ～ 79：中等　60 ～ 69：及格　<60：不及格

2. 任务要求

1）在表单文本框中输入学生成绩。

2）根据成绩得出学生成绩等级。

3）在表单中输出学生成绩等级。

3. 知识点提示

本任务主要用到以下知识点。

1）变量的定义及赋值。

2）数据类型的转换，parseFloat( )方法将字符串类型数据转换为数值类型数据。

3）Math. floor(x)方法用于返回小于等于 x 但最接近于 x 的整数。

4）多分支 switch 语句的使用。

4. 操作步骤提示

1）创建文件 SY3_1. html。

2）在表单中创建成绩文本框、获得成绩等级按钮和成绩等级文本框。

3）在成绩文本框中输入学生成绩。

4）单击获得成绩等级按钮，运行 switch 分支语句，在成绩等级文本框中输出学生成绩等级。

5）保存源程序文件，运行程序，检查程序的运行情况。

题目 2　循环结构

1. 任务描述

输出 1 ～ 9 的乘法口诀表。

2. 任务要求

1）使用循环结构进行编程。

2）对输出信息进行合理的布局，使输出信息清晰有序。

3. 知识点提示

本任务主要用到以下知识点。

1）双层 for 循环的使用。

2）输出语句的使用。

4. 操作步骤提示

1）创建文件 SY3_2. html。

2）外层 for 循环控制输出的行数。

3）内层 for 循环控制每行输出口诀表的个数。

4）利用输出语句输出完整信息。

5）保存源程序文件，运行程序，检查程序的运行情况。

实验 2：JavaScript 构造函数及对象的使用

构造函数的创建方法与普通函数相同，也是使用 function 语句，但与普通函数不同的是，构造函数必须使用 new 运算符来调用。在定义构造函数时，不但可以定义属性，还可以定义方法。与定义对象的属性相同，在构造函数时也可以使用 this 运算符来定义对象的方法。JavaScript 中提供了很多内置对象，每个内置对象都有一个构造函数，使用构造函数就可以创建并初始化一个对象。对于 JavaScript 中的常用内置对象，要了解其属性和方法。

题目 1　构造函数的定义及使用

1. 任务描述

创建一个自定义对象 Student，属性为：姓名，年龄，爱好，方法为将 Student 对象中的属性值显示在页面上。创建一个对象实例，对其属性赋值，并最终显示在页面上。

2. 任务要求

1）定义包含方法的构造函数。

2）通过 new 运算符调用构造函数生成 Student 对象。

3）调用对象方法，输出对象属性值。

3. 知识点提示

本任务主要用到以下知识点。

1）构造函数的定义。

2）对象的创建。

3）对象方法的调用。

4. 操作步骤提示

1）创建文件 SY3_3. html。

2）定义构造函数。

3）调用构造函数生成对象。

4）调用对象方法输出对象属性值。

5）保存源程序文件，运行程序，检查程序的运行情况。

题目 2　String 对象的使用

1. 任务描述

判断输入字符串是否为合法的身份证号码。

2. 任务要求

1）在表单文本框中输入一行字符串。

2）通过字符串的个数及字符来判断是否为合法的身份证号码，合法的身份证号码为 18 位，前 17 位为数字，第 18 位为数字或字母 x。

3）输出判断结果。

3. 知识点提示

本任务主要用到以下知识点。

1）String 对象中的 length 属性表示字符串的长度。

2）String 对象中的 charAt(n)方法用于获得字符串第 n 个位置的字符，n 从 0 开始计算。

3）输入、输出语句的使用。

4. 操作步骤提示

1）创建文件 SY3_4. html。

2）在表单中创建输入身份证号码文本框、判断身份证号码是否合法按钮，以及身份证号码有效性文本框。

3）在身份证号码文本框中输入身份证号码。

4）使用 String 类中的相关属性和方法判断输入字符串是否为合法的身份证号码。

5）判断结果在身份证号码有效性文本框中输出。

6）保存源程序文件，运行程序，检查程序的运行情况。

第 4 章　Tomcat 服务器

Tomcat 是一个开放源代码、运行 Servlet 和 JSP 页面的、基于 Java 语言的轻量级 Web 服务器。Tomcat 性能稳定、扩展性好，在中小型系统和并发访问用户不是很多的场合下被普遍使用，是开发和调试 JSP 程序的首选。目前常用的稳定版本有 Tomcat 6、Tomcat 7 和 Tomcat 8。

安装 Tomcat 之前必须安装 JDK，并设置环境变量 JAVA_HOME，之后就可以启动 Tomcat 服务器。本章将针对 Tomcat 服务器的概念、安装及性能配置进行系统讲解。

4.1 Tomcat 服务器简介

Tomcat 是 Apache 软件基金会（Apache Software Foundation）的 Jakarta 项目中的一个核心项目，由 Apache、Sun（已被甲骨文收购）和其他一些公司及个人共同开发而成。由于有了 Sun 的参与和支持，最新的 Servlet 和 JSP 规范总是能在 Tomcat 中得到体现，Tomcat 8 支持 Servlet 3. 1 和 JSP 2. 3 规范。Tomcat 也以其技术先进、性能稳定，而且免费，深受 Java 爱好者的喜爱并得到了部分软件开发商的认可，成为目前比较流行的 Web 应用服务器。

1. Tomcat 名称的起源

Tomcat 最初是由 Sun 的软件构架师詹姆斯·邓肯·戴维森开发的。后来他帮助将其变为开源项目，并由 Sun 贡献给 Apache 软件基金会。由于大部分开源项目 O'Reilly 都会出一本相关的书，并且将其封面设计成某个动物的素描，因此他希望将此项目以一个动物的名称命名。因为他希望这种动物能够自己照顾自己，最终，他将其命名为 Tomcat（英语中的公猫或其他雄性猫科动物）。而 O'Reilly 出版的介绍 Tomcat 的书籍（ISBN 0 - 596 - 00318 - 8）的封面也被设计成了一个公猫的形象。而 Tomcat 的 Logo 兼吉祥物也被设计成了一只公猫。

与传统桌面应用程序不同，Tomcat 中的应用程序是一个 WAR（Web Archive）文件，它是许多文件构成的一个压缩包，包中的文件按照一定的目录结构来组织，不同目录中的文件也具有不同的功能。部署应用程序时，只需要把 WAR 文件放到 Tomcat 的 webapp 目录下，Tomcat 会自动检测和解压该文件。JSP 文件第一次执行时，要先由 Tomcat 将其转化为 Servlet 文件，然后编译，所以速度会慢一些，但后继执行时速度会很快。

2. Tomcat 版本及差别

Tomcat 版本不断更新，从最早的 3. 3. x 到目前常使用的 6. 0. x，直到 7. 0. x、8. 0. x，每个新版本都是在前一个版本的基础上增加一些新的规范，修复前一个版本的 bug 并加入一些新特性，不同版本的主要差别如表 4-1 所示。

表 4-1　Tomcat 服务器版本差异表

Apache Tomcat version	Servlet Spec	JSP Spec	Actual release revision	Support Java Versions
3. 3. x(archived)	2. 2	1. 1	3. 3. 2(archived)	1. 1 and later
4. 1. x(archived)	2. 3	1. 2	4. 1. 40(archived)	1. 3 and later

（续）

Apache Tomcat version	Servlet Spec	JSP Spec	Actual release revision	Support Java Versions
5. 5. x(archived)	2. 4	2. 0	5. 5. 36(archived)	1. 4 and later
6. 0. x	2. 5	2. 1	6. 0. 43	5 and later
7. 0. x	3. 0	2. 2	7. 0. 59	6 and later (WebSocket 1. 1 requires 7 or later)
8. 0. x	3. 1	2. 3	8. 0. 21	7 and later
9. 0. x(alpha)	4. 0	TBD(2. 4?)	None	8 and later

不同的 Tomcat 版本，对 Java Servlet 和 JSP 支持的版本不同，可根据项目功能需求，选择合适的 Tomcat 版本。下面先来看 Servlet 主要版本的变化。

1）Servlet 2. 2：引入了 self-contained Web applications 的概念。

2）servlet 2. 3：增加了 filters 和 filter chains 的功能。引入了 context 和 session listeners 的概念，当 context 或 session 被初始化或者将要被释放时，以及当向 context 或 session 中绑定属性或解除绑定的时候，可以对类进行监测。

3）servlet 2. 4：增加了新的最低需求，新的监测 request 的方法，新的处理 response 的方法，新的国际化支持，RequestDispatcher 的几个处理方法，新的 request listener 类，session 的描述，以及一个新的基于 Schema 的、并拥有 J2EE 元素的发布描述符。

4）Servlet 2. 5 版本一些变化的介绍如下。

- 基于最新的 J2SE 5. 0 开发。
- 支持 annotations 。
- web. xml 中的几处配置更加方便。
- 去除了少数的限制。
- 优化了一些实例。

5）Servlet 3. 0 新增了一些新特性。

- 异步处理支持：有了该特性，Servlet 线程不再需要一直阻塞，直到业务处理完毕才能再输出响应，最后才结束该 Servlet 线程。在接收到请求之后，Servlet 线程可以将耗时的操作委派给另一个线程来完成，自己在不生成响应的情况下返回至容器。针对业务处理较耗时的情况，这将大大减少服务器资源的占用，并且提高并发处理速度。
- 新增的注解支持：该版本新增了若干注解，用于简化 Servlet、过滤器（Filter）和监听器（Listener）的声明，这使得 web. xml 部署描述文件从该版本开始不再是必选的了。
- 可插性支持：熟悉 Struts 2 的开发者一定会对其通过插件的方式与包括 Spring 在内的各种常用框架的整合特性记忆犹新。将相应的插件封装成 JAR 包并放在类路径下，Struts 2 运行时便能自动加载这些插件。现在，Servlet 3. 0 提供了类似的特性，开发者可以通过插件的方式很方便地扩充已有 Web 应用的功能，而不需要修改原有的应用。

6）Servlet 3. 1 最大的改进是实现了非阻塞式的 I/O 通信。这使得 Servlet 性能得到巨大的改进，数据可以通过 ReadListener 和 WriteListener 接口以异步的方式进行管理。Servlet 3. 1 的第二大改进是 HTTP 协议的升级。它允许客户端指定双方通信所使用的协议。比如说，服务器和客户端原本使用 HTTP 通信协议，能够升级成 WebSockets 通信。

在 JSP 方面，版本变化的区别较少，主要是 Servlet 2.0 后增加了 EL 表达式的支持。

（1）Apache Tomcat 6. x

实现了 Servlet 2. 5 和 JSP 2. 1 等特性的支持。除此以外的改进列表如下。

- 内存使用优化。
- 更大的 IO 容量。
- 重构聚类。

（2）Apache Tomcat 7. x

在汲取了 Tomcat 6. x 优点的基础上，实现了对 Servlet 3. 0、JSP 2. 2 和 EL 2. 2 等特性的支持。除此以外的改进列表如下。

- Web 应用内存溢出侦测和预防。
- 增强了管理程序和服务器管理程序的安全性。
- 一般 CSRF 保护。
- 支持 Web 应用中的外部内容的直接引用。
- 重构（connectors，lifecycle）及很多核心代码的全面梳理。

（3）Apache Tomcat 8. x

实现了对 Servlet 3. 1、JSP 2. 3 和 EL 3. 0 等特性的支持。除此以外的改进列表如下。

- 支持 Java WebSocket 1. 0。
- 默认 HTTP 与 AJP 请求实现 non - blocking 技术，即 NIO 技术。
- 多个应用发布的时候可以先打成 jar 包，然后打成一个总的 war 发布。
- 默认支持应用工程字符集为 UFT - 8。
- 提升了日志性能，采用了异步技术。
- 新增的 AJP 连接采用了 Servlet 3. 1 的 non - blocking IO。

（4）Apache Tomcat 9. 0. 0. M1（alpha）

测试版，改进列表如下。

- 新增 HTTP/2 支持和 TLS 虚拟主机。
- 实现当前 Servlet 4. 0 规范草案。
- BIO connectors 不再支持 Windows Itanium 和 Comet。

3. Tomcat 服务器、应用服务器及 Web 服务器的关系

到目前为止，Tomcat 一直被认为是 Servlet/JSP API 的执行器，也就是所谓的 Servlet 容器。尽管 Tomcat 服务器还提供了 JNDI 和 JMX API 的实现机制，Tomcat 仍然还不能算是应用服务器，因为它不提供大多数 J2EE API 的支持。

（1）Tomcat 与应用服务器

任何一个 Java EE 服务器都需要服从 Java EE 规范，并实现这些接口。如果把企业级应用程序部署到一个符合 Java EE 规范的服务器上，那么真正的应用服务器本身是不需要用户的部署包包含对 Java EE 组件进行实现的类库的。如果部署的时候必须要通过自己的应用程序中自带的 jar 文件来支持这些 Java EE 组件，那么所用的就是 Web 服务器，就像是 Tomcat。

举个例子，如果在程序里使用了 JPA，然后打算把程序部署到 JBoss AS7 服务器上，程序本身是不需要包含支持 JPA 实现的 jar 包的。但是如果想把程序部署到 Tomcat 服务器上，就必须要把实现 JPA 功能的 jar 包放到 lib 库中，然后再一起部署过去。这就是为什么 JBoss

AS7 是应用服务器而 Tomcat 是 Web 服务器的原因。另一个关键的区别是，Tomcat 上不能部署 EAR 文件，而只能部署 WAR 文件。

对于开发者来说，如果是为了寻找利用 Servlet、JSP、JNDI 和 JMX 技术来生成 Java Web 应用的话，选择 Tomcat 是一个优秀的解决方案；但是为了寻找支持其他的 J2EE API，那么寻找一个应用服务器或者把 Tomcat 作为应用服务器的辅助，将是一个不错的解决方案；第三种方式是找到独立的 J2EE API 实现，然后将它们与 Tomcat 结合起来使用。虽然整合会带来相关的问题，但是这种方式是最为有效的。

（2）Tomcat 与 Web 服务器

Tomcat 是一个支持 Servlet 和 JSP 运行的容器。Servlet 和 JSP 能根据实时需要，产生动态网页内容。而对于 Web 服务器来说，Apache 仅支持静态网页，对于动态网页就会显得无能为力；Tomcat 则既能为动态网页服务，同时也能为静态网页提供支持。尽管它没有通常的 Web 服务器快，功能也不如 Web 服务器丰富，但是 Tomcat 为支持静态内容而在不断扩充。

Tomcat 既是一个 Servlet 容器，又是一个独立运行的服务器，与 IIS、Apache 等 Web 服务器一样，具有处理 HTML 页面的功能，但它处理静态 HTML 文件的能力并不是很强，所以一般都是把它当作 JSP/Servlet 引擎，通过适配器（Adapter）与其他 Web 服务器软件配合使用，如 与 Apache 服务器一同，Apache 负责接受所有来自客户端的 HTTP 请求，然后将 Servlets 和 JSP 的请求转发给 Tomcat 来处理。Tomcat 完成处理后，将响应传回给 Apache，最后 Apache 将响应返回给客户端。

此外，Tomcat 还可与其他一些软件集成起来实现更多功能，例如，与 JBoss 集成起来开发 EJB、与 OpenJMS 集成起来开发 JMS 应用，以及与 Cocoon（Apache 的另外一个项目）集成起来开发基于 XML 的应用等。Tomcat 是一个小型的轻量级 Web 服务器，运行时占用系统资源小、扩展性好，并支持负载平衡与邮件服务等开发应用系统中的常用功能，并且不断改进和完善。

Tomcat 适用于中小型系统和并发访问用户不太多的场合，是开发和调试 JSP 程序的首选。先进的技术、稳定的性能、源码开放和免费获取的机制，使得 Tomcat 深受 Java 爱好者的喜爱，并得到了许多软件开发商的认可，成为目前非常流行的 Web 应用服务器。

4.2 部署 Tomcat 服务器

Tomcat 5.5 及以前的版本在安装前都要求必须安装 JDK，因为将 JSP 转换成 Servlet 后，Tomcat Jasper 需要使用 JDK 对 Servlet 进行编译，Tomcat 6 的 jasper 在新版本中已经做了重新设计，以下是 Tomcat 6 官方文档的一段话。

Tomcat 6.0 uses the Eclipse JDT Java compiler for compiling JSP pages. This means you no longer need to have the complete Java Development Kit（JDK） to run Tomcat, but a Java Runtime Environment（JRE） is sufficient. The Eclipse JDT Java compiler is bundled with the binary Tomcat distributions. Tomcat can also be configured to use the compiler from the JDK to compile JSPs, or any other Java compiler supported by Apache Ant.

也就是说，以后进行 tomcat 环境部署时，不再需要去安装一个 JDK 了，只需要安装一个 JRE（Java Runtime Environment）即可。

4.2.1 Tomcat 服务器的安装与启动

Tomcat 是开源组织 Apache 成员，可以在 Apache 官网中下载 Tomcat，下载网址为 http://tomcat.apache.org/，网站中包含了 Tomcat 所有版本的下载网址，如图 4-1 所示。

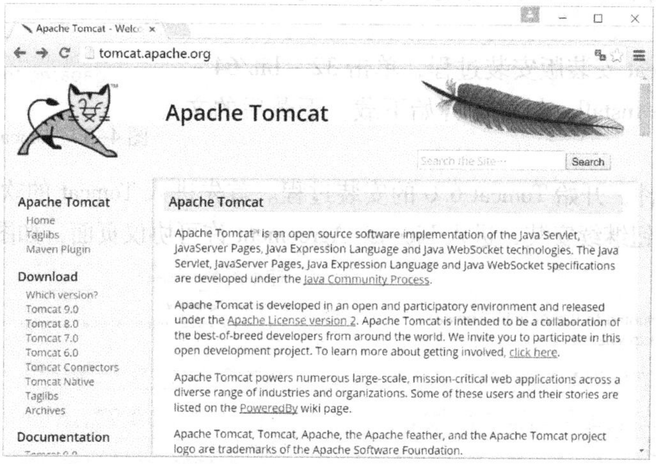

图 4-1 Apache Tomcat 官网

由于目前流行的 Tomcat 版本主要为 Tomcat 6.0 以上版本，所以在 Download 下直接可以下载的 Tomcat 版本为 Tomcat 6.0 至 Tomcat9.0，单击需要下载版本的链接，就可以打开对应版本的下载页面。以 Tomcat 6.0 为例，选择 Tomcat 6.0，进入 Apache Tomcat 6.0 下载页面，网址为 http://tomcat.apache.org/download-60.cgi，如图 4-2 所示。

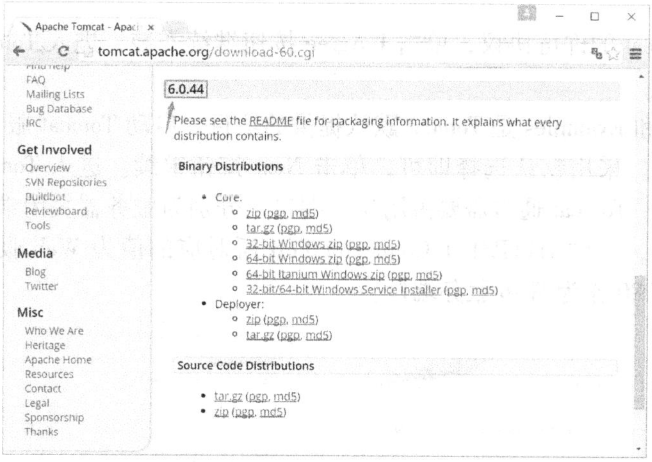

图 4-2 Tomcat 6.0.44 最终正式版下载页面

Tomcat 提供了两种不同的安装方式：普通安装方式和解压安装方式。普通安装与其他软件安装过程一致，在安装过程中有一些界面可提供对 Tomcat 的快捷设置，而且普通安装会将 Tomcat 作为系统服务进行注册和启动。另外一种方式是解压安装，也称为绿色版，直接将文件解压后，通过单击程序启动 Tomcat 服务器。

Tomcat 网站为不同的操作系统提供了不同的下载，最后一个包含 Installer 的下载链接，是普通安装版，适用于 Windows 操作系统。以 zip 或 gz 结尾的都是免安装版的，需要根据操作系统及版本进行选择。

📖 安装版本只适用于 Windows 操作系统，且不需要区分操作系统的位数。zip 及 tar. gz 用于 Linux 操作系统，Windows zip 用于 Windows 操作系统，且需要注意操作系统的位数。

下面讲解 Tomcat 安装版安装过程，单击 32 - bit/64 - bit Windows Service Installer 链接，开始下载，下载后的文件如图 4–3 所示。

图 4–3　Tomcat 6. 0. 44 安装文件

双击此安装文件，开始 Tomcat 6. 0 的安装过程。首先进入 Tomcat 的欢迎界面，如图 4–4 所示。单击 next 按钮继续安装，进入 License Agreement 许可协议页面，如图 4–5 所示。

图 4–4　Tomcat 6. 0. 44 欢迎界面

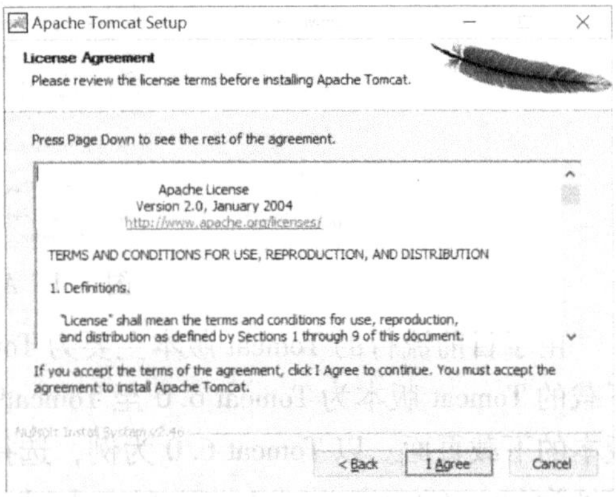

图 4–5　Tomcat 6. 0. 44 许可协议页面

必须接受 Tomcat 的许可协议，单击 I Agree 按钮继续安装，进入 Tomcat 的组件选择页面，如图 4–6所示。

Host Manager 和 Examples 是 Tomcat 默认提供的项目，启动 Tomcat 服务器后，可通过浏览器直接进行访问。采用默认选择即可，单击 Next 按钮继续。进入 Tomcat 的端口配置页面，如图 4–7所示。Tomcat 通常需要占用 3 个端口，分别为服务器关闭端口、HTTP 请求端口和 AJP 连接端口，其中 HTTP/1. 1 Connector Port 所对应的值为 Web 服务器的服务端口，Tomcat 默认使用 8080 作为 Web 服务端口。

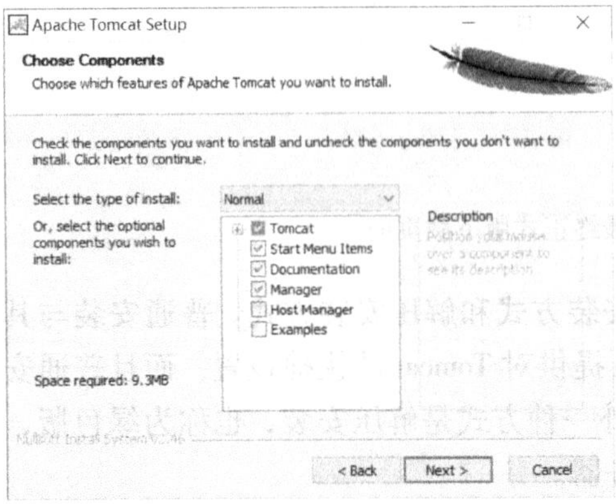

图 4–6　Tomcat 6. 0. 44 组件选择页面

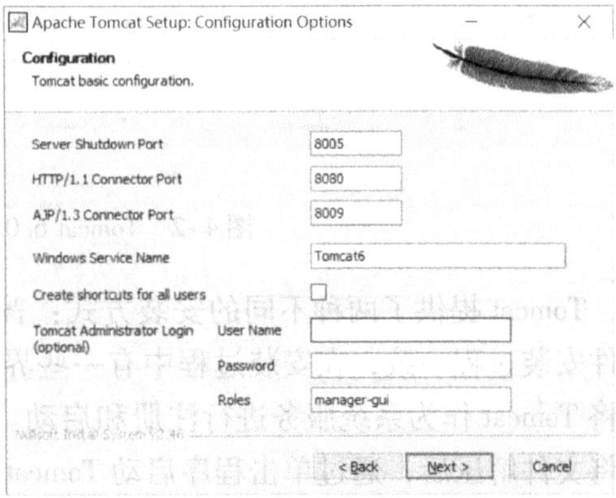

图 4–7　Tomcat 6. 0. 44 端口配置页面

📖 如果本机安装了 Oracle 数据库，8080 端口可能会被占用，此处可修改避免冲突。

配置好端口后，单击 Next 按钮继续，进入 JVM 配置界面，如图 4-8 所示。

此处需要为 Tomcat 配置 JRE 环境，如果还没有安装 JDK 或 JRE，应首先安装 JDK 或者单独安装 JRE。如果 JAVA_HOME 配置正确，此处会自动选择路径。

单击 Next 按钮继续，选择 Tomcat 安装目录，会将 Tomcat 服务所需的文件安装到此目录下，如图 4-9 所示。

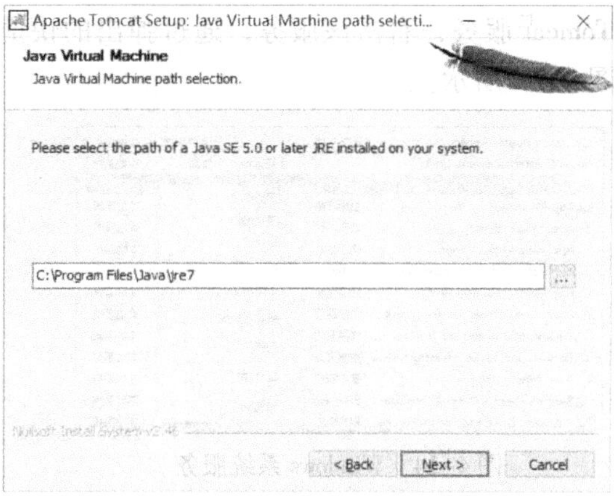

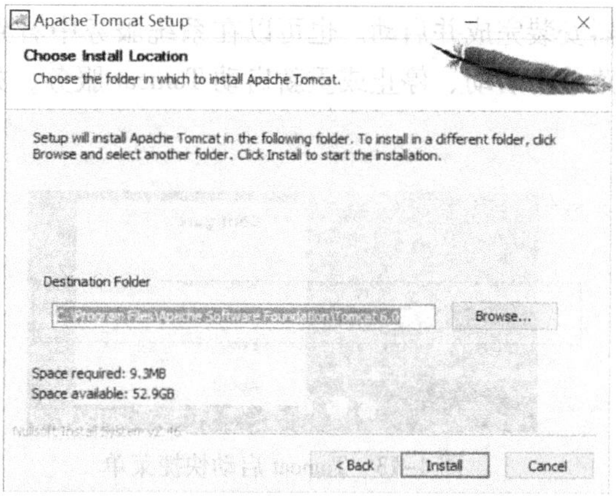

图 4-8　Tomcat 6.0.44JVM 配置界面　　　图 4-9　Tomcat 6.0.44 选择安装目录

单击 Install 按钮，开始安装 Tomcat，安装结束，如图 4-10 所示。

图 4-10　Tomcat 6.0.44 完成安装

单击 Finish 按钮，启动 Tomcat 服务器，如图 4-11 所示。

启动成功后，在 Windows 系统的右下角通知区域内，将出现 Tomcat 启动图标，如图 4-12 所示：

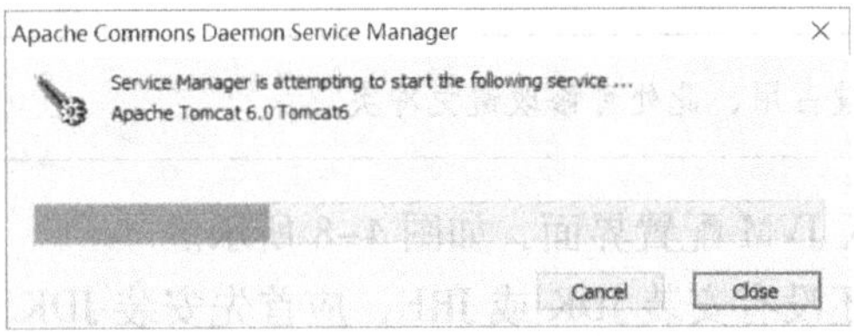

图 4-11　启动 Tomcat 服务器

图 4-12　Tomcat 启动图标

右击 Tomcat 启动图标，弹出 Tomcat 启动快捷菜单，如图 4-13 所示，选择 Start service 命令将启动 Tomcat 服务器，选择 Stop service 命令将关闭 Tomcat 服务器。至此，Tomcat 服务器安装完成并启动。也可以在系统服务中看到 Tomcat 服务，右击该服务，通过弹出的快捷菜单可启动、停止或重新启动 Tomcat 服务，如图 4-14 所示。

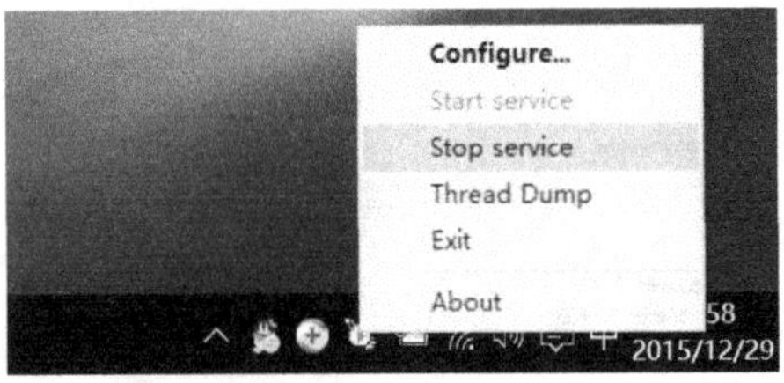

图 4-13　Tomcat 启动快捷菜单

图 4-14　Windows 系统服务

下面再介绍一下绿色版安装，本书推荐使用这种方法。首先选择正确的操作系统及位数，本机为 64 - bit Windows 10 操作系统，对应选择 64 - bit Windows zip 链接进行下载，如图 4-15 所示。

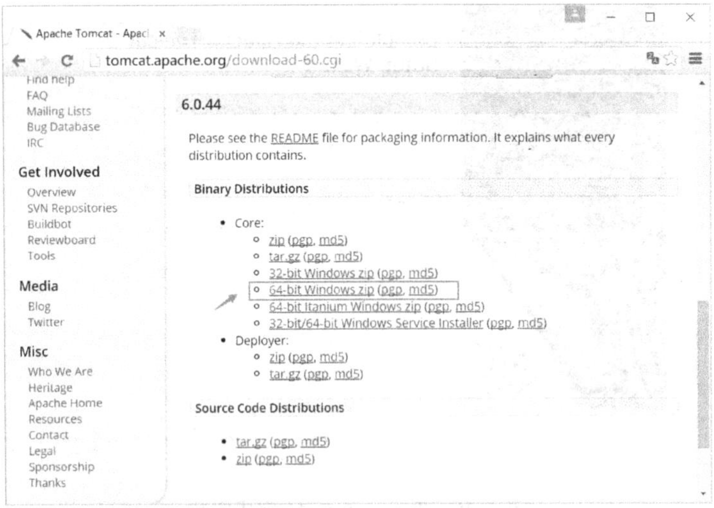

图 4-15　Tomcat 6.0.44 的 Windows 64 - bit 下载链接

文件下载后解压即可，无需安装，解压后的文件夹如图 4-16 所示。

在绿色版中，Tomcat 启动需要手动执行启动文件，Tomcat 的所有可执行文件位于 bin 目录下，如图 4-17 所示。

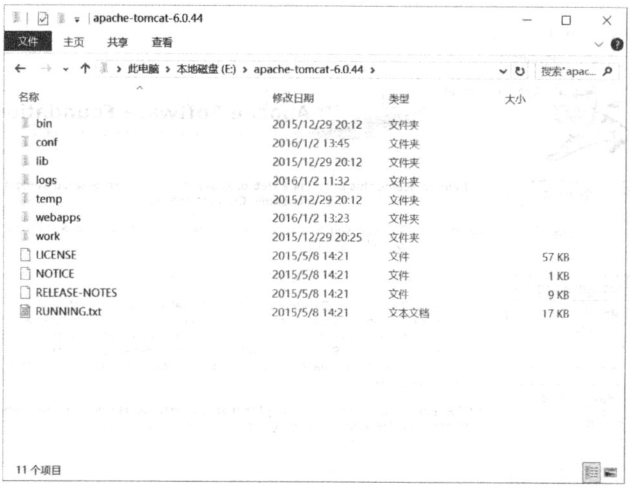

图 4-16　Tomcat 6.0.44 安装目录

startup.bat 是 Tomcat 启动服务器命令，双击即可启动 Tomcat 服务器，shutdown.bat 为 Tomcat 停止服务器命令。服务器启动后，会出现控制台界面，若看到 Servers startup…字样，表示服务器启动成功，如图 4-18 所示。

图 4-17　Tomcat 6.0.44 启动文件

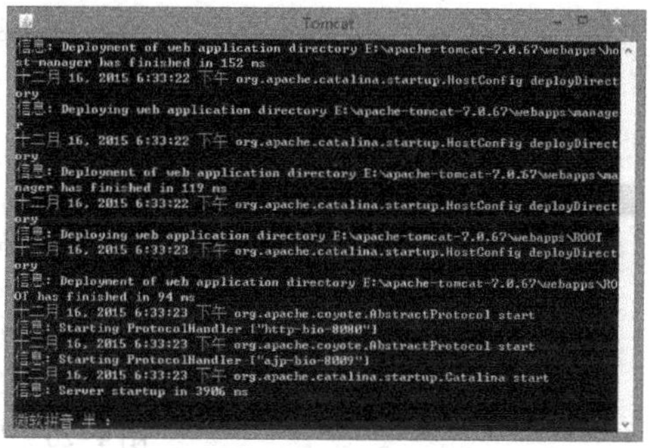

图 4-18　Tomcat 6.0.44 启动界面

如果控制台出来后立即消失，说明 Tomcat 启动失败。失败原因及解决方法将在 4.2.4 节中详细讲解。

无论采用安装版还是绿色版，成功启动 Tomcat 后，在浏览器地址栏输入 http://localhost:8080/，可以看到 Tomcat 服务器的默认网页，则 Tomcat 服务器安装并启动成功，如图 4-19 所示。

📖 localhost 表示本机地址，也可以使用 127.0.0.1 访问。如果在 Tomcat 安装过程中修改了 HTTP 端口号，此处应访问对应的 HTTP 端口号，如 http://localhost:80，80 为 HTTP 默认端口，也可以省略，即 http://localhost。

官网默认显示的都是该版本的最终版，然而在实际开发中，需要使用指定版本的 Tomcat，为此可以从归档服务器上下载老版本 Tomcat，如图 4-20 所示。

在左侧的 Download 下，单击 Archives 链接，进入归档服务器链接地址，如图 4-21 所示。

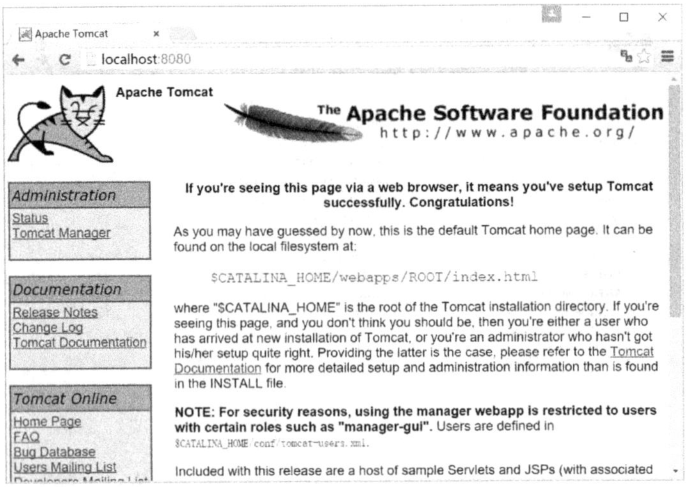

图 4-19　Tomcat 6.0.44 默认网页

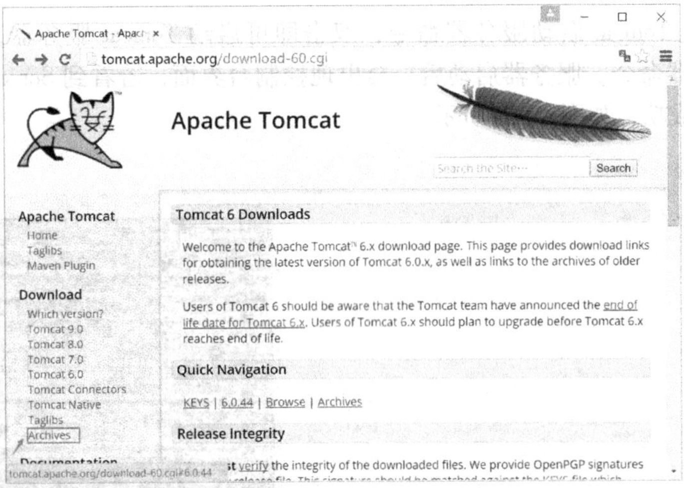

图 4-20　Tomcat 归档服务器链接

图 4-21　Tomcat 归档服务器链接地址

可以选择任何历史版本进行下载，单击 tomcat－6 链接，进入 Tomcat 6 所有历史版本列表页面，如图 4-22 所示。

图 4-22　Tomcat 历史版本列表页面

进入对应版本，bin 目录是 Tomcat 服务器的下载资源，下载即可，如图 4-23 所示。

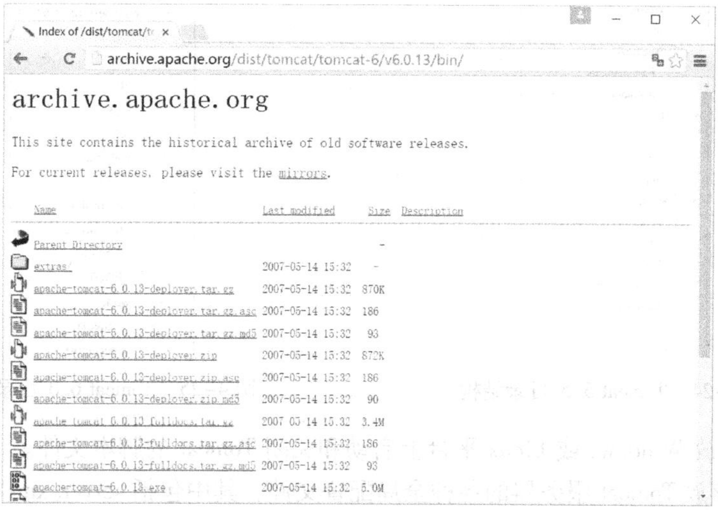

图 4-23　Tomcat 下载资源

4.2.2　Tomcat 服务器安装目录介绍

本节介绍 Tomcat 安装后的目录结构，该目录自 Tomcat 6.0 之后发生了较大变化，最大的区别就是将所有的 lib 包直接置于 /lib 目录下。首先来了解一下 Tomcat 5.5 的目录结构，进入 Tomcat 的安装目录，如图 4-24 所示。

- /bin：存放一些启动运行 Tomcat 的可执行程序和相关内容。
- /conf：存放关于 Tomcat 服务器的全局配置。其中包括 server. xml（Tomcat 的主要配置文件）、tomcat－users. xml 和 web. xml 等配置文件。
- /logs：存放 Tomcat 执行时的日志文件。
- /server/lib：存放 Tomcat 服务器所需的各种 jar 文件（但是不能被 Web 应用访问）。

- /server/webapps：存放 Tomcat 自带的两个 Web 应用：admin 应用和 manager 应用。
- /common/lib：存放 Tomcat 服务器及所有 Web 应用都可以访问的 jar 文件。
- /shared/lib：存放所有 Web 应用都可以访问的 jar 文件（但是不能被 Tomcat 服务器访问）。
- /src：存放 Tomcat 的源代码。
- /work：用于存放在服务器运行时过度资源，简单来说，就是存储 JSP、Servlet 翻译和编译后的结果。
- /temp：存放 Tomcat 运行时所产生的临时文件。

而 Tomcat 6.0 及其后续版本的目录结构则比 Tomcat 5.5 简化了很多，如图 4-25 所示。

图 4-24　Tomcat 5.5 目录结构

图 4-25　Tomcat 6.0 目录结构

- /bin：存放 Windows 或 Linux 平台上启动和关闭 Tomcat 的脚本文件。
- /conf：存放 Tomcat 服务器的各种全局配置文件，其中包括 server. xml（Tomcat 的主要配置文件）、tomcat - users. xml 和 web. xml 等配置文件。
- /lib：存放所需的所有 jar 文件（整合了原来 Tomcat 5.5 中的 common、share 和 server 这 3 个目录下的所有 jar 文件）。
- /logs：存放 Tomcat 执行时的日志文件。
- /temp：存放 Tomcat 运行时所产生的临时文件。

/webapps：Tomcat 的主要 Web 发布目录，默认情况下把 Web 应用文件存放于此目录下（原/server/webapps 下的 manager 等应用也已转移至此）。

- /work：Tomcat 将 JSP 生成的 Servlet 源文件和字节码文件存放到这个目录下。

4.2.3　在 MyEclipse 中配置 Tomcat 服务器

MyEclipse 是在 Eclipse 基础上再加上自己的插件开发而成的、功能强大的企业级集成开发环境，主要用于 Java、Java EE 及移动应用的开发。MyEclipse 的功能非常强大，支持也十分广泛，尤其是对各种开源产品的支持相当不错。

MyEclipse 内置了 Tomcat 服务器，可以直接使用，但在开发和部署过程中，人们往往对 Tomcat 服务器的版本有严格要求，这时就需要在 MyEclipse 中使用自己安装的 Tomcat 服务器。MyEclipse 8.6 版本后开始支持 Tomcat 7，MyEclipse 的版本已经到 15.0.

本书以 MyEclipse 6.6 + Tomcat 6.0 和 MyEclipse 15.0 + Tomcat 7.0 比较配置 Tomcat 服务器过程。首先在 MyEclipse 6.6 中配置 Tomcat 6.0 服务器。

1）选择 Windows→Preference 命令，进行个性化配置，如图 4-26 所示。

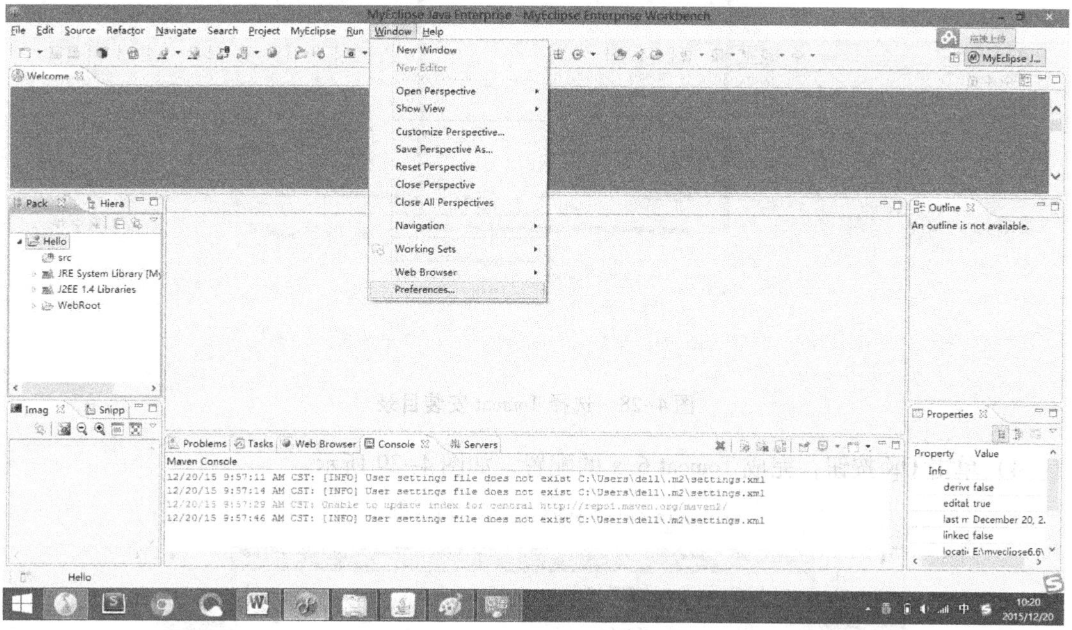

图 4-26　MyEclipse 个性化配置页面

2）选择 Servers→Tomcat→Tomcat 6.0 命令，进入服务器配置界面，如图 4-27 所示。

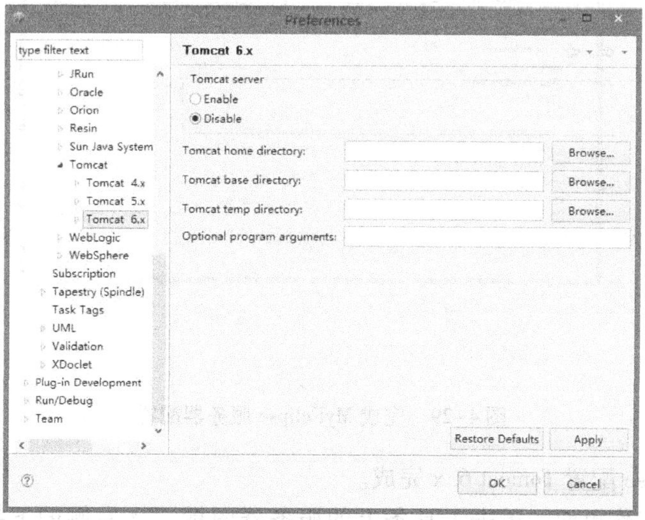

图 4-27　MyEclipse 服务器配置页面

3）修改 Tomcat server 状态为 Enable，单击 Browser 按钮，在弹出的对话框中选择 Tomcat 安装目录，然后单击“确定”按钮，如图 4-28 所示。

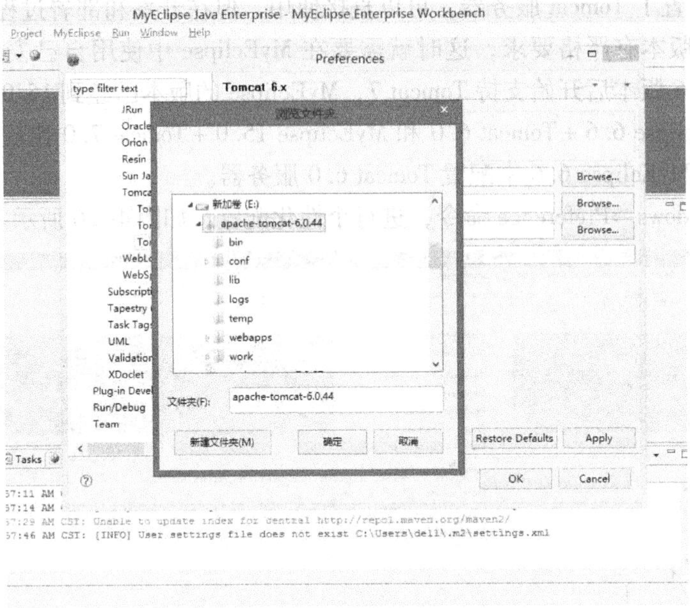

图 4-28　选择 Tomcat 安装目录

4）单击 OK 按钮，完成 Tomcat 6. x 的配置，如图 4-29 所示。

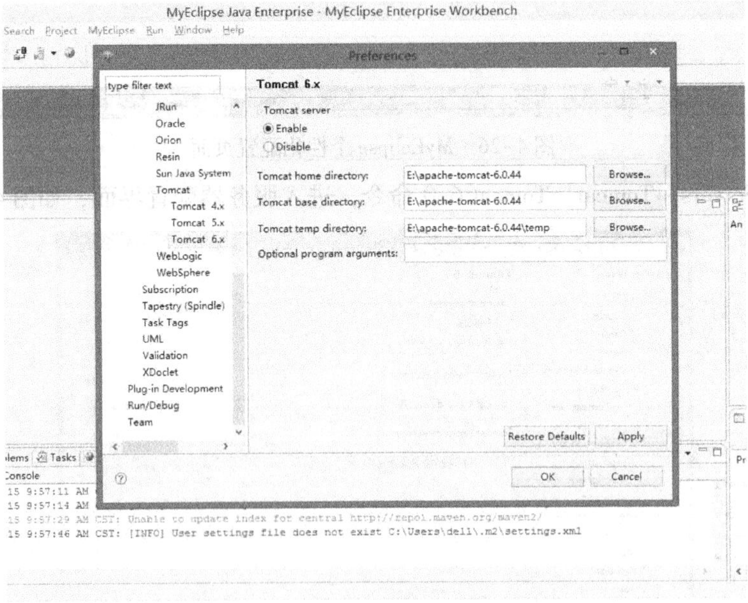

图 4-29　完成 MyEclipse 服务器配置

至此，MyEclpse 配置 Tomcat 6. x 完成。

在 Myeclipse 工作界面，单击工具条上的服务器图标 右侧的下拉按钮，可以显示

MyEclipse 下的所有服务器，比较一下配置 Tomcat 6. x 前后 MyEclpse Server 的差别，如图 4-30 和图 4-31 所示。

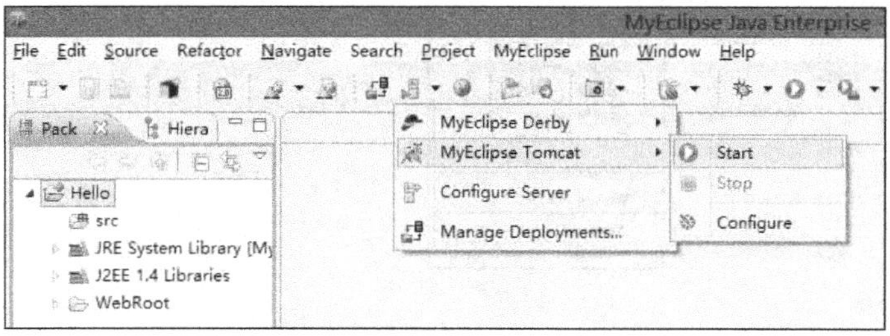

图 4-30　MyEclipse 服务器配置前

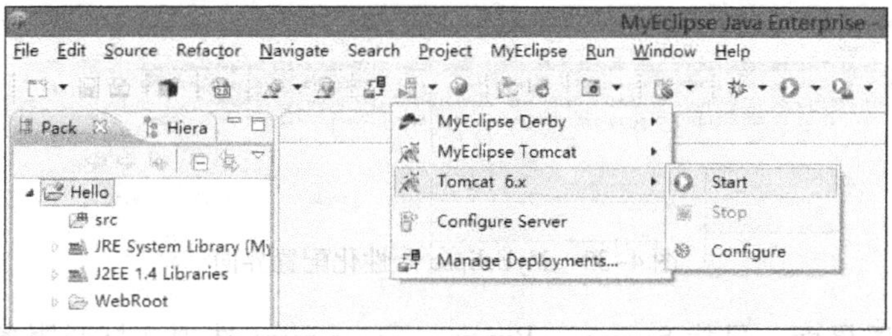

图 4-31　MyEclipse 服务器配置后

配置了 Tomcat 6. x 后，Server 中增加了对应 Tomcat 的启动项，选择 start 命令，可以启动 Tomcat 6. x 服务器。在 Console 中，启动信息如下，若看到 Server startup…字样，则启动成功，如图 4-32 所示。

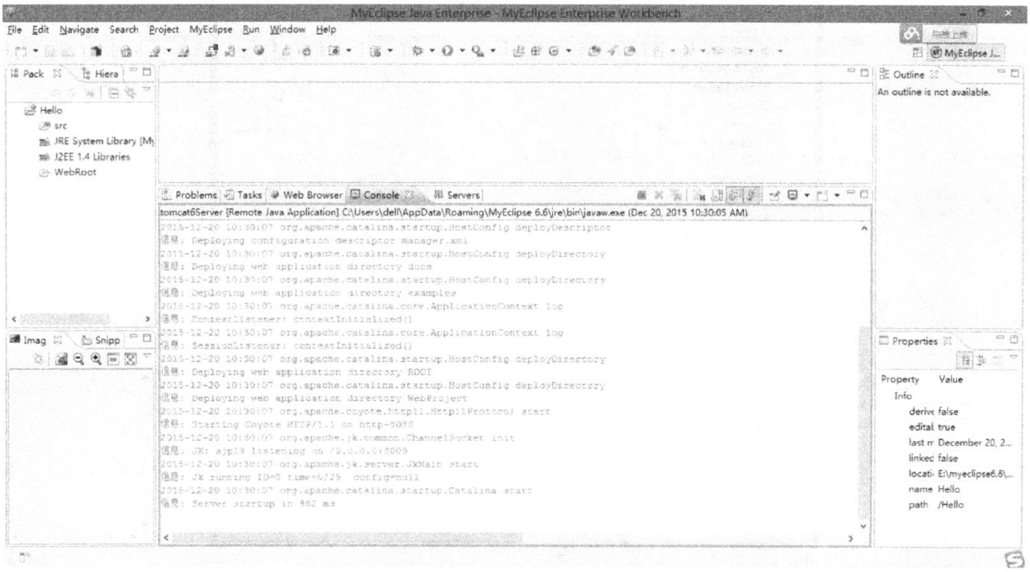

图 4-32　MyEclipse 服务器配置后效果

接下来，再看一下 MyEclipse 15. 0 中配置 Tomcat 服务器的过程。同样，选择 Windows→Preference 命令，进行个性化配置，如图 4-33 所示。

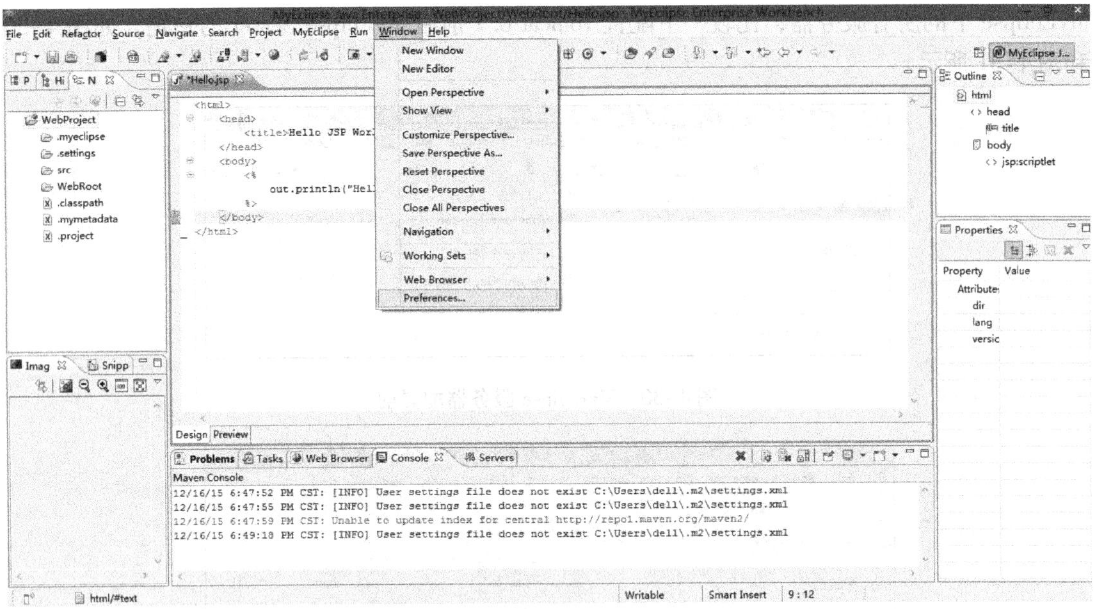

图 4-33　MyEclipse 个性化配置界面

在个性化配置界面，寻找 Servers→Runtime Enviroment 选项，打开服务环境配置界面，如图 4-34 所示，单击 Add 按钮进行添加。

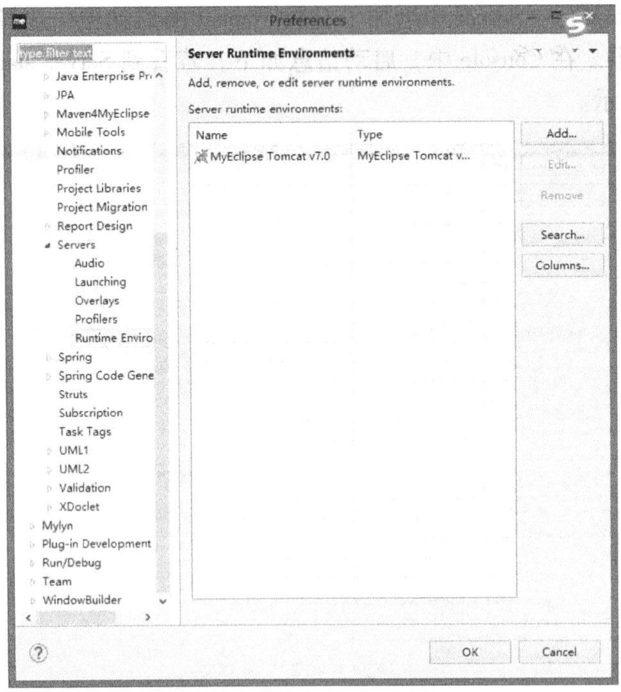

图 4-34　配置服务环境

在图 4-35 中，选择 Tomcat 服务器版本，目前 MyEclipse 15.0 支持到 Tomcat 8，这里选择 Apache Tomcat v7.0，单击 Next 按钮继续，进入 JDK 环境配置窗口，如图 4-36 所示，单

击 Browser 按钮，选择本地安装的 Tomcat 7.0 的安装目录，单击 Finish 按钮完成配置。

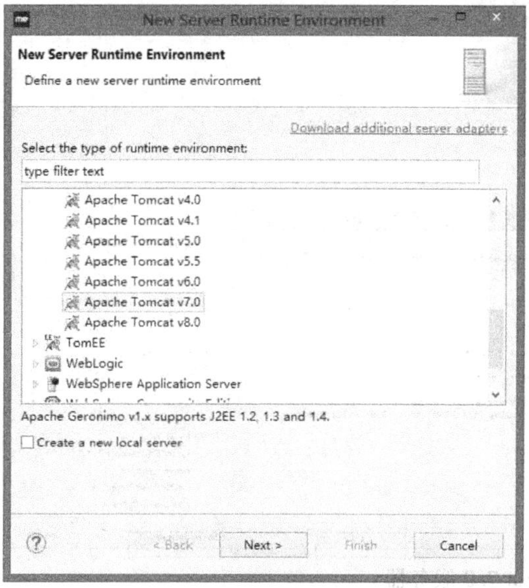

图 4-35　MyEclipse 添加 Tomcat 7.0 服务器

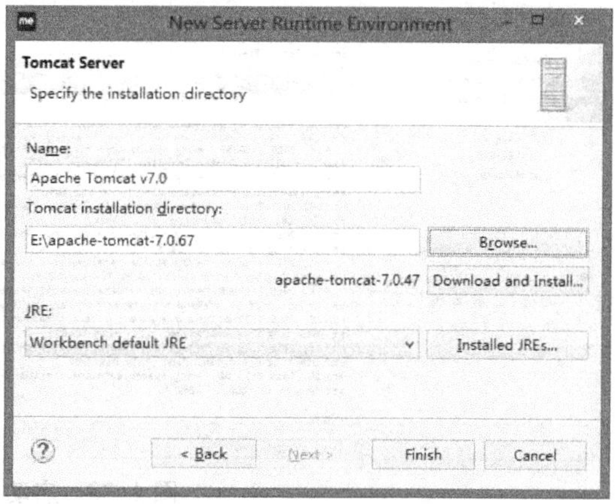

图 4-36　JDK 环境配置窗口

安装好以后，在 MyEclipse Servers 目录下将出现 Tomcat 7 服务器，如图 4-37 所示。

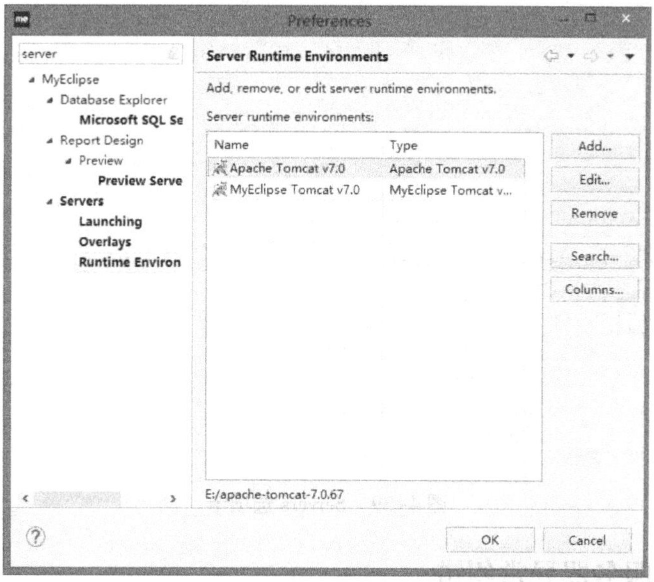

图 4-37　出现 Tomcat 7 服务器

关闭 MyEclipse 个性化配置界面，在 MyEclipse 工作界面，单击工具栏服务器图标，启动 Tomcat 服务器，如图 4-38 所示。

启动 Tomcat 服务器，除了可以在工具栏中单击 Server 按钮实现外，也可以打开 Console 旁边的 Servers 选项卡，右击 Tomcat 6.x 选项，在弹出的快捷菜单中选择 Run Server 命令，启动 Tomcat 服务器，如图 4-39 所示。

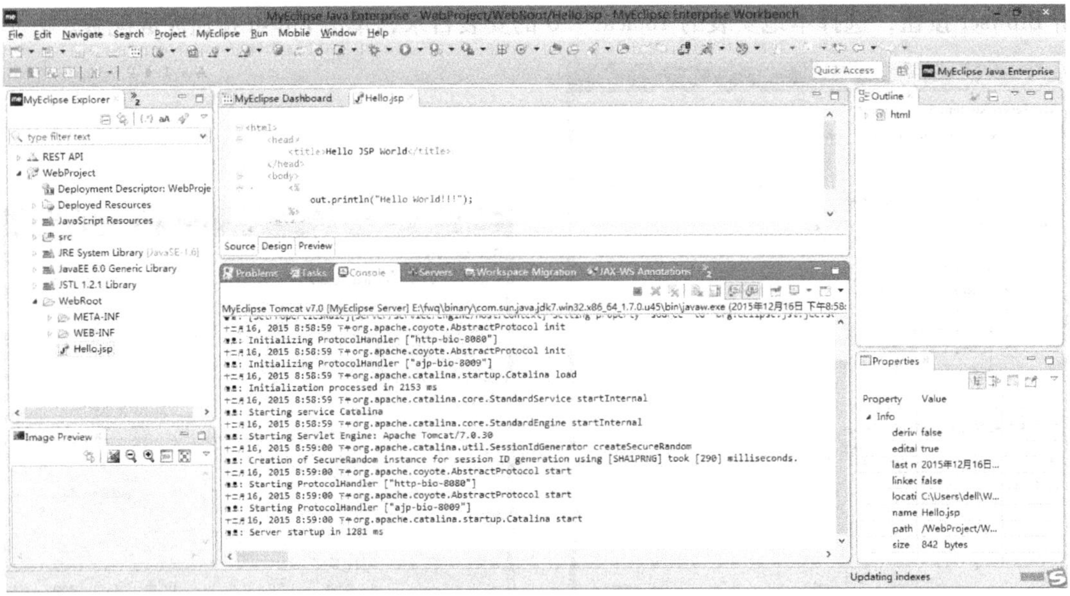

图 4-38　启动 Tomcat 7.0 服务器

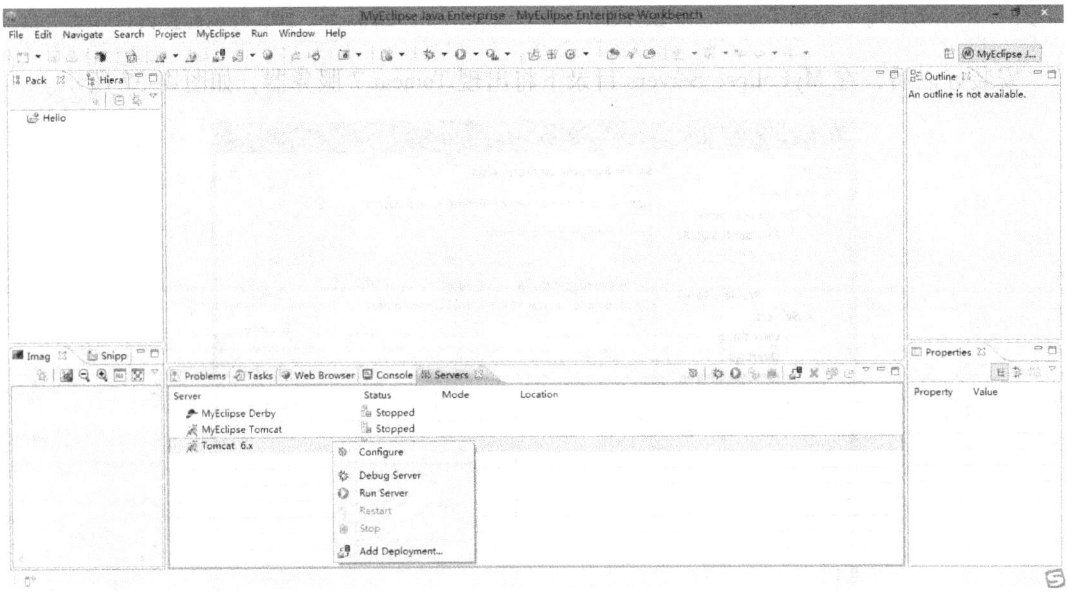

图 4-39　Servers 选项卡

4.2.4　Tomcat 服务器异常纠错

本节将对 Tomcat 服务器在启动过程中可能遇到的问题进行汇总，方便读者及时排查。

1. 端口冲突

端口冲突是 Tomcat 服务器启动过程中经常出现的问题，Tomcat 服务器默认使用的端口包括 8080、8005 和 8009。如果计算机安装了 Oracle，8080 端口往往会被 Oracle 的 XDM 服务占用，导致 Tomcat 服务器启动失败。另外，Tomcat 修改端口为 80 时，如果本机开启 IIS，则默认 Web 端口 80 会被占用，启动后出现端口被占用的提示信息如图 4-40 所示。

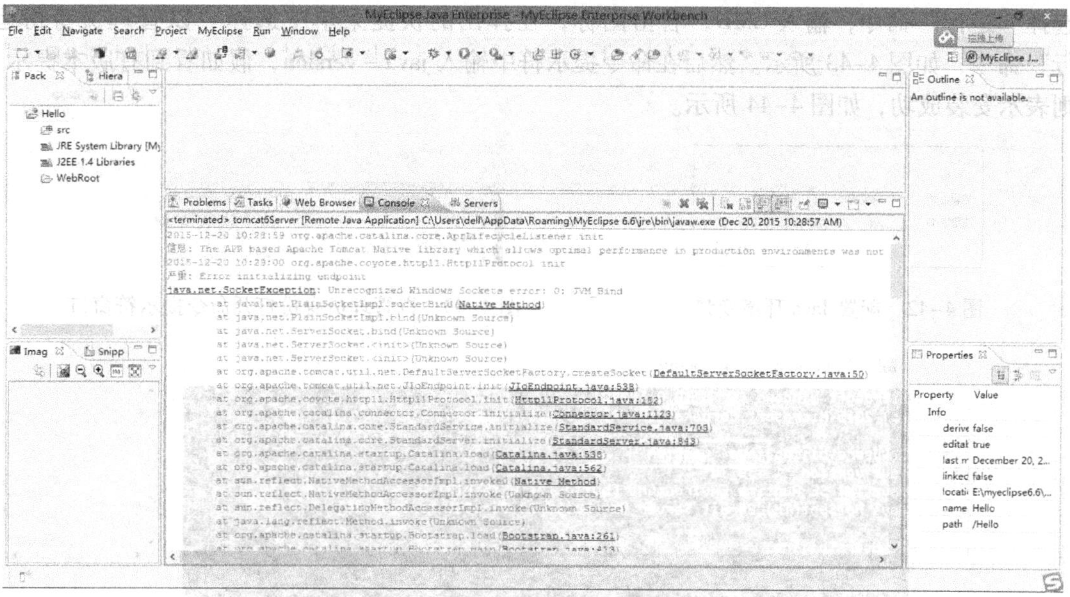

图 4-40　端口冲突提示信息

观察错误信息：address already in use:JVM_Bind，说明端口冲突，解决方法如下。

1）首先确定是否在多处重复启动 Tomcat 服务器，如果存在，关闭即可。

2）可以通过修改/conf/server. xml，修改 Tomcat 服务器绑定端口，比如，将默认端口 8080 修改为 8888 端口，从而避免冲突，代码如下。

```
<Connector port="8080" protocol="HTTP/1.1"
connectionTimeout="20000"
redirectPort="8443" />
```

修改如下：

```
<Connector port="8888" protocol="HTTP/1.1"
connectionTimeout="20000"
redirectPort="8443" />
```

以后就可以通过 8888 端口来访问 Web 服务器，访问方式如图 4-41 所示。

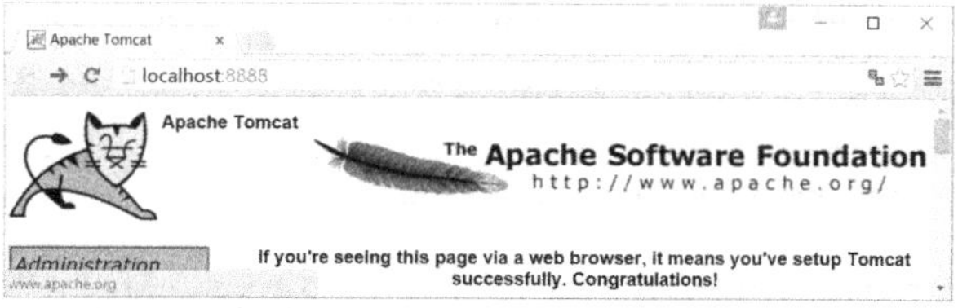

图 4-41　更改端口后的访问方式

2. 缺少 JRE 环境

Tomcat 6.0 之后，虽然没有强行要求安装 JDK，但还是需要 JRE 运行环境，如果没有找到 JRE 运行环境，则服务器启动会失败，一闪之后就会退出控制台。解决方法就是安装 JDK，并指明 JDK 的安装路径。即在环境变量中新建 JAVA_HOME（不区分大小写），指向 JDK 安装目录，如图 4-42 所示。

JDK 环境变量配置好后，可以通过命令行查看 Java 是否安装成功。单击“开始”按钮，选择“运行”命令，输入 CMD，右击图标，在弹出的快捷菜单中选择“以管理员身份运行”命令，如图 4-43 所示。然后在命令提示符中输入 java - version，假如看到有版本提示，则表示安装成功，如图 4-44 所示。

图 4-42　配置 Java 环境变量

图 4-43　以管理员身份打开命令提示符窗口

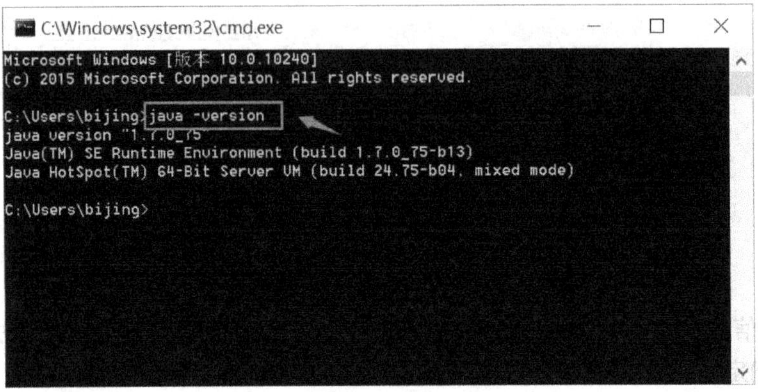

图 4-44　查看 JDK 版本

至此，JDK 安装成功，重新启动 Tomcat 即可正常启动。

3. 配置文件异常

Tomcat 的启动需要/conf 目录下的配置文件支持，如果配置文件出错，Tomcat 无法正常启动。错误要根据实际情况进行分析，以 server. xml 配置出错为例，如图 4-45 所示。

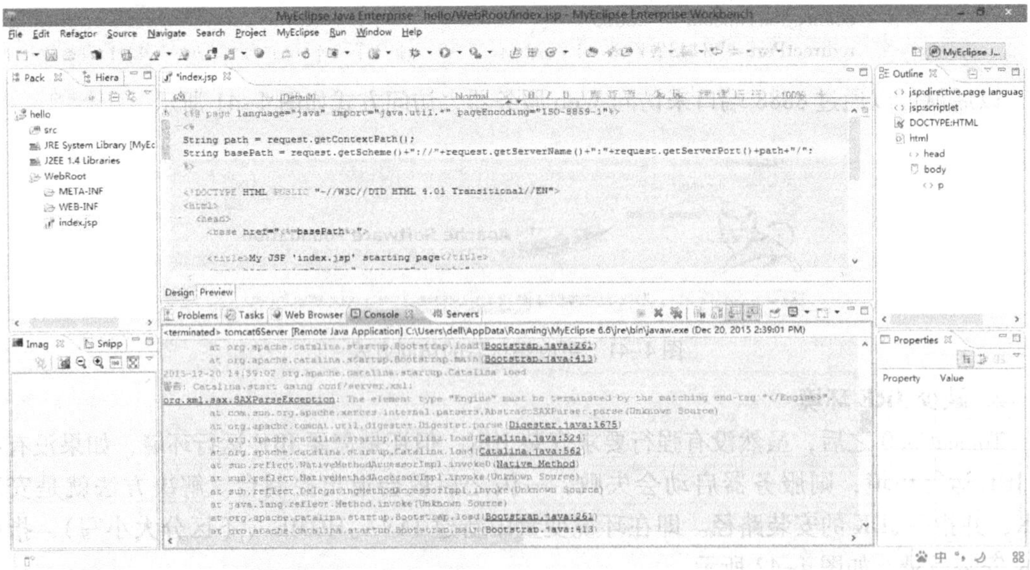

图 4-45　配置文件出错

错误信息 Catalina. start using conf/server. xml 说明 server. xml 配置出错，用户可根据后边的提示信息自行调错。

4.3 在 Tomcat 服务器中发布 Web 应用

4.3.1 Web 应用的组成结构

开发 Web 应用时，不同类型的文件有严格的存放规则，否则不仅可能使 Web 应用无法访问，还会导致 Web 服务器启动报错。

首先来观察 Tomcat 默认提供的项目，Tomcat 6. x 解压后，/webapps 中会包含多个默认 Web 项目，如图 4-46 所示。

图 4-46　webapps 目录结构

其中 ROOT 是 Tomcat 默认根路径项目，所谓根路径项目，就是指在浏览器中可以以 http://localhost:8080 直接访问的项目，不需要在路径后增加项目文件夹名称。以 ROOT 项目为例，观察 Tomcat 下 web 项目内包含的文件结构，如图 4-47 所示。

图 4-47　webapps/ROOT 目录结构

在 ROOT 项目下包括了很多静态资源文件，如 index. html、tomcat. gif 等。除此以外，还包括一个 WEB - INF 文件夹，在 WEB - INF 文件夹下又包括 web. xml 文件，这些文件应该如何组织呢？下面就来分析一个完整的 Web 项目要包括哪些基本组成结构，如图 4-48 所示。

1）Web 项目需要一个包括所有文件的文件夹，如创建一个 mail 文件夹，将 html、jsp、css 和 js 等文件直接存放在 Web 应用根目录下，也可以根据文件类型或功能存储到不同的文件夹后，再放在根目录下，如/mail/html、/mail/image、/mail/css 和/mail/js 等，根目录下的文件，外界可以直接访问。

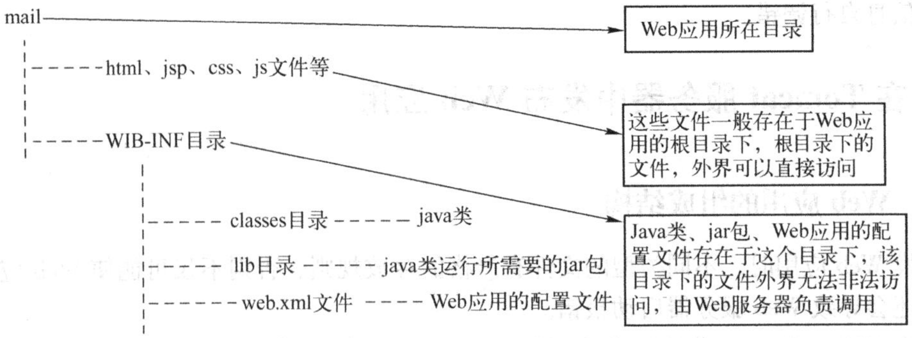

图 4-48　Web 项目基本结构

2）在项目文件夹（如 mail）下包含 WEB - INF 文件夹，注意文件名一定是 WEB - INF，全部大写，一个字母都不能错，该目录下的文件，外界无法非法直接访问，由 Web 服务器负责调用，WEB - INF 目录中包含以下几个目录。

- classes 目录（Java 类），classes 文件夹用于存放 Web 应用中用到的 Java 类。
- lib 目录（Java 类运行所需的 jar 包），lib 文件夹用于存放 Java 类运行所需的 jar 文件。
- web. xml 是整个 Web 应用里最重要的文件，对资源的管理都是通过它实现的。内容如下。

```
<?xml version="1.0" encoding="ISO-8859-1"?>
    <web-app xmlns="http://java.sun.com/xml/ns/j2ee"
    xmlns:xsi="http://www.w3.org/2001/XMLSchema-instance"
    xsi:schemaLocation="http://java.sun.com/xml/ns/j2ee
    http://java.sun.com/xml/ns/j2ee/web-app_2_4.xsd" version="2.4">
    <welcome-file-list>
        <welcome-file>index.htm</welcome-file>
    </welcome-file-list>
</web-app>
```

web. xml 文件是整个 Web 应用中最重要的配置文件，它必须存放在 WEB - INF 目录中。在开发 Web 应用时，但凡涉及对 Web 应用中的 Web 资源进行配置，都是在 web. xml 文件中进行设置。例如，将某个 Web 资源配置为网站首页，将 Servlet 程序映射到某个 URL 地址，为 Web 应用设置监听器，以及为 Web 应用配置过滤器等。

新建 Web 项目时，需要有 web. xml 文件，可直接从 Tomcat 服务器的/conf 文件夹或者 ROOT/WEB - INF 下直接复制。

4.3.2　配置 Web 应用虚拟目录和默认页面

在安装好 Tomcat 后，只要把 Web 项目复制到% TOMCAT_HOME%/webapps 下面就可以使用。如果要发布的项目文件不在 webapps 主目录下，就必须建立一个虚拟目录。虚拟目录指的是项目实际不在主目录内，但在客户端的浏览器看起来却好像在 Tomcat 主目录内一样。

虚拟目录有一个别名，这是一个 Web 浏览器用来存取该目录的名称。别名通常都比目录的路径名称短，以便于让使用者输入。别名也较具有安全性，因为使用者不知道用户的档案实际上是在服务器的哪里，因此无法利用这种资讯来修改用户的档案。有了别名，在网站上移动目录会比较方便，只需变更别名与目录实际位置的对应关系即可，而不需要变更该目录的 URL。

这样做可以不用重复部署，节约时间，而且给开发人员带来方便，另外，文件太多的时候必然需要跨目录或跨盘进行存储，这个时候也需要用虚拟目录来实现。

1. 配置虚拟目录

(1) 修改 server. xml 的方式

在 Tomcat 的安装目录下找到/conf/server. xml，打开此 xml 文件，在 <host> </host>之间输入以下代码。

```
<Context path="/demo" docBase="E:/demo" debug="0" reloadable="true"/>
```

修改后如下：

```
<Host name="localhost" appBase="webapps" unpackWARs="true"
    autoDeploy="true" xmlValidation="false" xmlNamespaceAware="false" >
     <Context path="/demo" docBase="E:/demo" debug="0" reloadable="true"/>
</Host>
```

path 为虚拟路径，也就是访问时的路径，注意：一定要加"/"。需要注意的是：如果 path 为"/"，那么访问"IP:端口"就可以访问到布置的工程，如果为"/test"，那么必须得访问"IP：端口/test"才能访问到。

docBase 是实际路径，这里一般写一个绝对的磁盘路径，当然也可以写相对路径。相对路径是相对于 Tomcat 安装目录的 webapps 目录的，通常设置虚拟目录的目的是将 Tomcat 的安装和项目的保存分开，所以这里建议使用磁盘绝对路径。

建议将 debug 设置为 0，将 reloadable 设置为 true。

配置好虚拟路径，在 E:\demo 文件夹下部署一个完整的 Web 项目，如图 4-49 所示。

图 4-49 demo 项目结构

接下来就可以在浏览器里进行测试，输入 http://localhost:8080/test 就可以访问此项目，如图 4-50 所示。

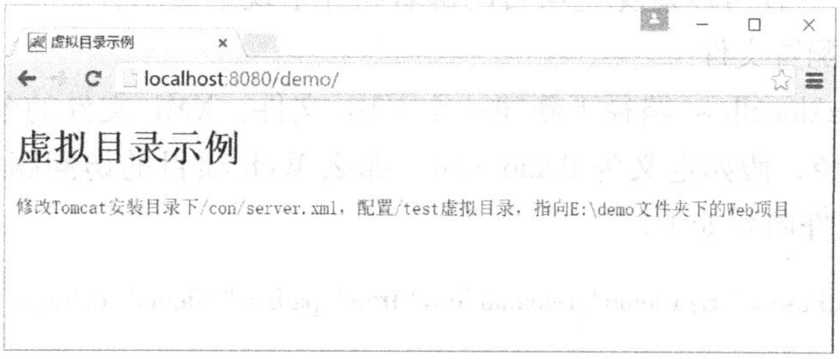

图 4-50 虚拟目录演示

如果此时文件夹下还没有实际的显示页面，可以通过虚拟路径显示目录的方式，以文件目录的形式显示目录下的资源，此时需要开启 Web 的目录显示功能，打开 Tomcat 安装目录下的 conf/web. xml 文件，找到以下代码。

```
<servlet>
    <servlet-name>default</servlet-name>
    <servlet-class>org.apache.catalina.servlets.DefaultServlet</servlet-class>
    <init-param>
        <param-name>debug</param-name>
        <param-value>0</param-value>
    </init-param>
    <init-param>
        <param-name>listings</param-name>
        <param-value>false</param-value>
    </init-param>
    <load-on-startup>1</load-on-startup>
</servlet>
```

将 <param - name>listings</param - name>的 value 修改为 true，表示允许 Web 服务器以文件目录的形式显示 Web 资源，然后重新启动 Tomcat，输入 http://localhost:8080/demo，显示目录测试成功，显示如图 4-51 所示。

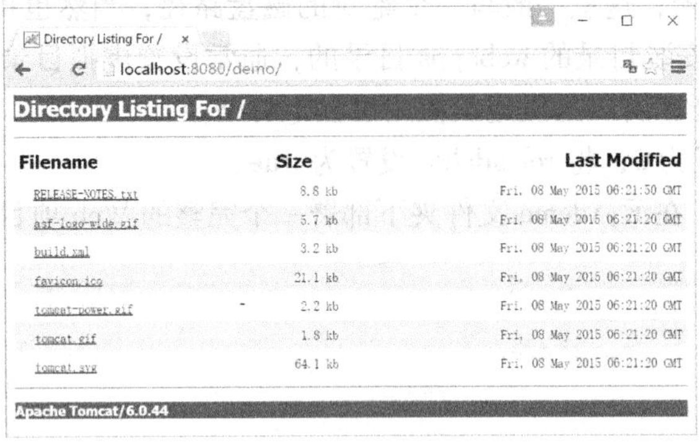

图 4-51　Web 目录结构显示

📖 只有项目下不包含默认主页文件时，才会显示 Web 目录结构，否则会直接在浏览器中显示默认主页内容。

项目开发完成，准备部署在服务器上时，记住要把前一步中 web. xml 文件中的参数 listings 的值改为 false，这样可以避免把项目的部署路径呈现给使用者。

（2）新建 XML 配置文件

在\conf\Catalina\localhost 路径下新建一个 XML 文件，XML 文件的名称就是项目部署成功后的 Web 项目路径，假如定义为 demo. xml，那么 Web 项目的访问路径就是 http://localhost:8080/demo，文件内容如下。

```
<Context docBase="E:\demo" reloadable="true" path="/demo" debug="0">
</Context>
```

其实 path = "/demo" 在这里不写也可以，此时的 path 实际上是由 xml 文件的名称决定的，所以可以简写为以下格式。

```
<Context docBase = "E:\demo" reloadable = "true" debug = "0" />
```

这样就设置好了/demo 的虚拟路径，将 E:\demo 作为 Web 服务器的/demo 访问目录。

2. 配置默认主页

访问一个网站时，除了需要知道服务器的协议、域名和端口外，还要指明访问资源的路径，但不可能要求用户记住每一个网站的网页名称，因此就提出了默认主页的概念，默认主页即默认文档，是指在访问一个文件目录时自动定位的网页文件。Tomcat 服务器下的所有网站或者目录都是以一个自定义文件名的顺序来当作默认的主页来显示网页的，比如默认设置为 index. html、index. htm 和 index. jsp，表示当访问一个站点时，当站点下同时有 index. html、index. htm 和 index. jsp 这 3 个文件时，服务器会选择 index. html 为优先的默认首页；当没有 index. html 的，优先首页就是 index. htm；当只有一个 index. jsp 时，优先首页就是 index. jsp。若上述 3 个文件都不存在，当直接访问站点时，如果在站点层也没有指定首页，那么就会报错提示找不到文件的 404 错误。

（1）修改单个项目的 web. xml

在 Tomcat 安装目录下的 conf/web. xml 中，找到如下代码，复制到实际部署 Web 项目的 WEB – INF/web. xml 文件中，复制代码如下。

```
<welcome-file-list>
    <welcome-file>index.html</welcome-file>
    <welcome-file>index.htm</welcome-file>
    <welcome-file>index.jsp</welcome-file>
</welcome-file-list>
```

这是 Tomcat 默认的 3 个主页文件，当输入指定路径后，Tomcat 会自动查找这 3 个页面。如果想让 Tomcat 自动找到自己的页面，比如 test. html。可以修改上面的信息如下。

```
<welcome-file-list>
    <welcome-file>test.html</welcome-file>
    <welcome-file>index.html</welcome-file>
    <welcome-file>index.htm</welcome-file>
    <welcome-file>index.jsp</welcome-file>
</welcome-file-list>
```

这样就可以把 test. html 设置为默认主页。

（2）修改 Tomcat 安装目录下的 web. xml

conf/web. xml 相当于 Tomcat 服务器网站全局配置文件，如果项目 WEB – INF 下不包含 web. xml 或未配置对应属性，则以全局 web. xml 中的配置为主，如果项目 WEB – INF/web. xml 配置了对应属性，则以项目下配置为主。

因此，要增加默认主页，可直接修改 Tomcat 安装目录下的 con/web. xml，将默认主页增加到 <welcom – file – list> 标签下，方法同上。此时配置的默认主页将应用到服务器下的所有网站。

此时需要注意，如果项目下 WEB – INF/web. xml 也配置了 <welcom – file – list> 标签，则会覆盖 Tomcat 下的全局 web. xml 的属性。

3. 创建 HTML 页面做访问测试

1）在 E:\demo 目录下新建一个简单的 test. html 页面，代码如下。

```
<html>
    <head>
        <meta charset='utf-8'/>
            <title>默认主页示例</title>
    </head>
    <body>
            <h1>Tomcat 默认主页测试!! </h1>
            <p>通过修改/WEB-INF/web.xml,在 &lt;welcome-file-list&gt;&lt;/welcome-
    file-list&gt;增加 &lt;welcome-file&gt;test.html&lt;/welcome-file&gt;标签,可以将
    test.html 设置为默认主页</p>
        </body>
</html>
```

2）启动 Tomcat 服务器，在浏览器上输入 http://localhost:8080/demo，显示界面如图 4-52 所示，说明虚拟目录及默认主页配置成功。

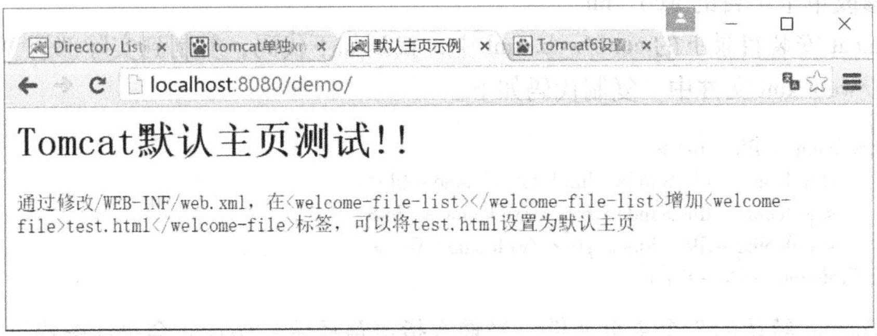

图 4-52　默认主页测试

4.3.3　发布 Web 应用

开发好的项目，需要存放到 Tomcat 服务器的 Web 主目录下才能运行，这个过程称为发布项目，要在 Tomcat 下发布 Web 应用，有以下几个办法。

1. MyEclipse 导出命令

通过 MyEclipse 导出命令，直接将项目导出成 WAR 包，然后复制到 Tomcat 主目录下，利用这种方法，Tomcat 启动后会自动解压到同名目录下，访问路径带上目录名即可。

1）首先新建一个名为 Hello 的项目，右击该项目，在弹出的快捷菜单中选择 Export 命令，如图 4-53 所示。

2）然后在弹出的对话框中选择 J2EE→WAR file 选项，单击 Next 按钮，如图 4-54 所示。

3）选择 WAR 包存储路径，可以存放在任意位置，然后再复制到 webapps 目录下，也可以直接打包到项目主目录下，如图 4-55 所示。

4）选择路径后，单击 Finish 按钮完成打包，如图 4-56 所示。

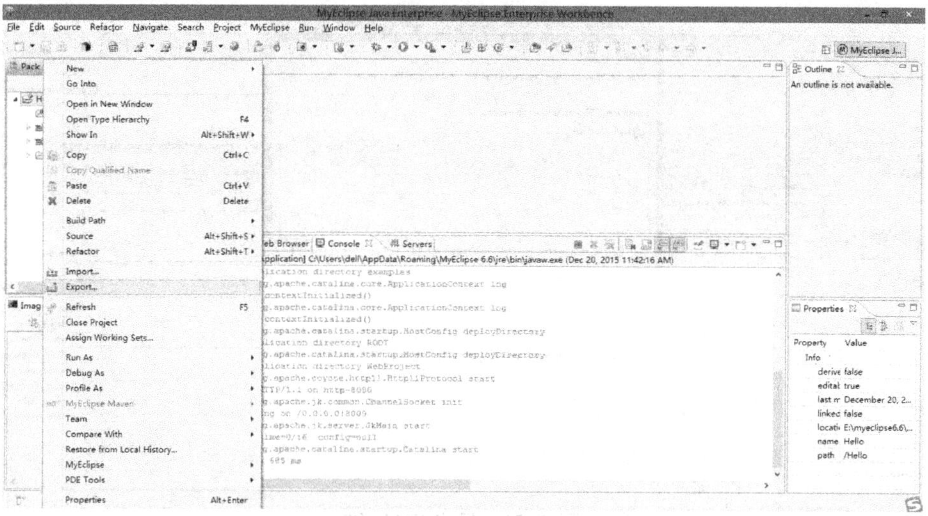

图 4-53　导出项目

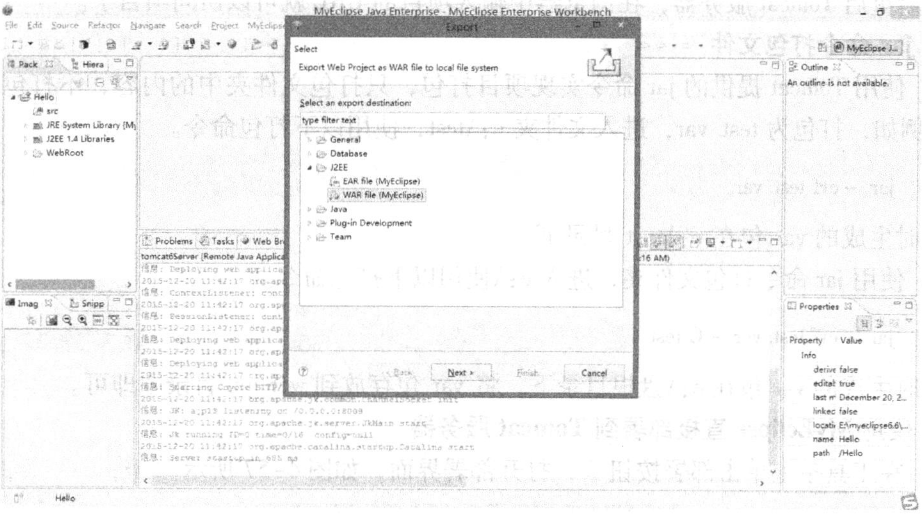

图 4-54　选择 WAR file 选项

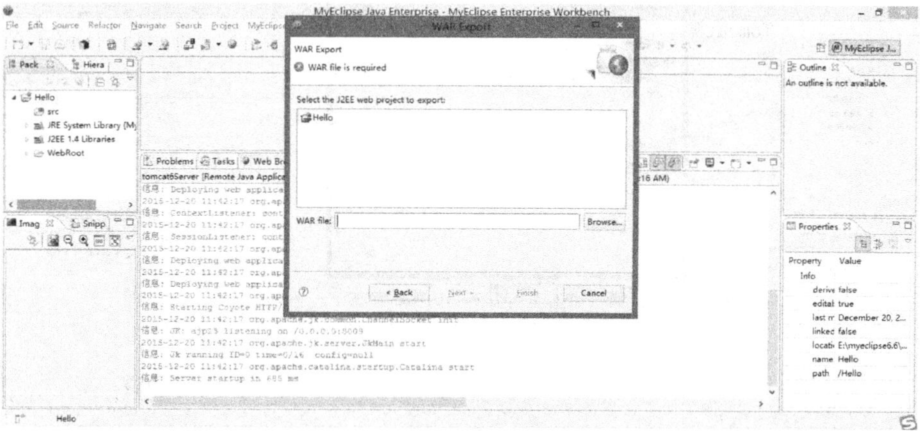

图 4-55　选择 WAR 包存储路径

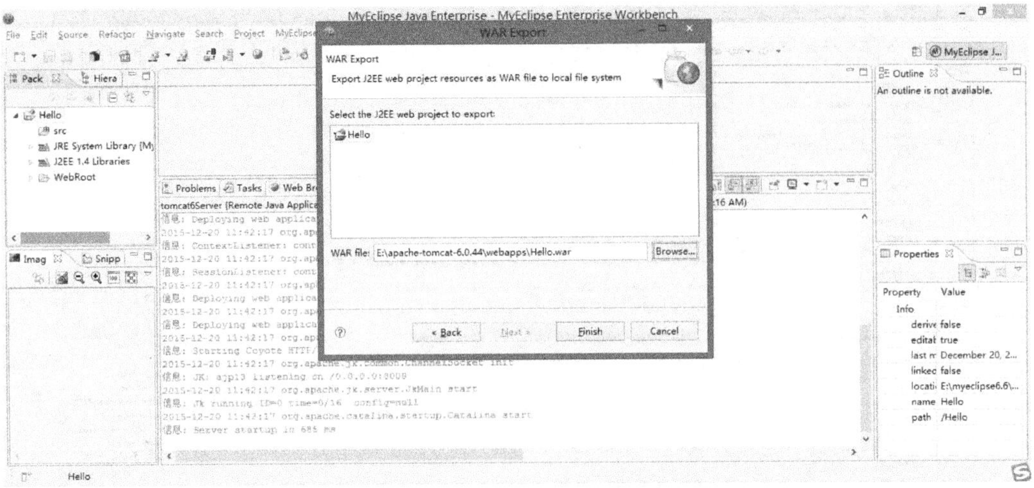

图 4-56　导出 WAR 包

然后重启 Tomcat 服务器，在浏览器中输入项目的 URL 就可以访问项目了。

2. jar 命令打包文件

1）使用 Tomcat 提供的 jar 命令实现项目打包，只打包文件夹中的内容，不打包文件夹本身。例如，打包为 test. var，进入文件夹 e:\test，使用以下打包命令。

```
jar  –cvf test. var
```

此时生成的 var 包在 e:\test 目录下 。

2）使用 jar 命令打包文件夹，进入 e:\使用以下打包命令。

```
jar  –cvf test. var  –C test
```

此时生成的 var 包在 e:\盘根目录下，将 var 包存放到 webapp 目录中即可。

3. 使用 MyEclipse 直接部署到 Tomcat 服务器

1）在工具条上单击部署按钮，打开部署界面，如图 4-57 所示。

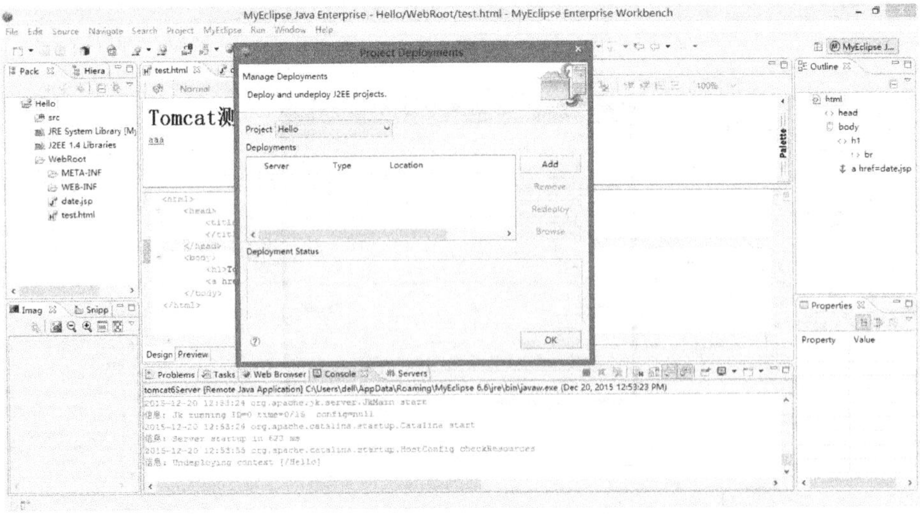

图 4-57　MyEclipse 项目部署界面

2）在 Project 下拉列表框中选择需要部署的 Web 项目，然后单击 Add 按钮，在打开的窗口 Server 下拉列表框中选择 Tomcat 6. x 服务器，如图 4-58 所示。

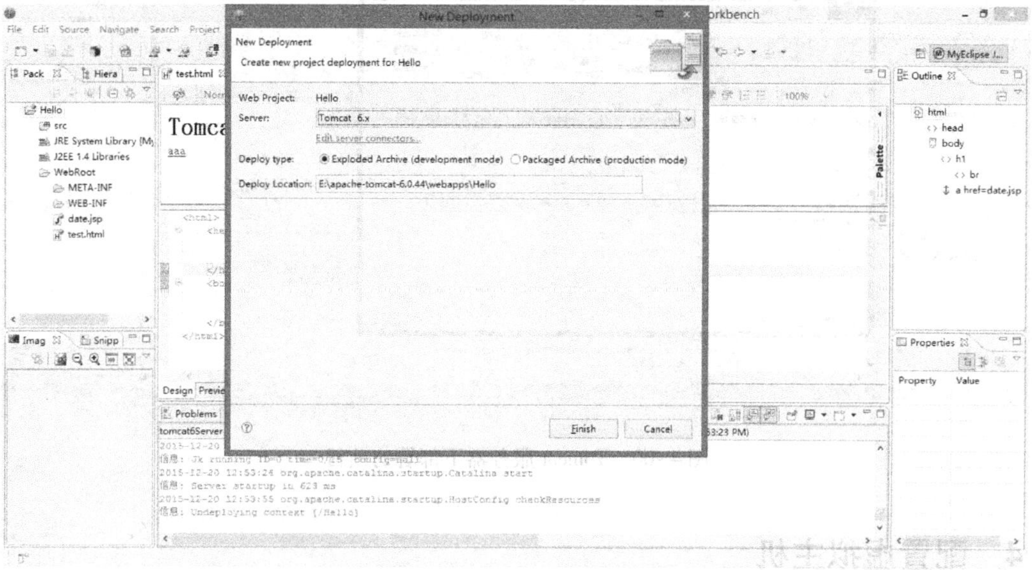

图 4-58　选择部署服务器

3）单击 Finish 按钮返回后，在 Deployment Status 选项组中出现 Successfuly deployed，表明部署成功，如图 4-59 所示。

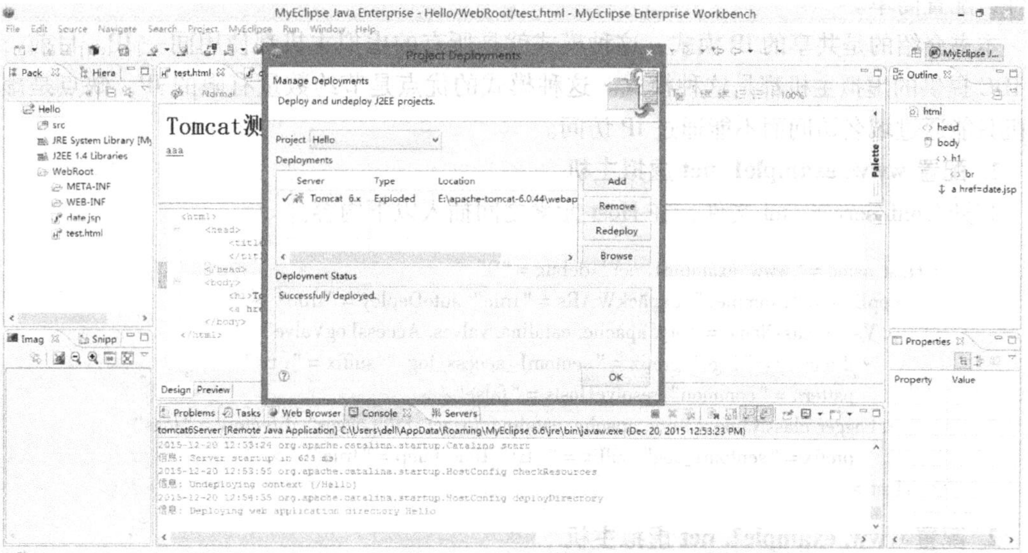

图 4-59　部署成功

4）查看 Tomcat 主目录/webapps 下，可以发现名为 Hello 的文件夹，正是刚才 MyEclipse 中创建的项目，已经成功部署到 Tomcat 服务器下，如图 4-60 所示。

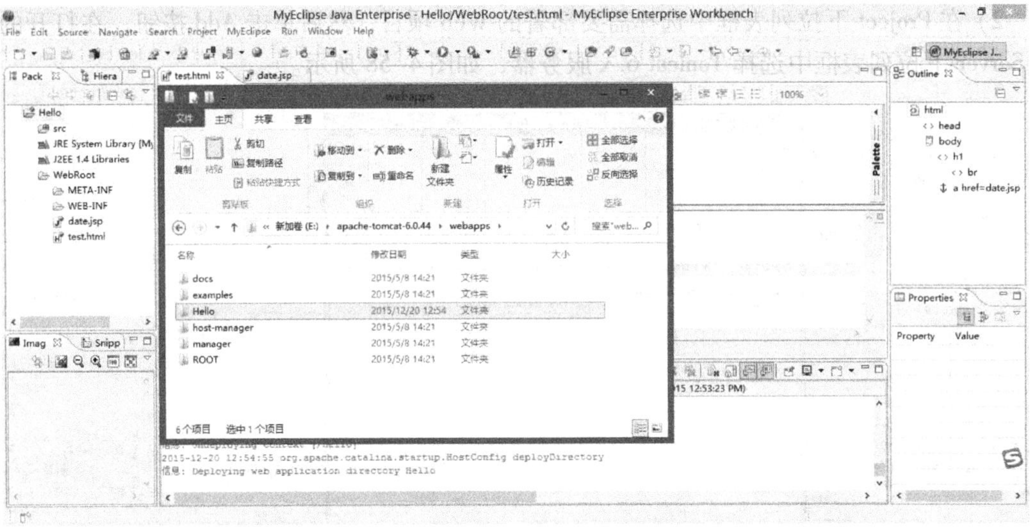

图 4-60　Tomcat 服务器下部署的项目

4.4　配置虚拟主机

虚拟主机是使用特殊的软硬件技术，把一台计算机主机分成多台“虚拟“的主机。利用“虚拟主机”技术，每一台虚拟主机和一台独立的主机完全一样，每一台虚拟主机都具有独立的域名，具有完整的 Internet 服务器功能。Tomcat 支持虚拟主机技术，不需要额外的插件，配置简单。

本书介绍的是共享的 IP 模式，这种模式就是所有的虚拟主机都使用同一 IP。目前，国内 IDC 提供的虚拟主机都是这种模式。这种模式的优点是节约数量有限的 IP，缺点是虚拟主机只能通过域名访问而不能通过 IP 访问。

1. 配置 www. example1. net 虚拟主机

打开/conf/server. xml 文件，在 Host 元素之间插入以下内容。

```
<Host name = "www. example1. net"  debug = "0"
    appBase = "example1"  unpackWARs = "true"  autoDeploy = "true" >
    <Valve className = "org. apache. catalina. valves. AccessLogValve"
        directory = "logs"  prefix = "sentom1_access_log. "  suffix = ". txt"
        pattern = "common"  resolveHosts = "false"/ >
    <Logger className = "org. apache. catalina. logger. FileLogger"  directory = "logs"
        prefix = "sentom1_log"  suffix = ". txt"  timestamp = "true"  / >
</Host >
```

2. 配置 www. example2. net 虚拟主机

将下面内容追加到 Host 元素后面，注意 Host 元素中 name 属性和 appBase 属性的值的变化。

```
<Host name = "www. example2. net"  debug = "0"
    appBase = "example2"  unpackWARs = "true"  autoDeploy = "true" >
    <Valve className = "org. apache. catalina. valves. AccessLogValve"
```

```
        directory = "logs"  prefix = "sentom2_access_log. "  suffix = ". txt"
        pattern = "common"  resolveHosts = "false"/>
    <Logger className = "org. apache. catalina. logger. FileLogger"  directory = "logs"
        prefix = "sentom2_log"  suffix = ". txt"  timestamp = "true"  />
</Host>
```

appBase 是相对于 Web 主目录的相对路径，如果需要将主目录指向其他磁盘位置，还需要配合虚拟目录一起使用。

在浏览器中分别再访问不同的域名，就可以访问到对应网站。由于域名需要 DNS 解析才能访问，因此本书不再举例演示。

4.5 案例：创建一个 Java Web 网站

1. 案例要求

手动创建一个完整的 Web 项目结构，并将此项目配置为 Tomcat 服务器的根路径项目，要求如下。

- 项目名称为 Hello。
- 项目默认主页为 hello. html。
- 项目内的 css、js 和 image 等静态资源存储到 static 文件夹下。
- 使用 80 端口的根路径访问项目，即 http://localhost。

2. 创建 Hello 项目结构

1）在 E:\盘下新建文件夹，并命名为 Hello。

2）在 Hello 文件夹下创建 Web 目录结构，如图 4-61 所示：

图 4-61　Hello 项目目录结构

3）编辑 hello. html，代码如下。

```
<!DOCTYPE html>
<html lang = "en" >
<head>
    <meta charset = "UTF - 8" >
    <title>Hello</title>
    <link rel = "stylesheet"  type = "text/css"  href = "/static/css/main. css" >
</head>
<body>
    <div class = "wrap" >
```

```
        <div class = "m - hd" >
            <h1 >欢迎进入我的主页 </h1 >
            <ul >
                <li > <a href = "#" >退出 </a > </li >
                <li > <a href = "#" >帮助 </a > </li >
            </ul >
        </div >
        <div class = "m - bd" >
            <p > <img src = "/static/images/welcome. gif" > </p >
            <p >
                <a href = "#" >我的介绍 </a >
                <a href = "#" >我的记录 </a >
                <a href = "#" >我的相册 </a >
            </p >
        </div >
    </div >
</body >
</html >
```

4）在 hello. html 中使用外部样式文件 main. css，文件存放在 static/css 文件夹下，代码如下。

```
* {
    margin: 0;
    padding: 0;
    background: url(../images/h - bd. jpg);
}
. wrap . m - hd h1{
    text - align: center;
    line - height: 55px;
    color: blue;
}
. wrap . m - hd ul li{
    float: right;
    list - style:none;
    padding: 0 10px;
    text - align: center;
    border: 1px solid #000;
    border - right: none;
}
. wrap . m - bd{
    width: 55% ;
    margin: 0 auto;
    text - align: center;
}
. wrap . m - bd img{
    width: 90% ;
    margin: 20px 5% ;
}
. wrap . m - bd a{
    margin: 10px 15px;
}
```

5）将 welcome. gif 和 h - bd. jpg 图片放入 static/images 文件夹下。

6）从 ROOT 项目中复制 web. xml 文件，web. xml 文件内容如下。

```
<?xml version = "1.0" encoding = "ISO-8859-1"?>
    <web-app version = "2.5" xsi:schemaLocation = "http://java.sun.com/xml/ns/javaee
            http://java.sun.com/xml/ns/javaee/web-app_2_5.xsd"
            xmlns:xsi = "http://www.w3.org/2001/XMLSchema-instance"
            xmlns = "http://java.sun.com/xml/ns/javaee" >
    <display-name>Welcome to Tomcat</display-name>
    <description> Welcome to Tomcat </description>
</web-app>
```

7）修改端口，将 Tomcat 服务器的端口修改为 80 端口，修改 conf/server. xml 后的代码如下。

```
<Connector port = "8080" protocol = "HTTP/1.1" connectionTimeout = "20000"
        redirectPort = "8443" />
```

将 8080 修改为 80，修改后的代码如下。

```
<Connector port = "80" protocol = "HTTP/1.1" connectionTimeout = "20000"
        redirectPort = "8443" />
```

8）配置虚拟目录，将 Tomcat 根路径指向 E:\Hello 文件夹，修改 conf/server. xml 后的代码如下。

```
<Host name = "localhost" appBase = "webapps" unpackWARs = "true" autoDeploy = "true"
        xmlValidation = "false" xmlNamespaceAware = "false" >
</Host>
```

插入以下代码。

```
<Context path = "/" docBase = "E:\Hello" debug = "0" reloadable = "true"/>
```

修改后的代码如下。

```
<Host name = "localhost" appBase = "webapps" unpackWARs = "true" autoDeploy = "true"
        xmlValidation = "false" xmlNamespaceAware = "false" >
    <Context path = "/" docBase = "E:\demo" debug = "0" reloadable = "true"/>
</Host>
```

📖 Tomcat 将 ROOT 作为根路径项目，此处也可以不配置虚拟路径，而直接将项目文件夹改为 ROOT，放在 webapps 下即可。

9）配置默认主页，将 hello. html 作为默认主页使用，修改 Hello 项目下的 WEB - INF/web. xml 文件，代码如下。

```
<welcome-file-list>
        <welcome-file>index.html</welcome-file>
        <welcome-file>index.htm</welcome-file>
        <welcome-file>index.jsp</welcome-file>
</welcome-file-list>
```

修改后的代码如下。

```
<welcome-file-list>
        <welcome-file>hello.html</welcome-file>
        <welcome-file>index.html</welcome-file>
        <welcome-file>index.htm</welcome-file>
        <welcome-file>index.jsp</welcome-file>
</welcome-file-list>
```

10）如果 Tomcat 主目录中包含 ROOT 项目，将其改名或者删除，否则 Tomcat 会以此项目作为根项目。

11）打开浏览器，输入访问路径 http://localhost，显示效果如图 4-62 所示。

图 4-62　Hello 项目演示效果

本章小结

Tomcat 是一个小型的轻量级 Web 服务器，运行时占用系统资源小、扩展性好，并且支持负载平衡与邮件服务等开发应用系统中的常用功能。随着 Tomcat 的不断改进和完善，它已经成为开发和调试 JSP 程序的首选。本章介绍了 Tomcat 的两种安装方式，推荐使用免安装方式，在开发过程中，可以直接通过 MyEclipse 将项目部署到 Tomcat 服务器上，然而在实际进行服务器部署时，都是采用 WAR 包的方式进行部署，/con/server.xml 和 WEB-INF/web.xml 是 Tomcat 的两个重要配置文件，可完成端口、虚拟目录和默认主页的配置，用户可根据实际情况进行配置。

实践与练习

一、选择题

1. Tomcat 安装目录为：d:\Tomcat6.0.44，使用默认端口号。启动 Tomcat 后，为显示默认主页，在浏览器地址栏中输入（　　）。

A. http://localhost:80　　　　B. http://127.0.0.1:80

C. http://127.0.0.1:8080　　　D. d:\Tomcat5.5\index.jsp

2. 设置虚拟发布目录，要修改（　　）。

A. Tomcat 的 bin 目录中的 tomcat5. exe 文件

B. Tomcat 的 bin 目录中的 server. xml 文件

C. Tomcat 的 webapps\ROOT 目录中的 index. jsp 文件

D. Tomcat 的 conf 目录中的 server. xml 文件

3. 设置默认主页需要修改（　　），增加 < welcome - file > 标签。

A. Tomcat 的 conf 目录中的 web. xml 文件

B. 项目 WEB - INF 下的 web. xml

C. Tomcat 的 conf 目录下的 server. xml

D. 项目 WEB - INF 下的 server. xml

4. Tomcat 服务器软件的默认发布目录是（　　）。

A. work　　B. webapps

C. lib　　D. bin

5. 如何查看 Java 版本？（　　）

A. java - version　　B. bin/startup. bat

C. javac　　D. Bin/shutdown. bat

二、简答题

1. 简述 Tomcat 与 J2EE 应用服务器、Web 服务器之间的关系？

2. 简述 Tomcat 6. 0 以上版本的目录结构？

3. Web 服务器的默认端口是多少，Tomcat 服务器的默认 Web 端口是多少，如何修改 Tomcat 服务端口为 80 端口？

4. 什么是虚拟目录，如何配置虚拟目录？

5. 什么是默认主页，如何配置默认主页？

6. 简述几种生成 WAR 包的方式。

7. 本章通过虚拟目录的方式部署实现根路径项目，思考一下还有什么方法？

实验指导

题目 1　测试 Tomcat 服务器

1. 任务描述

测试 Tomcat 服务器，在浏览器中输入 http://localhost：8080，查看 Tomcat 的启动页面。

2. 任务要求

1）在 Tomcat 主目录下新建 Web 项目文件夹。

2）在 web 项目下创建 Web 目录结构。

3）编写测试页面 test. html，并添加到 Web 项目中。

4）启动 Tomcat 服务器，在浏览器中访问测试页面。

3. 知识点提示

本任务主要用到以下知识点。

1）Tomcat 默认主目录所在位置。

2）Tomcat 服务器下的 Web 目录结构。

3）启动 Tomcat 服务器。

4）通过浏览器访问项目。

4. 操作步骤提示

实现方式不限，在此以 myWeb 项目为例简单提示操作步骤。

1）新建测试页面 test. html 文件，代码如下。

```
<!DOTTYPE HTML>
<html>
<head>
        <meta charset="utf-8" />
        <title>Tomcat 服务器测试</title>
</head>
<body bgcolor="#EEEEEE">
        <h1>测试 Tomcat 服务器</h1>
        <p>在 Tomcat 服务器下新建完整的 Web 项目结构,并实现页面访问! </p>
</body>
</html>
```

2）在 Tomcat 的 webapps 目录下创建一个文件夹 myWeb。

3）在 myWeb 文件夹下新建 WEB-INF 文件夹，并加入 web. xml 文件，代码如下。

```
<?xml version="1.0" encoding="ISO-8859-1"?>
<web-app xmlns="http://java.sun.com/xml/ns/javaee"
    xmlns:xsi="http://www.w3.org/2001/XMLSchema-instance"
    xsi:schemaLocation="http://java.sun.com/xml/ns/javaee
      http://java.sun.com/xml/ns/javaee/web-app_2_5.xsd"
    version="2.5">
       <display-name>Welcome to myWeb</display-name>
       <description>
          Welcome to myWeb
       </description>
       <welcome-file-list>
          <welcome-file>index.html</welcome-file>
          <welcome-file>index.htm</welcome-file>
          <welcome-file>index.jsp</welcome-file>
     </welcome-file-list>
</web-app>
```

4）将 test. html 文件保存到 myWeb 文件夹下。

5）在浏览器地址栏输入 http://localhost:8080/myWeb/test. html。

题目 2　配置 Tomcat 根路径项目

1. 任务描述

利用之前所建的项目，使用 80 端口的根路径访问项目，即 http://localhost。

2. 任务要求

1）使用 80 端口访问 Tomcat 服务器。

2）将新建项目配置为 Tomcat 根路径项目。

3）将 hello. html 配置为默认主页。

4）通过浏览器可以直接访问 test. html。

3. 知识点提示

本任务主要用到以下知识点。

1）配置 Tomcat 访问端口。

2）配置虚拟路径。

3）配置默认主页。

4. 操作步骤提示

实现方式不限，其中的一种方式操作步骤如下。

1）修改/conf/server. xml，将 8080 端口修改为 80 端口。

2）修改/conf/server. xml，在 <host> </host>中增加<context>标签，示例如下。

```
<Context path="/" docBase="E:/demo" debug="0" reloadable="true"/>
```

此处也可使用替代方法如下。

Tomcat 服务器把 webapps 文件夹下名称为 ROOT 的项目作为根路径项目，本例中，直接将项目文件夹修改为 ROOT 即可。

修改 WEB-INF/web. xml，在<welcom-file-list> </welcom-file-list>中增加以下代码。

```
<welcome-file>test.html</welcome-file>
```

3）重启 Tomcat 服务器。

4）在浏览器中输入 http://localhost。

题目 3　实现 Tomcat 动态网页项目

1. 任务描述

通过编写 JSP 页面，在 Tomcat 服务器中实现动态页面的访问。

2. 任务要求

1）新建 JSP 页面，放入项目文件夹下。

2）通过浏览器访问 hello. jsp。

3. 知识点提示

本任务主要用到以下知识点。

1）动态页面的编写。

2）动态页面的访问。

4. 操作步骤提示

实现方式不限，其中的一种方式操作步骤如下。

1）编写 JSP 页面，示例代码如下。

```
<%@ page contentType="text/html;charset=utf-8" language="java" pageEncoding="utf-8"
%>
<!DOCTYPE html>
<html>
```

```
        <head>
            <meta charset="utf-8" />
            <title>JSP 页面测试</title>
        </head>
        <body>
            <h1>JSP 测试</h1>
            <p>现在时间：<% =new java.util.Date()%>  </p>
        </boyd>
</html>
```

2）在浏览器中输入 http://localhost/hello.jsp。

第5章　HTTP协议

超文本传输协议（HyperText Transfer Protocol，HTTP）是因特网上应用最为广泛的一种网络协议。所有的WWW文件都必须遵守这个标准。设计HTTP最初的目的是为了提供一种发布和接收HTML页面的方法。1960年，美国人Ted Nelson构思了一种通过计算机处理文本信息的方法，并称之为超文本（HyperText），这成为了HTTP超文本传输协议标准架构的发展根基。Ted Nelson组织协调万维网协会（World Wide Web Consortium）和因特网工程工作小组（Internet Engineering Task Force）共同合作研究，最终发布了一系列的RFC，其中著名的RFC 2616定义了HTTP 1.1。

5.1　HTTP协议概述

HTTP是客户端浏览器或其他程序与Web服务器之间的应用层通信协议。在Internet的Web服务器上存放的都是超文本信息，用户机需要通过HTTP协议传输所要访问的超文本信息。HTTP包含命令和传输信息，不仅可用于Web访问，也可以用于其他因特网/内联网应用系统之间的通信，从而实现各类应用资源超媒体访问的集成。HTTP协议客户端和服务器之间的请求和响应关系如图5-1所示。

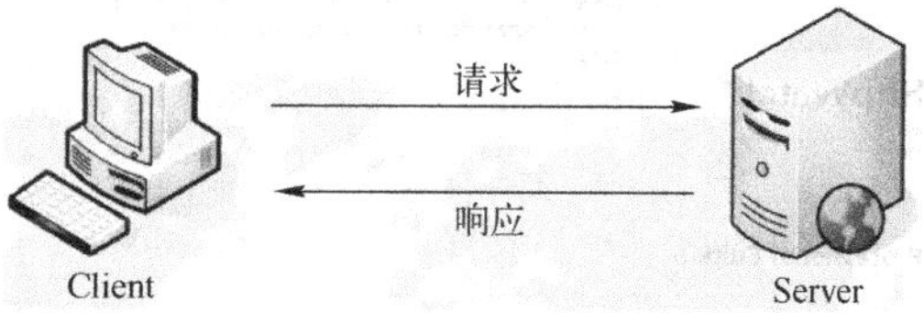

图5-1　客户端与服务器之间的通信

5.1.1　HTTP协议简介

HTTP协议用于定义客户端与Web服务器通信的格式。HTTP是TCP/IP协议的一个应用层协议。HTTP使用请求—响应的方式进行传输，一个请求对应一个响应，并且请求只能由客户端发起。HTTP协议的版本有HTTP 1.0和HTTP 1.1，其中HTTP 1.0一次请求发起一次连接，响应过后连接自动断开；HTTP 1.1中每次请求响应后连接将保持一段时间，这段时间内可以再执行请求响应。HTTP协议有下面3个重要特征。

1）HTTP协议是基于请求响应模型的。

2）HTTP协议一次请求对应一次响应。

3）请求只能从客户端发出，服务器只能被动地响应。

5.1.2　HTTPWatch工具简介

HttpWatch是一个强大的网页数据分析工具，集成在Internet Explorer工具栏中，包括网页摘要、Cookies管理、缓存管理、消息头发送/接收、字符查询、POST数据和目录管理功能，以及报告输出。HttpWatch是一款能够收集并显示深层信息的软件。它不用代理服务器或一些复杂的网络监控工具，就能够在显示网页的同时显示网页请求和回应的日志信息，甚至可以显示浏览器缓存和 IE 之间的交换信息，集成在 Internet Explorer 工具栏中。

1. HttpWatch 工具下载

进入 HttpWatch 官网 http://www. httpwatch. com/download/，按照自己的操作系统（Windows 或者 iOS）选择相应的 HttpWatch。本章下载的是 Windows 版本 HttpWatch Professional 4. 1. 26 的破解版本。

🕮 提示：使用 HttpWatch 最好采用 IE 浏览器，Firefox 浏览器需要相应的版本才能支持。

---

2. HttpWatch 工具安装

1）下载完成后，双击 httpwatch. exe 文件进行安装，如图 5-2 所示，单击 Next 按钮，进行安装。

2）选择相应的破解码，如图 5-3 所示，其中 httpwatch. lic 是本版本的破解码，然后单击 Next 按钮。

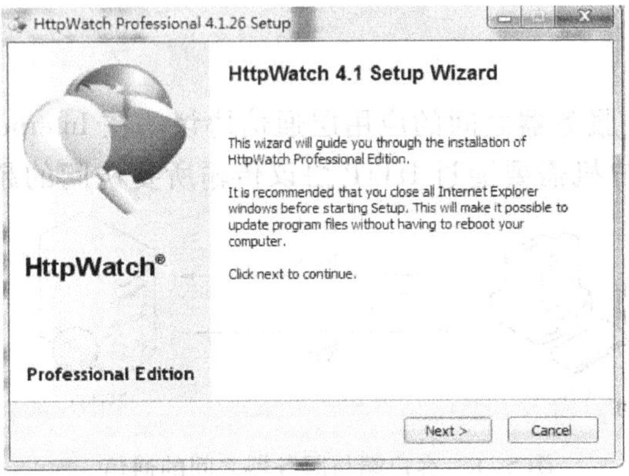

图 5-2　HttpWatch 安装步骤 1

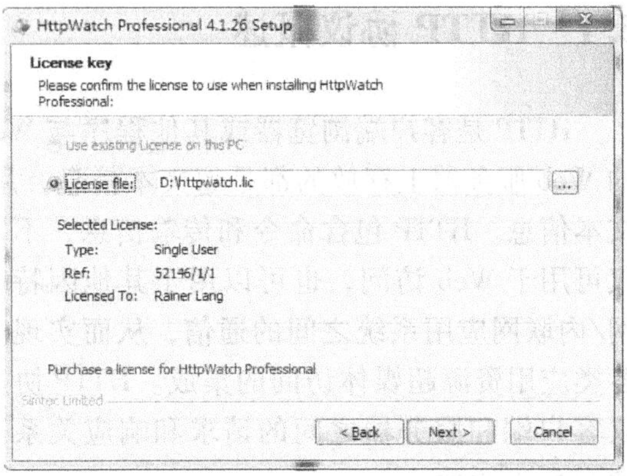

图 5-3　HttpWatch 安装步骤 2

3）单击 I Agree（我同意）按钮，同意软件使用协议，如图 5-4 所示。

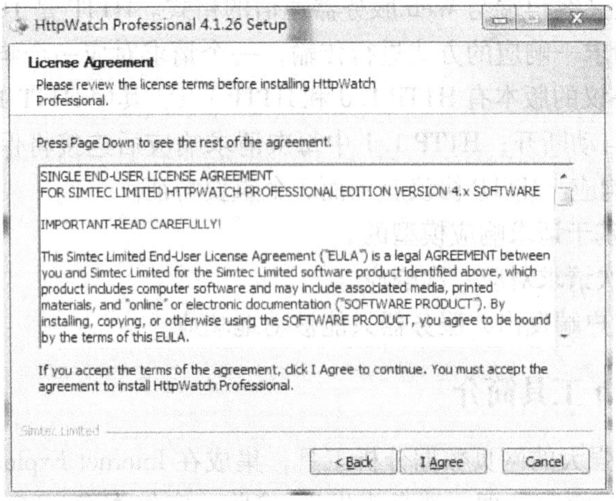

图 5-4　HttpWatch 安装步骤 3

4）然后选择安装路径，这里推荐放入默认 C 盘下，然后单击 Install 按钮，如图 5-5 和图 5-6 所示。

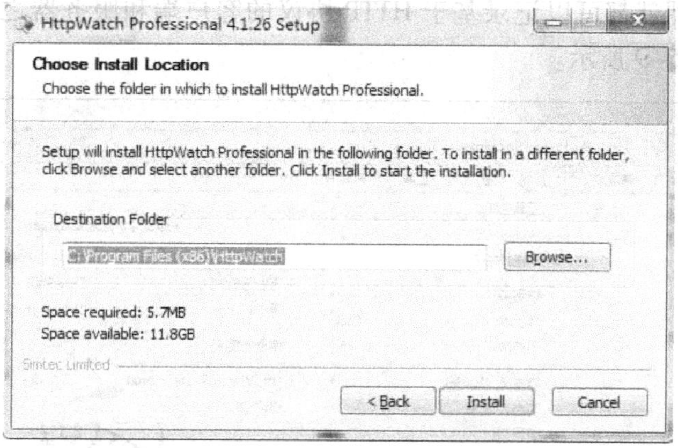

图 5-5　HttpWatch 安装步骤 4

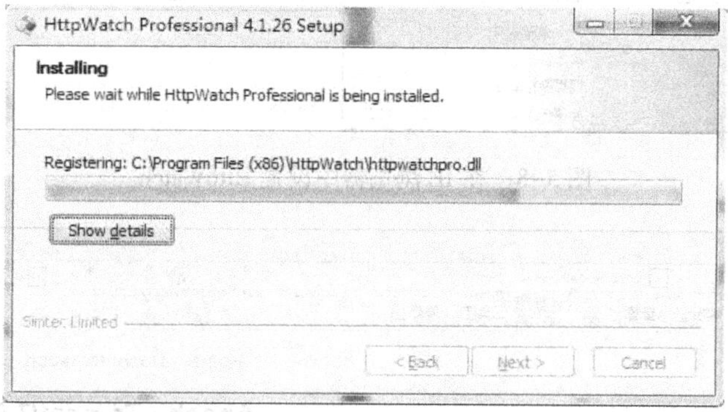

图 5-6　HttpWatch 安装步骤 5

5）单击 Finish 按钮，完成 HttpWatch 的安装，选择安装到 IE 浏览器中，如图 5-7 所示。

图 5-7　HttpWatch 安装步骤 6

安装完成后打开 IE 浏览器，在菜单栏中选择“查看”→“工具栏”命令，就可以看到刚才安装的 HttpWatch 工具了，选择“查看”→“浏览器栏”→HttpWatch Professional 命令后，每次打开浏览器就都可以记录基于 HTTP 协议的客户端和服务器之间的请求和响应信息，如图 5-8 和图 5-9 所示。

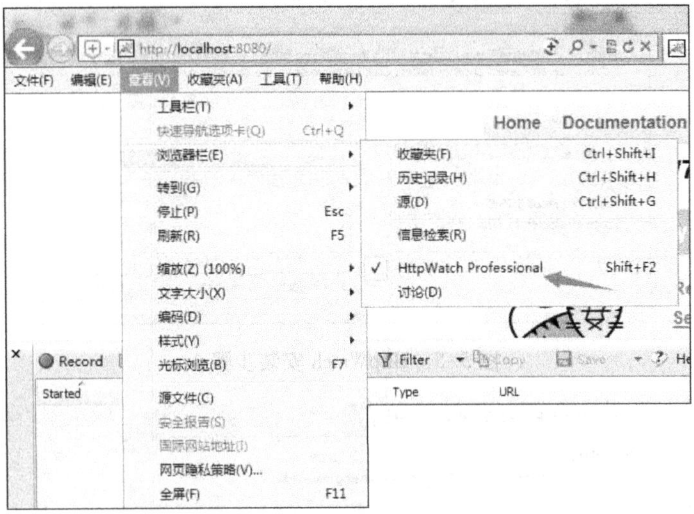

图 5-8　在 IE 浏览器中设置 HttpWatch

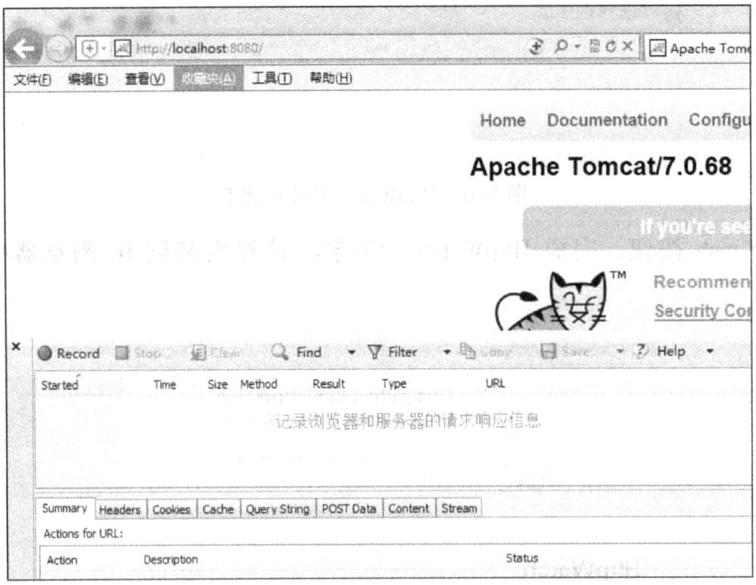

图 5-9　HttpWatch 在浏览器中的显示效果

3. HttpWatch 的使用

利用 HttpWatch 工具可以记录 HTTP 协议下浏览器与服务器之间发送和接收到的信息，例如在浏览器中输入 http://localhost:8080/，进入安装，完成后打开 IE 浏览器，单击左下角的记录按钮 Record（为红色），然后刷新浏览器，就可以监听到浏览器和服务器之间的请求和响应数据信息，如图 5-10 所示。

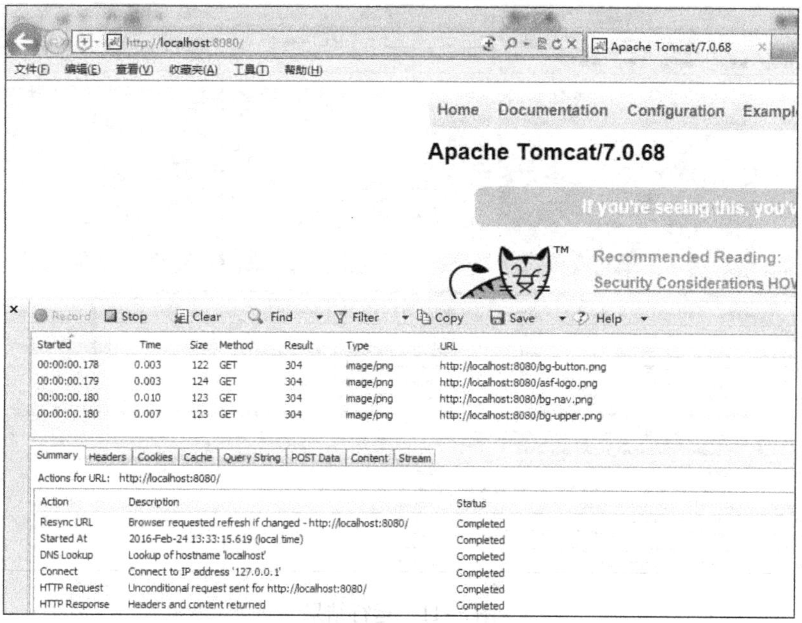

图 5-10 HttpWatch 监听数据请求和响应

【例 5-1】 一个 Web 页面使用 <img> 标签引入 3 个图片，当浏览器访问服务器中的这个页面时，浏览器会和服务器进行几次请求和响应，演示这个 Demo。

1）首先在 Tomcat 服务器 webapps 的 Web 应用目录下新建文件夹 Example5_1。

2）在 Example5_1 文件夹下新建一个名为 httpWatchDemo. html 的文件，在这个文件中写入以下代码。

```
Hello Http!
<img src = "1. jpg"/>
<img src = "2. jpg"/>
<img src = "3. jpg"/>
```

3）在 Example5_1 文件夹下新建 3 个 . jpg 格式的图片文件。

4）单击 Tomcat 服务器 bin 目录下的 startup. bat 文件，启动这个 Tomcat 服务器。

5）在浏览器中输入 http://localhost:8080/Example5_1/httpWatchDemo. html，即可看到如图 5-11 所示的页面。

在 IE 浏览器下方的 Httpwatch 工具中可以看到下面几个信息，其中重要字段分别介绍如下。

- 框中的信息 Time 表示响应时间。
- 框中的 Method 表示请求方式。
- 框中的 Type 表示请求信息类型。
- 框中的 URL 表示请求的 URL 地址。
- 浏览器进行了 4 次 URL 访问，并且服务器进行了 4 次请求和响应。

结论：从 HttpWatch 信息可以明显看出浏览器进行了 4 次 URL 访问，并且服务器进行了 4 次响应。

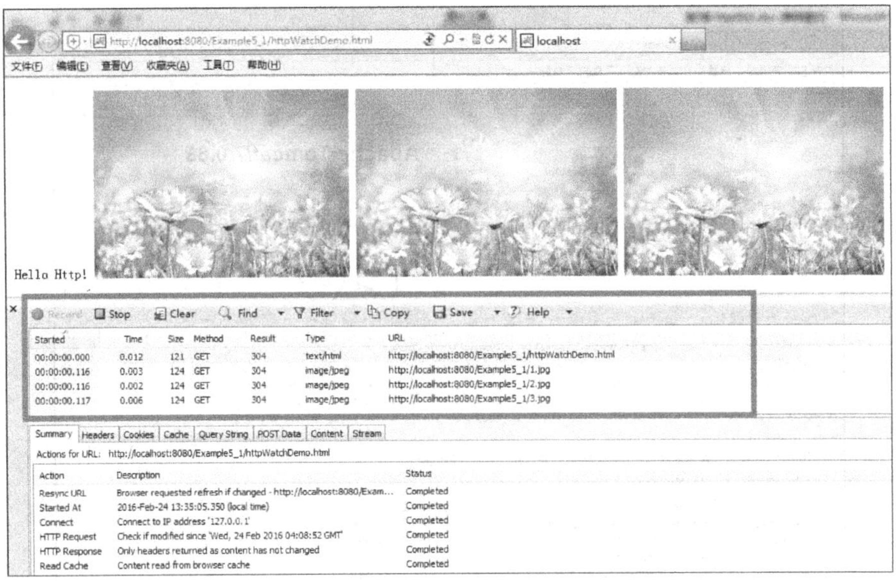

图 5-11 运行结果

📖 提示：很多人会认为该问题是在 1 个 Web 页面中进行的 1 次请求和 1 次相应，而实际上该页面中首先请求了 httpWatchDemo. html 页面中的第 1 行文本，然后分别又进行了 3 次图片请求，因此共进行了 4 次 HTTP 请求，服务器也进行了 4 次响应。

5.2 HTTP 请求

客户端连上服务器后，向服务器请求某个 Web 资源，称为客户端向服务器发送了一个 HTTP 请求。一个完整的 HTTP 请求包括如下内容：一个请求行、若干个请求头和实体内容。以 Example5_1 为例，下面是 HTTP 请求信息。

```
1  GET /Example5_1/httpWatchDemo.html HTTP/1.1
2  Accept: text/html,application/xhtml+xml, */*
3  Accept-Language: zh-CN
4  User-Agent: Mozilla/5.0(compatible;MSIE 9.0;Windows NT 6.1;WOW64;Trident/5.0)
5  Accept-Encoding: gzip,deflate
6  Host: localhost:8080
7  If-Modified-Since: Wed,24 Feb 2016 04:08:52 GMT
8  If-None-Match: W/"71-1456286932057"
9  Connection: Keep-Alive
```

在 IE 浏览器下方的 Httpwatch 工具中可以看到下面几个信息，其中重要字段分别介绍如下。

- 第 1 行是请求行，请求行用于描述客户端请求方式、请求资源名称及 HTTP 协议版本号。
- 第 2 ～9 行是多个请求头，消息用于描述客户端请求哪台主机，以及客户端的一些环境信息等。

- 请求行和请求头下面会有一个空行，空行下面就是实体内容。

【例 5-2】 表单提交 GET 和 POST 方式。

1）首先在 Tomcat 服务器 webapps 的 Web 应用目录下新建文件夹 Example5_2。

2）在 Example5_2 文件夹下创建一个 form1. html 文件，在这个文件中创建一个简单的表单，代码如下。

```
1  <form action = "#" >
2  用户名: <input type = "text"  name = "username"/>
3  密码: <input type = "password"   name = "password"/>
4  <input type = "submit"  value = "提交"/>
5  </form>
```

3）单击 Tomcat 服务器 bin 目录下的 startup. bat 文件，启动这个 Tomcat 服务器。

4）在浏览器中输入 http://localhost:8080/Example5_2/form1. html。

5）在页面输入框中输入用户名和密码，单击“提交”按钮，即可看到页面如图 5-12 所示的页面。

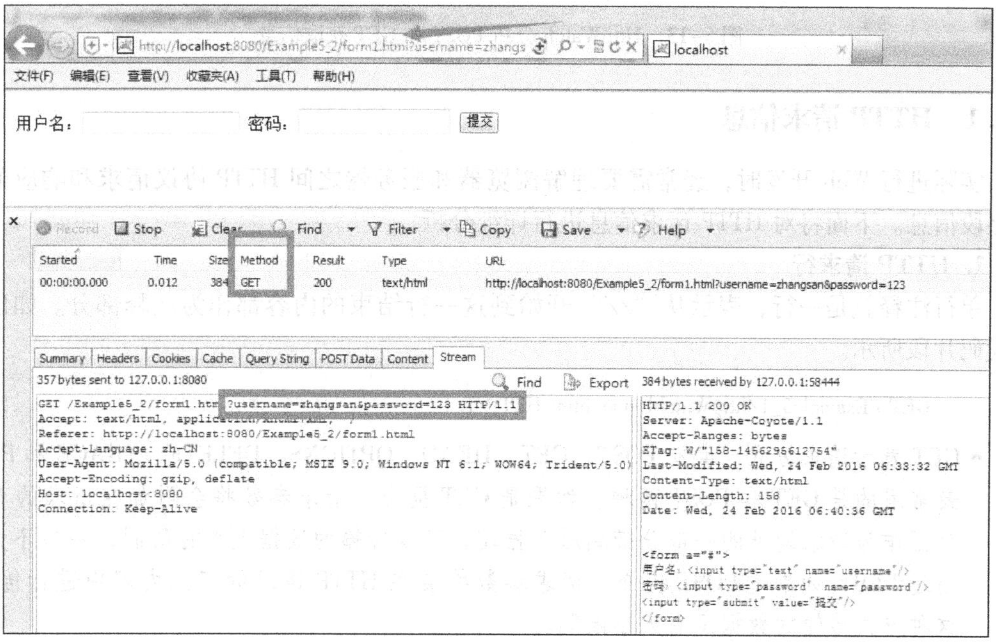

图 5-12 【例 5-2】运行结果

- 本示例代码的第 1 行 form 表单没有明确提交方式时，即为 GET 方式提交，如图 5-12 的框中的 Method：GET。
- GET 方式提交后将用户名和密码作为参数传入 URL，HttpWatch 中的 Stream 中的信息如图 5-12 下面的 Stream 选项卡中的信息。
- 如果在本例的第 1 行代码中添加 method = " POST" 代码，那么提交方式才会改为 POST，POST 提交请求参数并不在 URL 上，而在请求实体内容中，如图 5-13 所示。

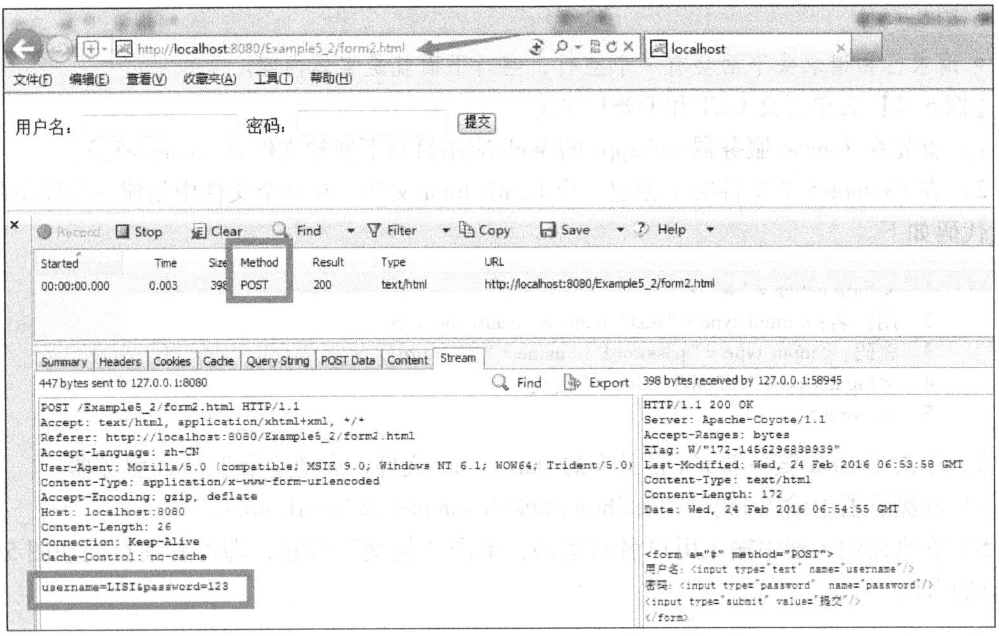

图 5-13　HttpWatch 分析 POST 和 GET 获取信息

5.2.1　HTTP 请求信息

实际进行 Web 开发时，经常需要理解浏览器和服务器之间 HTTP 协议请求和响应的具体字段信息。下面将对 HTTP 请求信息进行详细分析。

1. HTTP 请求行

单行注释就是一行，表示从“//”开始到这一行结束的内容都作为注释部分。如以下的代码片段所示。

```
GET /Example5_1/httpWatchDemo.html HTTP/1.1
```

- GET 表示请求方式，共有 POST、GET、HEAD、OPTIONS、DELETE、TRACE 和 PUT，最常用的是 GET 和 POST 两种。如果是 GET 提交，请求参数将会附加在请求的 URL 后面作为请求地址的一部分带到服务器端，可以传输的数据大小有限制，一般不允许超过 1 kB。如果是 POST 提交，请求参数将会在 HTTP 请求的实体内容中进行传输，这种方式传输的数据没有大小限制。
- Example5_1/httpWatchDemo.html 表示请求资源名称。
- HTTP/1.1 表示所遵循的协议版本号。

提示：GET 和 POST 的不同在于传递参数过程中的方式不同，利用 form 表单提交数据时，form 表单明确声明要用 POST 提交，这时请求参数就是 POST 提交，除此以外，所有方式的请求参数都是 GET 提交。

---

2. HTTP 请求头

请求头是在请求行后面，一般会有若干个请求头，HTTP 常用的请求头有以下几个。

```
Accept: text/html,application/xhtml+xml, */*
Accept-Charset: ISO-8859-1
Accept-Language: zh-CN
User-Agent: Mozilla/5.0(compatible;MSIE 9.0;Windows NT 6.1;WOW64;Trident/5.0)
Accept-Encoding: gzip,deflate
Host: localhost:8080
If-Modified-Since: Wed,24 Feb 2016 04:08:52 GMT
Referer:
Cookie:
Connection: close/Keep-Alive
Date:
```

- Accept：表示浏览器可以接收的文件类型、文本和图片等，*/*表示可接收任何格式的文件。
- Accept-Charset：通知服务器可接收的是什么编码集的字符。
- Accept-Encoding：通知服务器可接收的是哪种压缩格式的文件。
- Accept-Language：可接收的语言类型。
- Host：浏览器要访问的虚拟主机名称。
- Referer：表示当前页面来自哪个页面，即由哪个页面超链接跳转得到的。
- User-Agent：当前浏览器的信息。
- Cookie：表示 Cookie 相关信息，后面章节中会涉及。
- Connection：表示本次请求完成后是需要关闭还是继续连接（close/Keep-Alive）。
- Date：当前请求发送的时间。

3. HTTP 请求正文

请求头和请求正文之间是一个空行，这个空行非常重要，它表示请求头已经结束，接下来是请求正文。请求正文中可以包含用户提交的查询字符串信息，例如，【例 5-2】中使用 POST 方式提交表单后，在 HttpWatch 中的信息如下所示。

```
username=LISI&password=123
```

在以上的例子的 HTTP 请求中，请求的正文只有一行内容。当然，在实际应用中，HTTP 请求正文可以包含更多的内容。

5.2.2 HTTP 请求常见消息头

在 HTTP 协议中，请求行之后就是若干个请求消息头。请求消息头主要用于向服务器端传递附加消息，例如，客户端可以接收的数据类型、压缩方法、语言，以及发送请求的连接所属的 URL 地址等信息。当浏览器发送请求给服务器时，根据功能需求的不同，发送请求的消息头也不同。下面针对一些常用的请求头字段加以讲解。

1. Accept

Accept 请求头域被用于指定哪些媒体类型的响应对请求端是可接受的。Accept 头域被用于指明请求只对某些期望的媒体类型有效。例如，如果浏览器和服务器同时支持 .png 类型的图片，则浏览器可以发送包含 image/png 的 Accept 头字段，服务器检查到 Accept 中包含 image/png 这种 MIME 类型，可能在网页的 img 元素中使用 .png 类型的文件。MIME 类型有很多种，例如，下面的 MIME 类型都可以作为 Accept 头字段的值。

```
Accept:text/html,      表示客户端希望接收 HTML 文本
Accept:img/gif,        表示客户端希望接收 .gif 图像格式资源
Accept:img/*,          表示客户端可以接收所有 image 格式的子类型
Accept:*/*,            表示客户端可以接收所有格式的内容
```

📖 MIME 内容将在 5.3.2 节的 Content - Type 头字段的内容中进行讲解。

2. Accept - Charset

Accept - Charset 请求头域可以用来指定哪些字符集的响应对请求端是可接收的。Accept-Charset 头域使客户端能通知服务器产生哪些能让客户端更好理解的字符集响应。如下面的代码所示。

```
Accept - Charset : ISO - 8859 - 1
```

在上面的请求头中，指出客户端服务器使用 ISO - 8859 - 1 字符集。如果想指定多种字符集，则可以在 Accept - Charset 头字段中将指定的多个字符集用逗号分隔，具体示例如下。

```
Accept - Charset : ISO - 8859 - 1,UTF - 8
```

如果 Accept - Charset 头出现在请求消息里，但是服务器不能发送采用客户端期望的字符集编码的文档，那么服务器将发送一个 406 错误响应状态码，表示服务器返回内容使用的字符集与 Accept - Charset 头字段指定的值不兼容。

📖 注意：如果 Accept - Charset 头字段没有在请求头中出现，则说明客户端能接收使用任何字符集数据。

3. Accept - Encoding

Accept - Encoding 请求头域和 Accept 头域相似，但 Accept - Encoding 是限定服务器返回给客户端可以接收的内容及方式，如 compress 和 gzip。Accept - Encoding 字段可以指定多个数据编码方式，它们之间用逗号隔开，具体如下面的代码所示。

```
Accept - Encoding:gzip ,compress
```

上面的 gzip 和 compress 这两种格式是最常见的数据编码方式。在传输较大的内容实体之前，对其进行压缩编码，可以节省网络带宽和传输时间。服务器接收到这个请求头，它使用其中指定的一种格式对原始文档内容进行压缩编码，然后再将其作为响应消息的实体内容发送到客户端，并且在 Content - Encoding 响应头中指出实体内容所使用的压缩编码格式。浏览器在接收到这样的实体内容以后，需要对其进行反方向解压缩。

📖 注意：Accept 和 Accept - Encoding 的消息头不同，Accept 请求头指定的 MIME 类型是指解压缩后的实体内容类型，Accept - Encoding 消息头指定的是实体内容压缩方式。

4. Accept - Language

Accept - Language 请求头域和 Accept 请求头域类似，但是它是限定服务器返回给客户

端喜爱的自然语言，它可以指定多个国家的语言，语言之间用逗号隔开，具体示例如下。

```
Accept - Language:zh - CN,en - us
```

其中 zh - cn 代表中文，en - us 代表英语，这些值不需要记忆，在浏览器中都可以找到相应的信息。在 IE 浏览器中选择“工具”→“Internet 选项”命令，弹出“Internet 选项”对话框，在“常规”选项卡中单击“语言”按钮，弹出“语言首选项”对话框，在其中就可以找到“国家语言”代号，如图 5 - 14 所示。

如果想看到更多国家的语言，可以单击“添加”按钮，在弹出的“添加语言”对话框中可以查看更多的国家代号，如图 5-15 所示。浏览器会根据“语言首选项”中语言列表的先后顺序生成相应的 Accept - Language 消息头。

📖 注意：服务器检查 Accept - Language 请求头中的信息，按照其中设置国家语言的先后顺序进行，首先选择返回位于前面的国家语言的网页文档，如果不能返回，则依次返回后面的国家语言的网页文档。

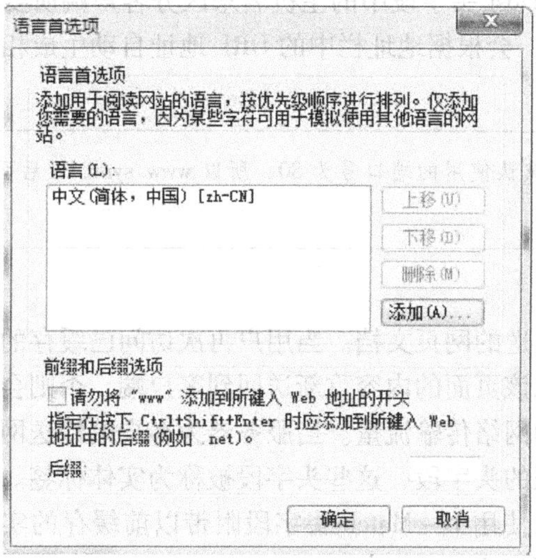

图 5-14 “语言首选项”对话框

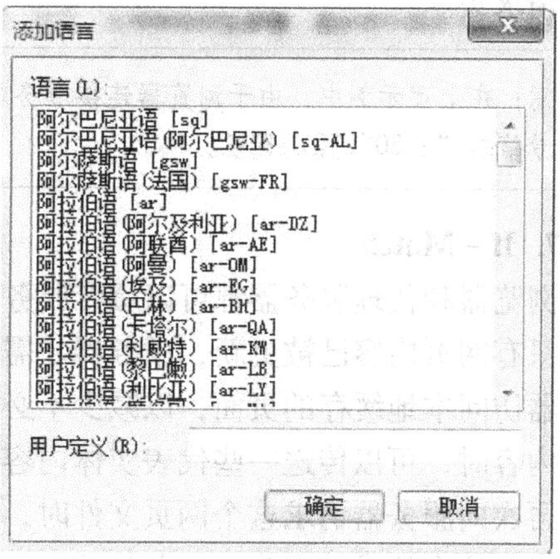

图 5-15 “添加语言”对话框

5. Authorization（授权）与 Proxy - Authorization

当客户端访问受口令保护的网页时，Web 服务器会发送 401 响应状态码和 WWW - Authorization 响应头，要求客户端使用 Authorization 请求头来应答。根据 WWW - Authorization 响应头指定的认证方式不同，Authorization 请求头中的内容格式也不一样。WWW - Authorization 响应头指定的认证方式有两种：BASIC 和 DIGEST。对于 BASIC 认证方式，客户端需要把用户名和密码分开用“:”分隔，然后经过 Base64 编码后传给 Web 服务器。

例如，将用户名为 Ann、密码为 666888 的用户信息“Ann:666888”进行 Base64 编码，形成的 Authorization 请求头字段内容如下所示。

```
Authorization:Basic QW5uOjY2Njg4OA ==
```

然而，使用 Base64 编码的数据很容易被解码，这实际上相当于是一种未加密的明文传送方式，装备了网络监视工具的计算机截获到该信息后，很容易破解出用户名和密码。

如果使用 DIGEST 认证方式，服务器首先向浏览器发送一些用于验证过程的信息及附加信息，浏览器将这些信息与用户名和密码，以及某些其他信息进行混合后，再执行 MD5 算法加密，将得到的结果和附加信息一起以明文文本的方式通过网络发送到服务器。服务器也适用于客户端一样的信息和附加信息，将它们和所保存的客户端密码执行散列算法，然后将计算结果和客户端的结果进行比较，只有这两个数字完全相同才允许访问。

Proxy - Authorization 头字段的作用和用法与 Authorization 头字段基本相同，只不过 Proxy - Authorization 请求头是服务器端向代理服务器发送的验证信息。

6. Host

Host 头字段用于指定资源所在的主机名和端口号，格式与资源的完整 URL 中的主机名和端口号部分相同，具体示例如下所示。

```
Host:www.synu.cn:80
```

需要注意的是，在 HTTP101 中，浏览器和其他客户端发送的每个请求消息中必须包含 Host 请求头字段，以便 Web 服务器能够根据 Host 头字段中的主机名来区分客户端所要访问的虚拟 Web 站点。当浏览器访问 Web 站点时，会根据地址栏中的 URL 地址自动生成相应的 Host 请求头。

注意：在上述示例中，由于浏览器连接服务器时默认使用的端口号为 80，所以 www.synu.cn 后面的端口号信息“：80”可以省略。

---

7. If - Match

浏览器和代理服务器都可以缓存服务器回送的网页文档。当用户再次访问已缓存的页面时，只有网页内容已被更新，服务器才需要把该页面的内容重新送回到客户端，否则会通知浏览器访问本地缓存的页面，以减少不必要的网络传输流量。当服务器为客户端传送网页文件的内容时，可以传送一些代表实体内容特征的头字段，这些头字段被称为实体标签。当客户机再次向服务器请求这个网页文件时，可以使用 If - Match 头字段附带以前缓存的实体标签内容，这个请求被视为一个条件请求，示例如下。

```
If-Match:"repository"
```

其中,"repository"是客户端上次访问 Web 服务器中的该页面时，服务器使用 ETag 实体标签传送的内容，具体示例如下所示。

```
ETag:"repository"
```

服务器收到客户端的请求后，会检索 If - Match 头中的实体标签内容，并与服务器端的代表当前页面内容特征的实体标签内容进行比较。如果两者相同，则表示网页内容没有更改，Web 服务器不返回网页文档，让客户端仍然使用以前缓存的网页文档。否则，服务器返回新的网页文件核心的实体标签内容头字段。

8. If - Modified - Since

If - Modified - Since 请求头的作用与 If - Match 类似，只不过它的值为 GMT 格式的时间。If - Modified - Since 请求头被视为一个请求条件，只有服务器中文档的修改时间比 If - Modified - Since 请求头指定的时间新，服务器才会返回文档内容。否则，服务器将返回一个 304 (Not Modified) 状态码来表示浏览器缓存的文档是最新的，而不向浏览器返回文档内容，这时，浏览器仍然使用以前缓存的文档。通过这种方式，可以在一定程度上减少浏览器与服务器之间的通信数据量，从而提高了通信效率。

9. Range 和 If - Range

Range 头字段用于指定服务器只需返回文档中的部分内容及内容范围，这对较大文档的断点续传非常有用。如果客户端在一次请求中只接收到服务器返回的部分内容就中断了，可以在第二次请求中使用 Range 头字段要求服务器只返回中断位置以后的内容。Range 头有以下几种使用格式。

1）Range：bytes = 1000 - 2000。

2）Range：bytes = 1000 - 。

3）Range：bytes = - 1000。

上面列举的 3 种格式中，第 1 种格式请求服务器返回文档中的第 1000 ～ 2000 个字节之间的内容，包括第 1000 个和第 2000 个字节的内容。第 2 种格式请求服务器返回文档中的第 1000 个字节以后的所有内容。第 3 种格式请求服务器返回文档中的最后 1000 个字节的内容。

If - Range 头字段只能伴随着 Range 头字段一起使用，其设置值可以是实体标签或 GMT 格式的时间。如果设置值为实体标签，且该标签内容与服务器端代表当前页面内容特征的实体标签内容相同，则服务器按 Range 头的要求返回网页中的部分内容，否则，服务器返回当前网页的所有内容。如果设置值为 GMT 格式的时间，并且自从这个时间以来，服务器上保存的该网页文件没有发生修改，服务器会按照 Range 头的要求返回网页中的部分内容，否则，服务器返回当前网页的所有内容。

10. Max - Forward

Max - Forward 头字段用于指定当前请求可以途经的代理服务器数量，每经过一个代理服务器，此数值就减 1。当 Max - Forward 请求头的值为 0 时，如果请求还没有到达最终的 Web 服务器，那么代理服务器将中止转发这个请求，由它来完成对用户机的最终响应。

11. Referer

浏览器向服务器发出的请求，可能是直接在浏览器中输入 URL 地址而发出的，也可能是单击一个网页上的超链接而发出的。对于第一种直接在浏览器的地址栏中输入 URL 地址的情况，浏览器不会发送 Referer 请求头；而对于第二种情况，浏览器会使用 Referer 头字段标示发出请求的超链接所在网页的 URL。例如，本地 Tomcat 服务器的 chapter03 项目中有一个 HTML 文件 GET. html，GET. html 中包含一个指向远程服务器的超链接，当单击这个超链接向服务器发送 GET 请求时，浏览器会在发送的请求消息中包含 Referer 头字段，如下所示。

```
Referer:http://localhost:8080/chapter03/GET.html
```

Referer 头字段非常有用，经常被网站管理人员用来追踪网站的访问者是如何导航进入网站的。同时 Referer 头字段还可以用于网站的防盗链。

什么是盗链呢？假设一个网站的首页中想显示一些图片信息，而在该网站的服务器中并没有这些图片资源，它可以通过在 HTML 文件中使用 <img> 标记链接到其他网站的图片资源，将其展示给浏览者，这就是盗链。盗链的网站提高了自己网站的访问量，却加重了被链接网站服务器的负担，损害了其合法利益。所以，一个网站为了保护自己的资源，可以通过 Referer 头检测出从哪里连接到当前的网页或资源，一旦检测到不是通过本站的链接进行的访问，可以进行阻止访问或者跳转到指定的页面。

12. User－Agent

User－Agent 的中文名为用户代理，简称 UA，用于指定浏览器或者其他客户端程序使用的操作系统及版本、浏览器及版本、浏览器渲染引擎和浏览器语言等，以便服务器针对不同类型的浏览器返回不同的内容。例如，服务器可以通过检查 User－Agent 头，如果发现客户端是一个无线手持终端，就返回一个 WML 文档；如果是一个普通的浏览器，则返回通常的 HTML 文档。例如，IE 浏览器生成的 User－Agent 请求信息如下。

```
User-Agent：Mozilla、4.0(compatible;MSIE 8.0;Windows NT 5.1;Trident/4.0)
```

在上面的请求头中，User－Agent 头字段首先列出了 Mozilla 版本，然后列出了浏览器的版本（MSIE 8.0 表示 Microsoft IE 8.0）、操作系统的版本（Windows NT 5.1 表示 Windows XP），以及浏览器的引擎名称（Trident/4.0）。

5.3 HTTP 响应

在接收和解释请求消息后，服务器会返回一个 HTTP 响应消息。HTTP 应答与 HTTP 请求相似，HTTP 响应也由 3 部分构成，分别是：一个状态行、若干响应头（消息头），以及实体内容。

仍然以【例 5-2】中的提交表单为例，截取 HttpWatch 监控的数据信息，在浏览器下面的 HttpWatch 的 stream 选项卡中，左半边的信息是浏览器发送到服务器的请求字段，右半边是服务器返回给浏览器的响应字段，如图 5-16 所示。

```
HTTP/1.1 200 OK
Server：Apache-Coyote/1.1
Accept-Ranges：bytes
ETag：W/"172-1456296838939"
Last-Modified：Wed,24 Feb 2016 06:53:58 GMT
Content-Type：text/html
Content-Length：172
Date：Wed,24 Feb 2016 06:54:55 GMT

<form a="#" method="POST">
用户名：<input type="text" name="username"/>
密码：<input type="password" name="password"/>
<input type="submit" value="提交"/>
</form>
```

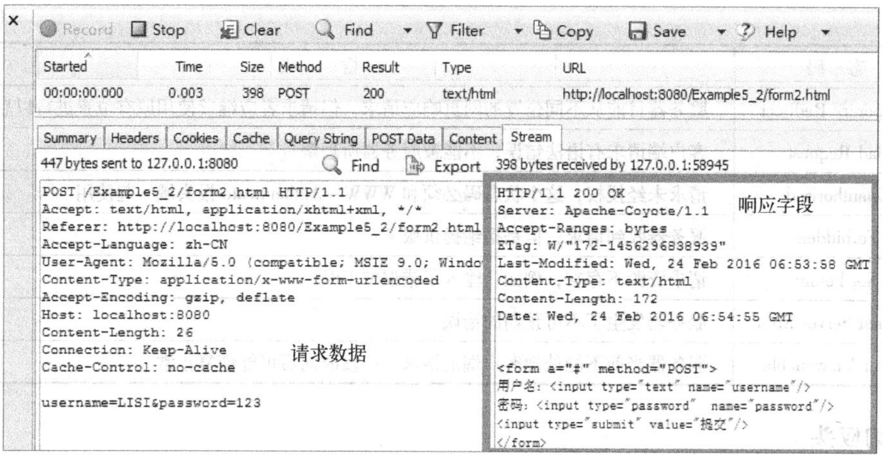

图 5-16　HTTP 响应消息

5.3.1　HTTP 响应消息

HTTP 响应与 HTTP 请求相似，HTTP 响应也由 3 部分构成，状态行、响应头和实体部分。下面详细分析服务器响应的状态行、响应头和实体部分。

1. 状态行

状态码的格式为：HTTP 版本号　状态码　原因叙述 <CRLF>

本例中的状态码如下所示。

```
HTTP/1.1 200OK
```

状态码用于表示服务器请求的处理结果，它是一个 3 位的十进制数，响应状态码。

表 5-1 所示是服务器响应状态码表示的 5 类错误。

表 5-1　服务器响应状态码表示的 5 类错误

状 态 码	含　义
100～199	表示成功接收请求，要求客户端继续提交下一次请求才能完成整个处理过程
200～299	表示成功接收请求并已完成整个处理过程，常用 200 表示客户端请求成功
300～399	为完成请求，用户需进一步细化请求。例如，请求的资源已经移动到一个新地址，常用的有 302、307 和 304
400～499	客户端的请求有错误，常用的有 404
500～599	服务器端错误——服务器未能实现合法的请求

表 5-2 所示是服务器响应常见状态码的含义。

表 5-2　服务器响应常见状态码含义

状 态 码	含　义
200 OK	客户端请求成功
302 Move Temporarily	实现请求重定向的功能，和 Location 配合使用进行重定向
304 Not Modified	客户端发送了一个带条件的 GET 请求且该请求已被允许，而文档的内容（自上次访问以来或者根据请求的条件）并没有改变，即使用缓存资源

（续）

状 态 码	含 义
307 Temporary Redirect	服务器目前从不同位置的网页响应请求，但请求者应继续使用原有位置进行以后的请求
400 Bad Request	客户端请求有语法错误，不能被服务器所理解
401 Unauthorized	请求未经授权，这个状态码必须和 WWW – Authenticate 报头域一起使用
403 Forbidden	服务器收到请求，但是拒绝提供服务
404 Not Found	请求资源不存在，例如，输入了错误的 URL
500 Internal Server Error	服务器发生了不可预期的错误
503 Server Unavailable	服务器当前不能处理客户端的请求，一段时间后可能恢复正常

2. 响应头

响应头是 HTTP 响应信息的最重要的组成部分，包含的字段和请求头差不多，下面通过一个实例来说明响应头字段。

```
Location：http://www.it315.org/index.jsp
Server:apache tomcat
Content – Encoding：gzip
Content – Length：80
Content – Language：zh – cn
Content – Type：text/html;charset = GB2312
Last – Modified:Wed,24 Feb 2016 06:53:58 GMT
Refresh：1;url = http://www.it315.org
Content – Disposition：attachment;filename = aaa.zip
Set – Cookie:SS = Q0 = 5Lb_nQ;path = /search
Expires：–1
Cache – Control：no – cache
Pragma：no – cache
Connection：close/Keep – Alive
Date:Wed,24 Feb 2016 06:53:58 GMT
```

- Location：表示用户应当到哪里去提取文档。Location 通常不是直接设置的，而是通过 HttpServletResponse 的 sendRedirect 方法，该方法同时设置状态码为 302。后面的地址就是重定向的 URL 地址。
- Server：表示服务器基本信息。
- Content – Encoding：表示服务器发送给浏览器的数据压缩格式。
- Content – Length：表示发送数据的总长度。
- Content – Language：表示发送数据的语言。
- Content – Type：当前发送给浏览器的数据的格式，text/html;charset = GB2312 表示当前数据为文本格式，并且使用的编码方式为 GB2312。
- Last – Modified：服务器端对该资源最后修改的时间，和请求头中 If – Modified – Since 配合使用。浏览器第一次访问服务器资源，服务器返回资源，并且响应头中带一个 Last – Modified 信息，浏览器会将此资源进行缓存，当浏览器再次访问这个资源时，浏览器会发送一个 If – Modified – Since 的头，服务器将会检查 If – Modified – Since 中的日期，如果从该时间点到现在，资源未发生改变，服务器会返回状态码 304/307，则浏览器就会使用缓存资源进行显示。否则服务器返回更新的资源，并修改 Last - Modified 的值。

- Refresh：隔多少秒去访问哪个页面。如 Refresh:1;url = http://www.it315.org 表示隔 1 秒访问 http://www.it315.org。
- Content - Disposition：attachment;filename = aaa.zip：表示通知浏览器以附件的形式下载数据。
- Set - Cookie：设置和页面关联的 Cookie。
- Expires：-1：通知浏览器是否缓存当前资源。如果这个头的值是一个以毫秒为单位的值，表示通知浏览器缓存资源到指定的时间点；如果值是 0 或 -1，则表示通知浏览器禁止缓存。
- Cache - Control：通知浏览器是否缓存资源。
- Pragma：no - cache：通知浏览器是否缓存资源。

提示：Expires、Cache - Control 和 Pragma 都是控制缓存的头，之所以一个控制缓存功能有 3 个响应头，是因为历史原因。不同的浏览器对这 3 个头的支持不同，一般来说这 3 个头应同时使用，以确保不同的浏览器都能实现控制缓存的功能。

---

3. 响应实体

请求消息和响应消息中都可以传递实体信息，实体信息包括实体头字段和实体内容，实体头字段是实体内容的元信息，描述实体内容的属性，如实体内容的类型、长度、压缩方式、最后修改时间和数据的有效期等。实体内容包含了响应的内容，它可以包含 HTML 代码、图片等。主体是由传输在 HTTP 消息中紧跟在头部后面的数据字节组成的。

5.3.2 HTTP 常见响应消息头

1. Accept - Range

Accept - Range 头字段用于说明服务器是否接收客户端使用 Range 请求头字段请求资源。如果服务器想告诉用户机不要使用 Range 请求头字段，则使用下面的头信息。

```
Accept - Range:none
```

如果服务器想告诉客户端可以使用以 bytes 为单位的 Range 请求，则应该使用下面的头信息。

```
Accept - Range:bytes
```

2. Age

Age 头字段用于指出当前网页文档可以在客户端或代理服务器中缓存的有效时间，设置值为一个以秒为单位的时间数，具体示例如下所示。

```
Age:1234567
```

客户端再次访问已缓存的某个网页文档内容时，先用当前的时间值减去服务器返回该网页时所设置的 Date 头字段值。如果结果值小于服务器上返回网页时所设置的 Age 头字段的时间值，客户端直接使用缓存中的网页内容；否则，客户端服务器将发出针对该页面的网页请求。

3. Etag

Etag 头字段用于向客户端传送代表实体内容特征的标记信息，这些标记信息称为实体标签，每个版本的资源的实体标签是不同的，通过实体标签可以判断在不同时间获得的同一资源路径下的实体内容是否相同。例如，在一个文档最后添加一个回车换行 Etag 头字段的值，就能标识出不同。Etag 头字段的格式如下。

```
Etag:abc1234
```

4. Location

Location 头字段用于通知客户端获取请求文档的新地址，其值为一个使用绝对路径的 URL 地址，如下所示。

```
Location:http://www.synu.org
```

Location 头字段和大多数 3xx 状态码配合使用，以便通知客户端自动重新连接到新的地址请求文档。由于当前响应并没有直接返回内容给客户端，所以使用 Location 头的 HTTP 消息不应该有实体内容，由此可见，在 HTTP 系统中不能同时出现 Location 和 Content – Type 这两个头字段。

5. Retry – After

Retry – After 头字段可以与 503 状态码配合使用，通知客户端在什么时间可以重新发送请求。也可以与任何一个 3xx 状态码配合使用，通知客户端处理重定向的最小延时时间。Retry – After 头字段的值可以是 GMT 格式的时间，也可是一个以秒为单位的时间数，具体示例如下。

```
Retry – After:Mon,18 Nov 2013 19:01:51 GMT
Retry – After:120                                    //120 s
```

6. Server

Server 头字段用于指定服务器软件产品的名称，具体示例如下。

```
Server:Apache – Coyote/1.1
```

7. Vary

Vary 用于影响服务器所生成的响应内容的那些请求字段名，具体示例如下。

```
Vary:Apache – Language
```

上面的响应头字段说明了服务器响应的内容受到了客户端发送的 Apache – Language 请求头的影响，服务器根据 Apache – Language 请求头的值，返回相应语言种类的网页内容。当客户端再次访问已经缓存的资源时，需要检查 Vary 头字段中指定的请求头字段，检查请求头字段的这次设置与上次的设置是否相同，以此作为是否使用缓存的条件。

例如，上次的请求中 Apache – Language 头字段的值为 en – us，而这次的 Apache – Language 头字段的值为 zh – cn，即使客户端使用请求资源路径的本地缓存的其他条件都成立，但客户端也不能使用缓存，它仍需要向服务器发出访问请求。

8. WWW – Authenticate 和 Proxy – Authenticate

当客户端访问受口令保护的网页文件时，服务器会在响应消息中回送 401 （Unauthrized）响应状态码和 WWW - Authenticate 响应头，只是客户端应该在 Authorization 请求头中使用 WWW - Authenticate 响应头指定的认证方式提供用户名和密码信息。WWW - Authenticate 响应头中可以指定两种认证方式：BASIC 和 DIGEST。如果要求客户端采用 BASIC 方式传送认证信息，语法格式如下。

```
WWW - Authenticate: BASIC realm = "synu"
```

其中，realm 属性用于指定当前资源所属的域，域定义了同一主机内的一个受保护区间（一组需要保护的资源），它可以是任意字符串。同一台主机上可以有多个域，相同的域内所有的资源都共享相同的账户。如果某个账户具有访问某个资源的权限，那么该账户就能访问同一个域中的其他资源。根据 HTTP 验证的规范，若某一资源具有相同的目录路径或位于其目录路径中的资源，则与该资源使用相同的域。

DIGEST 认证方式的细节比较复杂，想对其进行深入研究的读者可以参阅 RFC2617 文档。

Proxy - Authenticate 头字段是针对代理服务器的用户信息验证，其他作用和用法与 WWW - Authenticate 头字段类似。

9. Refresh

Refresh 头字段用于告知浏览器自动刷新页面的时间，它的值是一个以秒为单位的时间数，具体示例如下。

```
Refresh:3
```

上面所示的 Refresh 头字段用于告知浏览器在 3 s 后自动刷新此页面。

需要注意的是，在 Refresh 头字段的时间值后面还可以增加一个 URL 参数，时间值与 URL 之间用分号（;）分隔，用于告知浏览器在指定的时间值后跳转到其他网页，例如，告知浏览器经过 3 s 转到 www. synu. cn 网站，具体示例如下。

```
Refresh:3;url = http://synu. cn
```

10. Content - Disposition

如果服务器希望浏览器不是直接处理响应的实体内容，而是让用户选择将相应的实体内容保存到一个文件中，这就需要使用 Content - Disposition 头字段。Content - Disposition 头字段在没有 HTTP 的标准规范中定义，它是从 RFC2183 中借鉴过来的。在 RFC2183 中，Content - Disposition 制定了接收程序处理数据内容的方式，有 inline 和 attachment 两种标准方式，inline 表示直接处理，而 attachment 则要求用户干预并控制接收程序处理数据的方式。而在 HTTP 应用中，只有 attachment 是 Content - Disposition 的标准方式。attachment 后面还可以指定 filename 参数。filename 参数值是服务器建议浏览器保存实体内容的文件名称，浏览器应该忽略 filename 参数值中的目录部分，只取参数中的最后部分作为文件名。在设置 Content - Disposition 之前，一定要设置 Content - Type 头字段，具体示例如下。

```
Content - Type:application、octet - stream
Content - Disposition:attachment;filename = lee. Zip
```

5.4 HTTP 通用头字段

在 HTTP 消息中，有些字段既适用于请求消息，也适用于响应消息，这样的字段称为通用字段。通用字段有以下几种：Cathe - Control、Connection、Date、Pragma 和 Trailer 等，下面进行详细介绍。

1. Cache - Control

如果 Cache - Control 用在请求消息中，它用于通知位于客户端和服务器端之间的代理服务器如何使用已缓存的页面。在这种情况下，Cache - Control 的取值可以是 no - cache、no - store、max - age、max - stale、min - fresh、no - transform 或 only - if - cached 等。

如果 Cache - Control 用在响应消息中，它用于通知客户端和代理服务器如何缓存页面，在这种情况下，Cache - Control 的取值可以为 public、private、no - cache、no - store、no - transform、must - revalidate、max - age 或 s - max - age 等。

在一个 Cache - Control 头字段中可以设置多个值，它们之间用逗号分隔，具体示例如下。

```
Cache - Control:no - store,no - cache,must - revalidage
```

2. Connection

Connection 头字段用于指定处理完本次请求/响应后，客户端和服务器端是否还要继续保持连接。Connection 头字段可以指定两个值，如下所示。

```
Connection:Keep - Alive
Connection:close
```

当 Connection 头字段的值为 Keep - Alive 时，客户端与服务器在完成本次交互后继续保持连接；当 Connection 头字段的值为 close 时，客户端与服务器在完成本次交互后关闭连接。对于 HTTP 1.1 版本来说，默认采用持久连接，也就是说默认情况下，Connection 头字段的值为 Keep - Alive。

3. Date

Date 头字段用于表示 HTTP 消息产生的当前时间，它的值为 GMT 格式，具体示例如下。

```
Date:Mon,18 Nov 2013 20:23:51 GMT
```

一般情况下，服务器返回的所有响应中必须包括一个 Date 头字段，除了下面两种情况。

- 响应状态代码表示服务器的错误，如 500（内部服务器错误）或 503（服务不可用），那么服务器就不可能产生一个有效的日期。
- 服务器没有时钟，不能提供当前时间，响应就不能设置 Date 头字段。在这种情况下，服务器也不能设置如 Expire、Last - Modified 等这样的头字段。

4. Pragma

Pragma 头字段主要在 HTTP 1.0 中通知代理服务器和客户端如何使用缓存页面，它的值只能固定设置为 no - cache，如下所示。

```
Pragma:no - cache
```

当 Pragma 头字段用于响应消息时，指示客户端不要缓存文档；当用于请求消息时，指示代理服务器必须返回一个最新的文档，而不能返回缓存的文档。在 HTTP 1.0 中，一些浏览器对 Pragma 头字段的支持不是非常可靠，因此，人们通常通过设置 Expires 头字段的值为 0 来实现同样的功能。

而在 HTTP 1.1 中，Cache - Control 头字段也基本代替了 Pragma 头字段的使用。

5. Transfer - Encoding

对于 HTTP 1.0 协议，服务器端和客户端不是持久化连接，当服务器端关闭了 TCP 连接，客户端就知道响应的数据已经发送完毕。对于 HTTP 1.1 来说，由于服务器端和客户端保持持久连接，服务器端必须在响应消息中通过 Content - Length 头字段通知客户端响应数据的长度，客户端才能知道数据何时传输完毕。然而，在服务器端，有些数据是动态生成的，服务器必须等到所有数据生成完毕后，服务器端才能响应客户端的请求，这样势必会影响效率。为了解决这个问题，Transfer - Encoding 头字段被引入，该头字段用于指定响应消息的实体内容采用哪种传输编码方式，目前标准设置值只有 chunked，具体示例如下。

```
Transfer - Encoding:chunked
```

当响应消息中设置了 Transfer - Encoding 头字段后，会把响应消息的整个实体内容分成一连串分段后再进行传输。每个分段的开始都是一个十六进制的数字，用于表示整个分段的大小。最后一个分段必须是 0，用于保证整个 chunked 编码数据的结束，如下所示。

```
HTTP/1.1 200 OK
Content - Type:text/html
Transfer - Encoding:chunked
7f
 <html>
 <head>
 <title>trailer Example</title>
 </head>
 <body>
 <p>Please wait while we complete your transaction…</p>
2c
 <p>Transaction complete! </p>
 </body>
 </html>
0
```

上面的响应消息中，7f 和 2c 代表了两个分段内容的大小标识信息，所以这种情况下不必用 Content - Length 头字段来指定整个实体内容的大小。

6. Trailer

一些头字段可以放置在整个 HTTP 消息的尾部，也就是可以在实体内容部分之后放置头字段信息。对于放置在尾部的头字段，需要在消息头中使用 Trailer 字段说明，具体示例如下。

```
Trailer:Date
```

需要注意的是，Trailer 头字段必须在 chunked 传输编码的方式下使用。

7. Upgrade

Upgrade 头字段用在客户端，用于指定客户端想要从当前协议切换新的通信协议。如果服务器端认为切换的协议合适，会在响应消息中设置 Upgrade 头字段指定切换的协议，Upgrade 响应头字段需要和 101 状态码配合使用，具体示例如下。

```
//请求消息
GET/HTTP/1.1
Host:127.0.0.1
Upgrade:TLS/1.0
//响应消息
HTTP/1.1 101 Switching Protocols
Upgrade:TLS/1.0
```

8. Via

Via 头字段用于指定 HTTP 消息所途经的代理服务器所使用的协议和主机名称，这个头字段由代理服务器产生，每个代理服务器必须把它的信息追加到 Via 字段的最后，以反映 HTTP 消息途经的多个代理服务器的顺序，具体示例如下。

```
Via:HTTP/1.1 Proxy1. HTTP/1.1 Proxy2
```

如果代理服务器所使用的协议为 HTTP，则 Via 头字段中的协议名称可以省略，如下所示。

```
Via:1.1 Proxy1,1.1 Proxy2
```

9. Warning

Warning 头字段主要用于说明其他头字段和状态码不能说明的一些附加警告信息，如提示代理服务器断开网络，具体示例如下。

```
Warning:112 Disconnected operation
```

本章小结

HTTP 协议是实现浏览器和服务器之间通信的重要协议。本章首先介绍了 HTTP 协议的概念，以及 HTTP 1.0 和 HTTP 1.1 的区别。此外，还介绍了 HttpWatch 工具，通过此工具，可以清楚地看到浏览器和服务器之间传送的请求信息和响应信息，监控浏览器和服务器之间的数据传送，显示网页的同时显示网页请求和回应的日志信息，甚至可以显示浏览器缓存和 IE 之间的交换信息，它集成在 Internet Explorer 的工具栏中。然后介绍了 HTTP 协议的请求信息，包括请求行、请求头和实体内容，具体介绍了 HTTP 协议的常见请求头字段的含义和用法。最后介绍了 HTTP 响应，它包括状态行、响应头和实体内容，具体讲解了常见的响应头的用法和作用，并且介绍了一些常见的状态码。

实践与练习

一、选择题

1. 在 HTTP 协议的“请求/响应”交互模型中，以下说法中错误的是（　　）。

A. 用户机在发送请求之前需要主动与服务器建立连接

B. 服务器无法主动向用户机发起连接

C. 服务器无法主动向用户机发送数据

D. 以上都错

2. 以下不属于 HTTP 请求方法的是（　　）。

A. GET　　B. SET　　C. PUT　　D. POST

3. HTTP 请求消息中可以不包含（　　）。

i. 开始行　　ii. 消息头　　iii. 消息体实体数据

A. 仅 i　　B. i 和 ii　　C. ii 和 iii　　D. 仅 iii

4. 在 HTTP 1.1 协议中，持久连接选项是（　　）的。

A. 默认关闭　　B. 默认打开　　C. 不可协商　　D. 以上都不对

5. 以下不是 HTTP 协议的特点的是（　　）。

A. 持久连接　　B. 请求/响应模式

C. 只能传输文本数据　　D. 简单、高效

6. HTTP 协议的消息有（　　）两种类型。

A. 发送消息和接收消息　　B. 请求消息和响应消息

C. 消息头和消息体　　D. 实体消息和控制消息

7. HTTP 协议的 GET 请求方法可以获取（　　）类型的数据。

A. HTML 文档　　B. 图片　　C. 视频　　D. 以上都可以

二、简答题

1. 简述 HTTP 1.0 和 HTTP 1.1 协议的区别。

2. 利用 HttpWatch 工具监控 HTTP 的 POST 和 GET 请求方式有什么不同。

3. 请描述 HTTP 请求头和响应头字段的含义。

实验指导

要在了解 HTTP 协议的基础上，深入理解 Web 开发中的客户端（浏览器）和服务器之间的通信协议，掌握浏览器怎样发送请求信息、请求信息包含哪些内容，以及服务器的响应信息，尤其要掌握 HTTP 协议请求头和响应头重要字段的含义。了解如何使用 HttpWatch 工具监控客户端和服务器之间的通信信息。

实验目的和要求

- 掌握 HttpWatch 工具的使用方法，会使用它来分析 HTTP 请求和响应信息。
- 掌握 HTTP 请求头信息的重要字段。
- 掌握 HTTP 响应头常用字段的使用。
- 掌握和理解 HTTP 响应常见状态码。

实验 1：两种提交表单方式案例

1. 任务描述

浏览网页本地 URL，利用 HttpWatch 工具获取 HTTP 请求和 HTTP 响应信息数据。

2. 任务要求

1）下载 HttpWatch 工具并安装。

2）进入 IE 浏览器，输入网址。

3）分别获取浏览器的 HTTP 请求信息和响应信息。

4）获取请求方法、状态码、请求头、响应头和实体内容等信息。

5）通过 GET 和 POST 两种方式获取信息。

6）分析 GET 和 POST 两种方式提交表单参数的不同。

3. 知识点提示

本任务主要用到以下知识点。

1）HttpWatch 工具的使用方法。

2）Http 请求信息和响应信息字段。

3）常用状态码的用法。

4. 操作步骤提示

1）在 Tomcat 安装目录下的 webapps 下新建文件夹 SY5 - 1，在这个文件夹下创建 XXX. html 文件。

2）在 XXX. html 文件中创建两个表单：输入框和提交按钮，一个采用 POST 方式，一个采用 GET 方式。

3）在两种方式下的输入框中分别输入用户名和密码，然后单击“提交”按钮。

4）运行结果如图 5-17 所示，记录两种方式的参数变化情况。

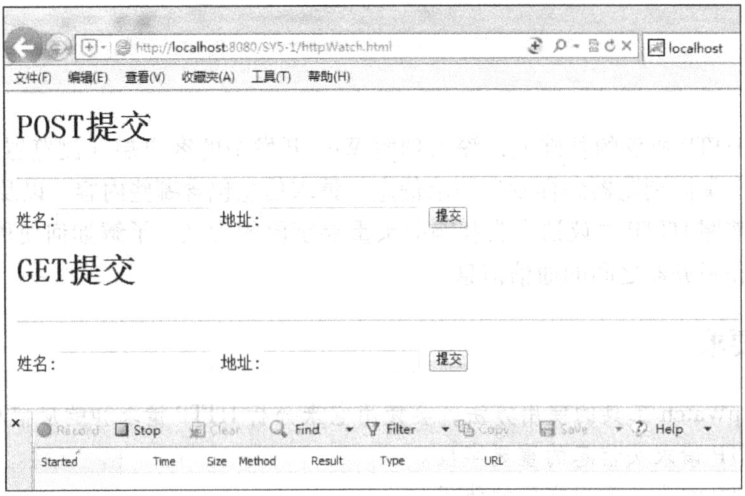

图 5-17　实验 1 的运行结果

5）两种情况下抓取 HttpWatch 获取的请求信息和响应信息，观察浏览器中 GET 和 POST 传递参数有何不同，并且完成表 5-3 ～表 5-5。

表 5-3　两种方式传递参数的区别

	浏览器传递参数	分析原因和结论
GET		
POST		

表 5-4　GET 方式请求和响应信息

	请 求 行	请 求 头	实 体 内 容
GET 请求信息			
GET 响应信息			

表 5-5　实现用两种不同方式提交表单

	状 态 行	响 应 头	实 体 内 容
POST 请求信息			
POST 响应信息			

实验 2：HTTP 协议分析

1. 任务描述

浏览器中输入网址：http://www. synu. edu. cn，启动 HttpWatch 工具监听 HTTP 协议请求信息和响应信息，并且获取信息。

2. 任务要求

1）浏览器分析指向页面的 URL。

2）浏览器向 DNS 请求解析 www. synu. edu. cn 的 IP 地址。

3）浏览器发出 HTTP 请求。

4）服务器 www. synu. edu. cn 给出响应，将文件 . html 发送给浏览器。

3. 知识点提示

本任务主要用到以下知识点。

1）HTTP 消息结构，HTTP 1. 0 和 HTTP 1. 1 的区别。

2）HTTP 请求行和请求字段的含义。

3）HTTP 响应状态行和响应字段的含义。

4）HttpWatch 工具的使用。

4. 操作步骤提示

1）在浏览器中输入 URL 地址：http://www. synu. edu. cn。

2）打开浏览器中的 HttpWatch 工具。

3）获取 HttpWatch 工具监听到的浏览器请求信息，并填写表 5-6。

4）HttpWatch 监听得到的服务器响应状态行是什么？状态码代表什么？

表 5-6 浏览器请求信息

字 段 名	字段取值	含 义
GET		
Accept		
Accept - Language		
User - Agent		
Accept - Encoding		
Host		
Connection		

第 6 章　JSP 语法基础

JSP 技术的出现大大提高了基于 Java 技术的 Web 应用开发的效率。JSP 将内容的生成和显示相分离，使网页设计人员和程序员之间的关联不再那么紧密。本章将介绍 JSP 的基础语法、JSP 指令及 JSP 动作标签。

6.1　JSP 页面概述

JSP（Java Server Pages）是一种 Java Servlet，是一种基于 Java 语言的服务器端技术，其目的是简化 Java Web 程序的开发，并且 JSP 开发的 Web 应用可以跨平台使用。

JSP 使用 JSP 标签在 HTML 网页中插入 Java 代码，标签通常以 <% 开头，以% >结束，JSP 文件以“. jsp”为扩展名。下面通过一个简单的 JSP 页面来说明 JSP 页面的基本构成。

【例 6-1】 新建 Example6_1. jsp 页面，输出系统当前时间。

```
<%@ page language = "java"  contentType = "text/html;charset = gb2312" % >
<html>
<head>
<title>第一个 JSP 页面</title>
<style>
body{font - size:12px;}
</style>
</head>
<body>
<%
String name = "xiaoming";
% >
<p>欢迎 <% = name % > 进入 JSP 世界！</p>
<p>现在的时间是：<% = new java. util. Date( ). toLocaleString( )% > </p>
</body>
</html>
```

上述代码中，使用<%@ page % >指令对页面进行设置，指定页面中使用的脚本语言是 Java，并指定了页面的 MIME 类型和字符集。页面中使用<%…% >标签包含 Java 代码，Java 代码中定义了一个字符串变量 name，并赋值为 xiaoming，最后通过<% =…% >标签输出变量 name 的值及系统当前时间。

启动 Tomcat，在浏览器中访问 http://localhost:8080/chap06/Example6_1. jsp，显示结果如图 6-1 所示。

一个 JSP 页面的基本结构如下。

1）模板元素：如普通的 HTML 标签。

2）JSP 标签：如指令元素、动作元素等。

图 6-1　Example6_1. jsp 显示结果

3）脚本元素：如声明变量和方法、Java 程序片和表达式。

其中，模板元素是 JSP 引擎不处理的部分，这些内容会直接发送到客户端。而指令元素、动作元素和脚本元素则必须由 JSP 引擎处理。

一个 JSP 页面的执行过程为：当客户端发送过来一个页面请求时，Web 服务器首先判断该请求是否是 JSP 页面请求。如果请求的页面是静态页面，则 Web 服务器直接将静态页面代码发送给客户端；如果请求的页面是 JSP 页面，则由 JSP 引擎来检查该 JSP 页面。如果该页面是第一次被请求或者不是第一次被请求但已被修改过，则 JSP 引擎将此 JSP 页面代码转换成 Servlet 文件（即一个 . java 文件），然后 JSP 引擎调用 Java 编译器对 Servlet 文件进行编译，生成字节码文件（即一个 . class 文件），然后再调用 Java 虚拟机执行该字节码文件，最后将执行结果传送给客户端。如果该 JSP 页面不是第一次被请求，且没有被修改过，则直接由 JSP 引擎调用 Java 虚拟机执行已编译过的字节码文件，然后将结果发送到客户端。当多个用户请求同一个 JSP 页面时，JSP 引擎为每个用户启动一个线程，这些线程由 JSP 引擎服务器来管理。整个执行过程如图 6-2 所示。

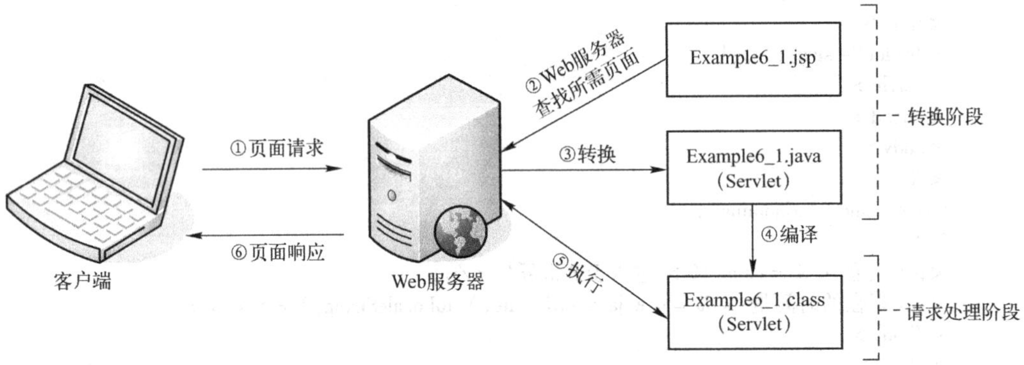

图 6-2　JSP 页面执行过程

6.2　JSP 指令

JSP 指令主要用来设置整个 JSP 页面范围内有效的相关信息，这些指令会被服务器解释执行，但不会产生任何输出到当前的输出流中，而只是告知 JSP 引擎如何处理 JSP 页面。

其语法格式如下。

```
<%@指令名称 属性="值"%>
```

需要注意的是，在起始标记<%@和结束标记%>中各字符之间不能有空格。

JSP 指令有 3 个：page、include 和 taglib。下面分别介绍 page 指令和 include 指令。

6.2.1 page 指令

page 指令定义了整个 JSP 页面相关的属性，如设置页面的编码方式、引用包、缓冲区和出错处理等。当 JSP 页面转换为 Servlet 时，这些属性会转换为相应的 Java 程序代码。page 指令的语法结构如下。

```
<%@ page
    [language = "java"]
    [extends = "package.class"]
    [import = "{package.class | package.*},…"]
    [session = "true | false"]
    [buffer = "none | 8kb | sizekb"]
    [autoFlush = "true | false"]
    [isThreadSafe = "true | false"]
    [info = "text"]
    [errorPage = "relativeURL"]
    [contentType = "mimeType [;charset = characterSet]" | "text/html ;charset = ISO-8859-1"]
    [isErrorPage = "true | false"]
%>
```

一个 JSP 页面中可以包含多个 page 指令，但是其中的属性，除了 import 属性之外，其他属性都只能用一次。page 指令可以放在 JSP 页面的任何地方，其作用范围是整个 JSP 页面，但为了 JSP 程序的可读性及良好的编程习惯，建议将 page 指令放在 JSP 页面的顶部。

page 指令各属性的含义如下。

（1）language 属性

该属性用于设置 JSP 页面中使用的脚本语言，目前该属性的取值只能是 java。示例如下。

```
<%@ page language = "java" %>
```

（2）contentType 属性

该属性定义了 JSP 页面响应的 MIME 类型和 JSP 页面字符编码，默认的 MIME 类型是 text/html，默认字符集是 ISO-8859-1。如果设置为 ISO-8859-1，则该 JSP 页面不支持中文字符。通常情况下，需要将其设置为支持中文的字符集（GBK、GB2312 或 UTF-8）。示例如下。

```
<%@ page contentType = "text/html;charset = gb2312" %>
```

（3）import 属性

该属性用于为 JSP 页面导入 Java 核心包中的类。import 属性是所有 page 属性中唯一可以多次设置的属性，也可以为 import 属性指定几个值，属性值之间以逗号分隔。示例如下。

```
<%@ page import = "java.util.*,java.io.*,java.awt.*" %>
```

也可以写成下列格式。

```
<%@ page import = "java. util. * " %>
<%@ page import = "java. io. * " %>
<%@ page import = "java. awt. * " %>
```

import 属性默认导入的包有：java. lang. * 、javax. servlet. * 、javax. servlet. jsp. * 和 javax. servlet. http. * 。

（4） session 属性

该属性用于指定在 JSP 页面中是否需要使用 session 对象，默认值是 true。

（5） buffer 属性

该属性用于指定在使用 out 内置对象向客户端输出内容时使用的缓冲区的大小，其默认值是 8 KB。如果设置为 none，将不使用缓冲区。示例如下。

```
<%@ pagebuffer = "none" %>
```

（6） autoFlush 属性

该属性用于指定 JSP 页面缓冲区满时，缓冲区是否自动刷新，其默认值为 true。如果将该属性设置为 true，则页面缓冲区满时，自动清空输出缓冲区；否则，当缓冲区满时，将抛出缓存溢出异常。当 buffer 属性设置为 none 时，不能将 autoFlush 设置成 false。

（7） isThreadSafe 属性

该属性用于指定对 JSP 页面的访问是否是多线程的，其默认值是 true。如果设置为 true，则表示当前 JSP 页面可以同时被多个客户端请求访问；如果设置为 false，则表示该 JSP 页面同一时刻只能处理响应一个客户端的请求，其他客户端需排队等待。

（8） info 属性

该属性可以设置为任意字符串，如当前页面的作者或其他相关的页面信息，该信息可以通过 Servlet. getServletInfo()方法来获取设置的字符串。

（9） errorPage 属性和 isErrorPage 属性

errorPage 属性用于指定当 JSP 页面发生异常时，跳转到哪个页面来处理。通常，异常处理页面需要设置 isErrorPage 属性，以说明其可以用于其他页面的错误处理，其默认值是 false。若将 isErrorPage 属性值设置为 true，则在页面中可以使用 exception 异常对象输出错误信息；若属性值设置为 false，则不能使用 exception 对象。

【例 6-2】 错误处理实例（Example6_2. jsp 和 error. jsp）。

Example6_2. jsp 代码如下。

```
<%@ page language = "java" contentType = "text/html; charset = UTF - 8" errorPage = "
error. jsp"%>
<html>
<head>
<meta http - equiv = "Content - Type" content = "text/html;charset = UTF - 8">
<title> errorPage 属性和 isErrorPage 属性 </title>
</head>
<body>
<% =1/0 %>
</body>
</html>
```

上述代码中，执行一个除法运算，且除数为0，因此将发生异常，调用 errorPage 属性指定的 error. jsp 页面显示错误信息。

error. jsp 代码如下。

```
<%@ page language = "java" contentType = "text/html; charset = UTF - 8" isErrorPage = "
true"% >
<html>
<head>
<meta http - equiv = "Content - Type" content = "text/html;charset = UTF - 8" >
<title>异常处理页面</title>
</head>
<body>
<% = exception. getMessage( )% >
</body>
</html>
```

在 error. jsp 页面中，首先需要设置 isErrorPage 属性值为 true，然后才能调用 exception 对象输出错误信息。在浏览器中访问 Example6_2. jsp 页面后，输出结果为/by zero。

（10） pageEncoding 属性

该属性用于指定 JSP 页面使用的字符编码，默认值为 ISO - 8859 - 1。

（11） extends 属性

该属性用于指定 JSP 页面转换为 Servlet 类后的父类。通常不会设置这个属性，如果设置该属性，可能会影响 JSP 的编译能力。

6. 2. 2 include 指令

include 指令用于在一个 JSP 页面中包含另一个文件，被包含文件可以是 JSP 页面、HTML 网页、文本文件或一段 Java 代码。

include 指令是静态包含，也就是说被包含文件中的所有内容都会被原样嵌入到当前 JSP 页面中。即使被包含文件中含有 JSP 代码，也不会被编译执行，而是将两个文件合并成一个文件后再编译执行。由此可知，如果两个文件中有重复的变量或函数定义，那么合并之后将会出现编译错误。

如果修改被包含文件的内容，那么包含此文件的 JSP 文件也要重新编译执行，才能保证文件的正确性。

include 指令的语法格式如下。

```
<%@ include file = "FileName" % >
```

file 属性用于指定被包含文件的路径。

使用 include 指令引用外部文件，可以减少代码的冗余。假如现在有一个网站，网站中每个页面的头部和底部都采用相同的内容，如果每个页面都单独编写，那将会出现大量的冗余代码，不仅降低了开发速度，而且会给程序的维护带来很大的困难。如果将整个页面分成若干个独立的部分，将网站中共有的部分写成单独的 JSP 文件，当在多个页面中需要上述内容时，则可以通过 include 指令在相应的位置上引入相应的文件即可。

【例 6-3】 include 指令实例（Example6_3. jsp）。

将第 2 章中的美食网页面另存为 Example6_3. jsp。由于整个页面分为 header、content 和 footer 共 3 部分，并且页面的 header 部分和 footer 部分内容是不会发生变化的。因此，将 header 和 footer 部分分别保存为 header. jsp 和 footer. jsp。

header. jsp 的代码如下。

```
<div id="header">
    <div class="logo"><ahref="#"><img src="images/logo.jpg" /></a></div>
    <div class="search">
        <form>
            <input type="text" value=""/>
            <input type="submit" value=""/>
        </form>
    </div>
    <div class="clear"></div>
</div>
```

footer. jsp 的代码如下。

```
<div id="footer">
    <div class="copy">© Copyright 2010-2016 美食网 | Design by 美食爱好者</div>
</div>
```

此时的 Example6_3. jsp 的代码如下。

```
<%@ page language="java" contentType="text/html;charset=UTF-8" pageEncoding="UTF-
8"%>
<!DOCTYPE html">
<html>
<head>
<meta http-equiv="Content-Type" content="text/html;charset=UTF-8">
<title>美食网</title>
<link href="css/style.css" rel="stylesheet" type="text/css"/>
</head>
<body>
<div id="box">
<!--header 部分-->
<%@ include file="header.jsp"%>
<!--content 部分-->
<div id="content">
……
</div>
<!--footer 部分-->
<%@ include file="footer.jsp"%>
</div>
</body>
</html>
```

6.3 JSP 语法

JSP 页面中除了包含 JSP 指令外，还包括模板元素、声明、表达式、脚本片段和注释等。其中的声明、表达式和脚本片段又称为脚本元素。模板元素的内容会直接传送到客户端执行，脚本元素则必须由服务器端来处理执行。

6.3.1 JSP 模板元素

JSP 模板元素是指 JSP 页面中的静态 HTML 或者 XML 内容。HTML 语言在 JSP 页面中作为静态内容，主要负责页面的结构。在编译 JSP 时，会将模板元素编译到 Servlet 中去。当客户端请求这个 JSP 页面时，Servlet 会将模板元素原样发送到客户端。

【例 6-4】 JSP 模板元素实例（Example6_4. jsp）。代码如下。

```
<html>
<head>
<title>JSP 模板元素</title>
</head>
<body>
<h2>欢迎进入 JSP 的世界</h2>
<p>现在的时间是<%=new java.util.Date().toLocaleString()%></p>
</body>
</html>
```

将 Example6_4. jsp 编译成 Servlet 后，上述代码所对应的编译后的代码如下。

```
out.write("\r\n");
out.write("<html>\r\n");
out.write("<head>\r\n");
out.write("<title>JSP 模板元素</title>\r\n");
out.write("</head>\r\n");
out.write("<body>\r\n");
out.write("<h2>欢迎进入 JSP 的世界</h2>\r\n");
out.write("<p>现在的时间是");
out.print(new java.util.Date().toLocaleString());
out.write("</p>\r\n");
out.write("</body>\r\n");
out.write("</html>\r\n");
```

当用户访问 Example6_4. jsp 页面时，在客户端浏览器中查看到的网页源代码如下。

```
<html>
<head>
<title>JSP 模板元素</title>
</head>
<body>
<h2>欢迎进入 JSP 的世界</h2>
<p>现在的时间是 2016-2-16 19:18:17</p>
</body>
</html>
```

6.3.2 JSP 表达式

JSP 表达式用于将 Java 表达式的运行结果输出到页面中，表达式的计算结果将被转换为字符串形式。JSP 表达式也可以插入到 HTML 标记中，用于动态设置属性值。表达式以 <% = 开始，以 %> 结束，其语法格式如下。

```
<% =表达式 %>
```

注意：<%和=之间不能有空格，表达式后不能加分号。

【例6-5】JSP表达式实例（Example6_5. jsp）。代码如下。

```
…
<%
  String name = "小明";
  String path = "Example6_4. jsp";
%>
现在的时间是<% =new java. util. Date( ). toLocaleString( )% > <br/>
欢迎您,<% =name% > <br/>
<a href = "<% =path% >" >进入主页</a>
</body>
</html>
```

启动Tomcat，在浏览器中的运行结果如图6-3所示。单击“进入主页”超链接，将打开Example6-4. jsp页面。

图6-3　Example6_5. jsp运行结果

6.3.3　JSP脚本片段

JSP脚本片段是在JSP页面中插入的一段Java代码。脚本片段可以是任何符合Java语法的代码，如可以定义变量、调用方法和进行各种表达式运算，每行语句后面要加分号分隔符。在脚本片段中定义的变量和方法在当前的整个页面内都有效，但不会被其他线程共享，用户对该变量的操作不会影响到其他用户，当前页面关闭后，该变量则被销毁。JSP脚本片段以<%开始，以%>结束，其语法格式如下。

```
<% Java代码 %>
```

【例6-6】脚本片段实例（Example6_6. jsp）。代码如下。

```
<% @ page language = "java" contentType = "text/html; charset = gb2312" pageEncoding = "
gb2312"% >
<html>
<head>
<title>JSP脚本片段</title>
</head>
<body>
<%
double num = Math. random( );
out. print( "num的值为" + num);
if( num <0. 5) {
% >
```

```
    <p>num 的值小于 0.5 </p>
    <%
    }
    else{
    %>
    <p>num 的值大于等于 0.5 </p>
    <%
    }
    %>
    </body>
    </html>
```

在上述代码中，首先获取一个随机数，如果该数小于 0.5，则在页面中显示“num 的值小于 0.5”，否则在页面上显示“num 的值大于等于 0.5”。out.print()方法用于向客户端输出内容。

6.3.4 JSP 声明

JSP 声明用于在 JSP 页面中定义变量和方法，每个声明只在当前 JSP 页面内有效。其语法格式如下。

```
<%! 声明变量或方法 %>
```

在声明变量和方法时，要注意以下几点。

1）声明以 <%! 开始，以% >结束。

2）声明变量时，要以分号（;）结束。

3）变量和方法的命名规则与 Java 中的命名规则相同。

一个 JSP 页面中可以有多个声明，每个声明可以同时定义多个变量和方法。将 JSP 页面转换为 Servlet 时，这些变量和方法将被转换为类中相应的属性和方法，其生命周期从创建到服务器关闭后才结束。当多个用户请求同一个 JSP 页面时，JSP 引擎为每个用户启动一个线程，这些用户线程将共享 JSP 页面的成员变量。即任何一个线程对 JSP 页面成员变量操作的结果，都会影响到其他线程。

【例 6-7】计算圆的面积（Example6_7.jsp）。代码如下。

```
...
<%!
final double PI = Math.PI;
double r = 50;
double getArea(double a){
    return PI * a * a;
}
%>
<p>半径是 50 的圆的面积是<% =getArea(r)%></p>
</body>
</html>
```

实例运行结果为：半径是 50 的圆的面积是 7853.981633974483。

6.3.5 JSP 注释

在 JSP 页面中，可以使用两种类型的注释。一种是 HTML 注释，这种注释可以在客户端看到；另一种是 JSP 注释，是为 JSP 页面本身所做的注释，通常是给程序员看的，也称为隐藏注释。

1. HTML 注释

HTML 注释将被发送到客户端，但注释的内容不会被浏览器解释执行，而是在浏览器的源文件中可以查看到。

其语法格式如下。

```
<!-- 注释内容 [ <% =表达式% > ] -->
```

在 HTML 注释中，可以包含 JSP 表达式，这些表达式将被 JSP 引擎处理，动态生成注释内容。

2. JSP 注释

JSP 提供了一种隐藏注释，JSP 引擎在转换编译 JSP 页面过程中将完全忽略这种注释。所以在客户端的源代码中不会出现注释内容，提高了代码的安全性。

其语法格式如下。

```
<% -- 注释内容 -- % >
```

另外，在 Java 脚本片段中，也可以使用 Java 语言本身的注释机制，语法格式如下。

```
<% //单行注释 % >
<% /*多行注释*/ % >
```

【例 6-8】注释实例（Example6_8.jsp）。代码如下。

```
...
<body>
<p>世界,你好！ </p>
<!-- 这是一个简单的页面 -->
<!-- 该页面创建于<% =new java.util.Date().toLocaleString()% > -->
<%
  /**
    *计算 1+2+... +50 的和
    */
  int sum=0;
  //通过 for 循环计算和
  for(int i=1;i<=50;i++){
        sum=sum+i;
  }
  out.print("1+2+... +50=" +sum);     //输出和
%>
</body>
</html>
```

在客户端浏览器中查看源文件，可以看到以下输出结果。

```
<html>
<head>
<title>注释</title>
</head>
<body>
<p>世界,你好! </p>
<!-- 这是一个简单的页面 -->
<!-- 该页面创建于 2016-2-15 17:48:41 -->
1+2+... +50=1275
</body>
</html>
```

6.4 JSP 动作标签

JSP 动作标签是在请求处理阶段按照在页面中出现的顺序被执行的，只有 JSP 动作标签被执行时，才会实现其所具有的功能。

6.4.1 JSP 动作标签概述

在 JSP 页面执行过程中要经历两个阶段。首先是转换阶段，也就是将 JSP 转换成 Servlet，并编译这个 Servlet 的阶段。其次是请求处理阶段，JSP 引擎调用 Java 虚拟机来解释执行类文件，生成向客户端发送的应答，然后发送给客户端，请求处理阶段仅执行类文件。

JSP 规范中定义了一些标准的 JSP 动作标签，用于为请求处理阶段提供信息。利用 JSP 动作标签可以动态地插入文件、重用 JavaBean 组件，以及执行请求转发等。JSP 动作标签将影响 JSP 运行时的行为和对客户端请求的响应，这些动作由 JSP 引擎来实现。

在 JSP 页面中常用的 JSP 动作标签有以下几个。

- <jsp:include>：在页面被请求时引入一个文件。
- <jsp:forward>：把请求转到一个新的页面。
- <jsp:param>：为其他标签提供参数信息。
- <jsp:useBean>：实例化一个 JavaBean。
- <jsp:setProperty>：设置 JavaBean 的属性。
- <jsp:getProperty>：获取某个 JavaBean 的属性。

本节主要讲解<jsp:include>、<jsp:forward>和<jsp:param>标签。

6.4.2 <jsp:include>标签

在 Java Web 开发，特别是前端开发中，经常为了代码的重用而将页面拆分成小页面，最后再将各小页面整合成符合需求的页面。在 JSP 中常用的导入页面方式有两种，一种是使用 include 指令，在 JSP 页面的转换阶段完成页面的导入；另一种就是使用<jsp:include>标签。

<jsp:include>标签用于在当前页面中包含其他页面，被包含的页面可以是静态页面，也可以是动态页面，一旦被包含的页面执行完毕，请求处理将在调用页面中继续执行。

<jsp:include>标签的语法格式如下。

```
<jsp:include page="被包含文件的路径" flush="true | false"/>
```

或

```
<jsp:include page="被包含文件的路径" flush="true | false">
    <jsp:param name="参数名称" value="参数值"/>
</jsp:include>
```

<jsp:include>标签有两个属性：page 和 flush。

- page：该属性指定被包含文件的路径。如果路径以“/”开头，则按照当前应用的路径查找该文件；如果路径以文件名或目录名称开头，则按照当前的路径查找被包含的文件。
- flush：该属性是可选的。如果设置为 true，当页面输出使用了缓冲区，那么在进行包含工作之前，先要刷新缓冲区；如果设置为 false，则不会刷新缓冲区。该属性的默认值是 false，但通常情况下，要设置为 true。

<jsp:include>标签和 include 指令都能实现将外部文件包含到 JSP 文件中，功能相似，但也有区别。首先在被调用的时间点上，include 指令在 JSP 页面的转换阶段将被包含文件的内容在 include 指令的位置处包含进来，成为一个整体，再转换为 Servlet 源文件。而<jsp:include>标签动作发生在请求处理阶段，当前页面和被包含的文件是两个独立的个体，当前页面将请求发送给被包含的文件，被包含文件对请求处理的结果将作为当前页面对请求响应的一部分而发送到客户端。其次从执行速度上看，include 指令是将 JSP 页面和被包含文件合在一起被 JSP 引擎编译，产生一个 Servlet。而<jsp:include>标签是将 JSP 页面和被包含文件分别编译，产生两个 Servlet，然后将被包含文件的 Servlet 调入到主文件的 Servlet 中。include 指令仅处理一个请求，而<jsp:include>标签要处理两个请求，所以使用 include 指令要比<jsp:include>标签的响应速度快。

【例 6-9】 include 标签实例（Example6_9.jsp 和 date.jsp）。

Example6_9.jsp 的代码如下。

```
...
<body>
<h2>欢迎进入 JSP 的世界</h2>
<hr/>
<jsp:include page="date.jsp"/>
</body>
</html>
```

date.jsp 的代码如下。

```
<%@ page language="java" contentType="text/html;charset=gb2312"%>
<html>
<head>
<title>系统时间</title>
</head>
<body>
<p>现在的时间是<%=new java.util.Date().toLocaleString()%></p>
</body>
</html>
```

程序运行结果如图 6-4 所示。

<jsp:include>动作标签可以在它的内容中包含一个或多个<jsp:param>元素，为包含的页面提供参数信息。

【例 6-10】 include 标签带参数实例（Example6_10. jsp 和 date1. jsp）。

Example6_10. jsp 的代码如下。

```
...
<body>
<h2>欢迎进入 JSP 的世界</h2>
<hr/>
<jsp:include page = "date1. jsp" >
  <jsp:param name = "userName" value = "xiaoming"/>
</jsp:include>
</body>
</html>
```

date1. jsp 的代码如下。

```
<%@ page language = "java" contentType = "text/html;charset = gb2312"% >
<html>
<head>
<title>系统时间</title>
</head>
<body>
<p>现在的时间是<% = new java. util. Date(). toLocaleString()% > </p>
<p>你好,<% = request. getParameter( "userName" )% >！ </p>
</body>
</html>
```

其中，request. getParameter("userName")是使用内置对象的方法来获取 userName 的值。程序运行结果如图 6-5 所示。

图 6-4 Example6_9. jsp 运行结果

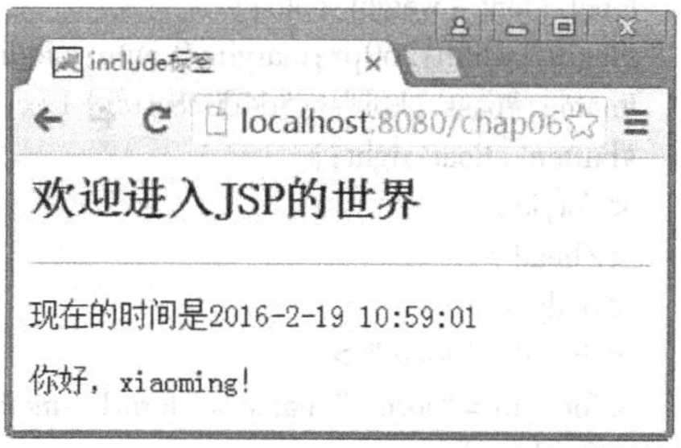

图 6-5 Example6_10. jsp 运行结果

6.4.3 <jsp:forward>标签

<jsp:forward>标签用于将客户端请求从一个 JSP 页面转发到另一个页面（可以是 JSP 页面、HTML 或其他相关文件中）。这个标签会终止当前页面的执行，而去执行该标签指定的目标页面。

<jsp:include>标签的语法格式如下。

```
<jsp:forward page = "文件路径"/>
```

或

```
<jsp:forward page = "文件路径" >
    <jsp:param name = "参数名称" value = "参数值"/>
</jsp:forward>
```

<jsp:forward>标签只有一个 page 属性，用于指定请求被转向的文件的相对路径，该路径是相对于当前 JSP 页面的 URL，也可以是经过表达式计算得到的相对 URL。

【例 6-11】 forward 标签实例（Example6_11. jsp 和 login. jsp）。

Example6_11. jsp 的代码如下。

```
...
<body>
<p>现在所在位置是 Example6_11. jsp 页面</p>
<jsp:forward page = "login. jsp"/>
</body>
</html>
```

login. jsp 的代码如下。

```
<!DOCTYPE html>
<html>
<head>
<meta http-equiv = "Content-Type" content = "text/html;charset = utf-8" />
<title>用户登录</title>
<style>
*{margin:0px;border:0px;padding:0px;}
body{font-family:"宋体";font-size:12px;color:#858585;}
fieldset{border: 1px solid #d5d5d5;padding:10px;}
legend{color: #a53e91;font-size:20px;font-family: "黑体";}
label{font-weight:bold;}
#login{width:260px;margin:0 auto;padding-top:20px;padding-left:15px;}
#name,#pass{border:#d4d0c8 solid 1px;width:130px;height:18px;margin:1px 0px 2px 0px;}
#button{float:right;}
</style>
</head>
<body>
<div id = "login" >
<form id = "form1" name = "form1" method = "post" action = "" >
<fieldset>
<legend>用户登录</legend>
<p>
<label for = "name" >
<input type = "image" name = "button" id = "button" src = "images/dl. gif" />
用户: </label>
<input type = "text" name = "name" id = "name" />
</p>
<p>
<label for = "pass" >密码: </label>
<input type = "password" name = "pass" id = "pass" />
```

```
</p>
</fieldset>
</form>
</div>
</body>
</html>
```

启动 Tomcat 后，在浏览器中访问 Example6_11. jsp 页面，当执行到 <jsp:forward> 标签时，请求将转到 login. jsp 页面。请求转发是发生在服务器端的操作，浏览器并不知道请求转发，所以浏览器的地址栏内容不会发生变化。程序运行结果如图 6-6 所示。

图 6-6　Example6_11. jsp 运行结果

6.4.4　<jsp:param>标签

<jsp:param>标签用于为其他标签提供附加信息，该标签与<jsp:include>、<jsp:forward>一起使用。

<jsp:param>标签的语法格式如下。

```
<jsp:param name="参数名称" value="参数值" />
```

其中，name 属性用于指定参数的名称，value 属性用于指定参数的值，可以是一个表达式。

通过<jsp:param>标签指定的参数将以“参数名=值”的形式添加到请求中，其功能与在文件名后面直接添加“?参数名=值”相同。如下面的两种写法，其结果是一样的。

```
<jsp:include page="date1.jsp">
    <jsp:param name="userName" value="xiaoming"/>
</jsp:include>
```

或

```
<jsp:include page="date1.jsp? userName=xiaoming"/>
```

上述两种代码都实现了在请求转发到 date1. jsp 页面的同时传递参数 userName，其值为 xiaoming，在 date1. jsp 页面中都可以通过<%=request. getParameter("userName")%>来获取 userName 的值。

6.5　案例：简单的用户登录功能

本节将在 MyEclipse 环境下实现简单的用户登录功能，包含 Example6_12. jsp、

check. jsp、manager. jsp 和 user. jsp 共 4 个页面。具体操作步骤如下。

1. 创建 Java Web 项目

1）在 MyEclipse 菜单栏中选择 File→New→Web Project 命令，弹出 New Web Project 对话框，在 Project Name 文本框中输入 Example6_12，并在 J2EE Specification Level 下拉列表框中选择 Java EE 5. 0 选项，单击 Finish 按钮，完成 Example6_12 项目的创建。

2）在 MyEclipse 左侧的 Package Explorer 视图中会显示出刚刚创建的 Example6_12 项目。右击 WebRoot 选项，在弹出的快捷菜单中选择 New→Folder 命令，新建 images 文件夹。

3）右击 WebRoot 选项，在弹出的快捷菜单中选择 New→Other 命令，弹出 New 对话框，依次展开 MyEclipse→Web 结点，选择 JSP（Basic templates）选项，然后单击 Next 按钮，依次创建 Example6_12. jsp、check. jsp、manager. jsp 和 user. jsp 共 4 个页面。

2. 设计页面

Example6_12. jsp、check. jsp、manager. jsp 和 user. jsp 这 4 个页面的代码分别如下。

Example6_12. jsp 页面的代码如下。

```
<!DOCTYPE html>
<html>
<head>
<meta http-equiv="Content-Type" content="text/html;charset=gb2312" />
<title>用户登录</title>
<style>
body{font-size:12px;}
</style>
</head>
<body>
<div id="login">
<form id="form1" name="form1" method="post" action="check.jsp">
<fieldset>
<legend>用户登录</legend>
<p>用户:<input type="text" name="name"/></p>
<p>密码:<input type="password" name="pass"/></p>
<p>
<input type="radio" name="select" value="manager" checked>系统管理员
<input type="radio" name="select" value="user">普通用户
</p>
<input type="submit" value="登录" />
<input type="reset" value="重填" />
</fieldset>
</form>
</div>
</body>
</html>
```

check. jsp 页面的代码如下。

```
<%@ page language="java" contentType="text/html;charset=gb2312"%>
<html>
<head>
<title>登录验证</title>
<style>
```

```
body{font-size:12px;}
</style>
</head>
<body>
<%
String userName,pwd,choice;
userName = request.getParameter("name");
pwd = request.getParameter("pass");
choice = request.getParameter("select");
if(choice.equals("manager")){
%>
    <jsp:forward page="manager.jsp">
    <jsp:param name="username" value="<%=userName%>"/>
    <jsp:param name="password" value="<%=pwd%>"/>
    </jsp:forward>
<%
}else{
%>
    <jsp:forward page="user.jsp">
    <jsp:param name="username" value="<%=userName%>"/>
    <jsp:param name="password" value="<%=pwd%>"/>
    </jsp:forward>
<%
    }
%>
</body>
</html>
```

manager.jsp 页面的代码如下。

```
<%@ page language="java" contentType="text/html;charset=gb2312"%>
<html>
<head>
<title>系统管理员</title>
<style>
body{font-size:12px;}
</style>
</head>
<body>
这是系统管理员页面！<hr/>
<%
  String user,pwd;
  user = request.getParameter("username");
  pwd = request.getParameter("password");
%>
<%=user%>你好,欢迎访问！请记住你的密码：<%=pwd%>
</body>
</html>
```

user.jsp 页面的代码如下。

```
<%@ page language="java" contentType="text/html;charset=gb2312"%>
<html>
```

```
  <head>
  <title>普通用户</title>
  <style>
body{font-size:12px;}
  </style>
  </head>
  <body>
这是普通用户页面！<hr/>
  <%
    String user,pwd;
    user = request.getParameter("username");
    pwd = request.getParameter("password");
%>
  <%=user%>你好,欢迎访问！请记住你的密码:<%=pwd%>
  </body>
  </html>
```

3. 测试 Web 应用程序

1）单击工具栏中的部署按钮，弹出 Project Deployments 对话框，在 Project 下拉列表框中选择要发布的项目 Example6_12。

2）然后单击 Add 按钮，弹出 New Deployment 对话框，在 Server 下拉列表框中选择 Tomcat 6. x 选项，单击 Finish 按钮，返回 Project Deployments 对话框，单击 OK 按钮，即可完成项目的发布。

3）确认 Tomcat 服务器已经成功启动了，打开浏览器，在地址栏中输入 http://localhost:8080/Example6_12/Example6_12. jsp，即可进行访问，页面效果如图 6-7 所示。输入用户名 xiaoming，密码 123456，选择“系统管理员”单选按钮，单击“登录”按钮后，页面效果如图 6-8 所示。输入用户名 xiaohong，密码 654321，选择“普通用户”单选按钮，单击“登录”按钮后，页面效果如图 6-9 所示。

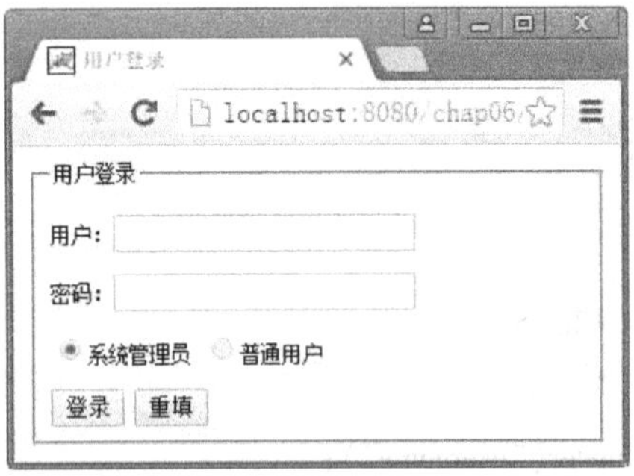

图 6-7　Example6_12. jsp 运行结果

图 6-8　系统管理员页面

图 6-9　普通用户页面

本章小结

本章主要讲解了 JSP 的基本语法部分，为 JSP 程序开发奠定了基础。本章首先介绍了 JSP 页面的基本构成及运行过程，然后详细介绍了 JSP 常用的指令元素、脚本元素和动作元素，以及注释的使用。

实践与练习

一、选择题

1. page 指令的作用是（　　）。
   A. 用来定义整个 JSP 页面的一些属性和属性值
   B. 用来在 JSP 页面中的某处嵌入一个文件
   C. 使该 JSP 页面动态包含一个文件
   D. 定义将请求转发到其他 JSP 页面
2. 在 JSP 中，page 指令的 import 属性的作用是（　　）。
   A. 定义 JSP 页面响应的 MIME 类型　　B. 定义 JSP 页面使用的脚本语言
   C. 为 JSP 页面引入 Java 包中的类　　D. 定义 JSP 页面字符的编码
3. （　　）可以在 JSP 页面出现该指令的位置处静态插入一个文件。
   A. page 指令标签　　B. page 指令的 import 属性
   C. include 指令标签　　D. include 动作标签
4. <jsp:forward>动作标签的 page 属性的作用是（　　）。
   A. 定义 JSP 文件名　　B. 定义 JSP 文件的传入参数
   C. 定义 JSP 文件的文件头信息　　D. 定义 JSP 文件的相对地址
5. 在 JSP 中，要定义一个方法，需要用到以下哪个元素？（　　）
   A. <% =% >　　B. <% % >
   C. <%! % >　　D. <%@ % >
6. Page 指令用于定义 JSP 文件中的全局属性，下列选项中描述不正确的是（　　）。
   A. <%@ page % >作用于整个 JSP 页面
   B. 可以在一个页面中使用多个<%@ page % >指令
   C. 为了增强程序的可读性，建议将<%@ page % >指令放在 JSP 文件的开头，但不是必需的
   D. <%@ page % >指令中的属性只能出现一次

二、简答题

1. JSP 常用的动作标签有哪些？简述各自的作用。
2. 简述 include 指令与<jsp:include>动作标签的区别。
3. 简述 JSP 的几种注释方式。

实验指导

题目1　计算梯形面积

1. 任务描述

使用JSP实现程序，用户输入梯形的上底、下底和高的值后，计算并输出梯形面积。

2. 任务要求

1）该实验由SY－1. jsp和getArea. jsp两个页面实现，在SY－1. jsp页面中使用表单接收用户输入。

2）在getArea. jsp页面中获取用户的输入，计算梯形面积并输出。

3. 知识点提示

本任务主要用到以下知识点。

1）在getArea. jsp页面中使用request. getParameter( )方法获取表单内容。

2）上述方法获取的值是字符串类型，若要进行计算，需要进行类型转换。使用Double. parseDouble( )方法可以进行类型转换，此方法将字符串类型转换为double类型。

4. 操作步骤提示

1）创建SY－1. jsp文件，设置表单action的属性值为“getArea. jsp”。

2）创建getArea. jsp文件，定义getArea( )方法，计算梯形面积。获取表单内容的代码如下。

```
h = Double. parseDouble( request. getParameter( "height" ) ) ;
```

3）启动Tomcat，在浏览器中访问页面。运行结果如图6-10和图6-11所示。

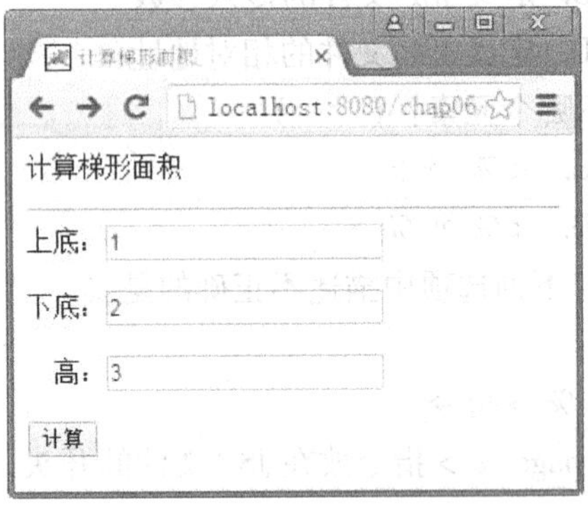

图6-10　SY－1. jsp运行结果

图6-11　getArea. jsp运行结果

题目2　动态输出表格

1. 任务描述

在项目开发过程中，经常会进行数据库的查询，然后应用表格将查询结果显示在JSP页面中。由于查询结果是动态的，因此在显示查询结果时需要根据返回的结果来动态生成表格的行数。本任务要求使用JSP程序实现动态输出表格。

2. 任务要求

使用数组来存储数据，在 JSP 页面中使用表格显示数组中的数据，根据数组内容动态输出表格。

3. 知识点提示

本任务主要用到以下知识点。

使用<%…%>标记嵌入 Java 脚本片段。

4. 操作步骤提示

1）创建 SY-2.jsp 文件，完成页面主体结构。

2）定义两个数组，分别存放电影播放时间和影片名称，利用循环，依次输出数组中的内容。参考关键代码如下。

```
<%
for(int i=0;i<time.length;i++){
%>
<tr>
<td><%=time[i]%></td>
<td><%=movie[i]%></td>
</tr>
<%
}
%>
```

3）启动 Tomcat，在浏览器中访问页面。运行结果如图 6-12 所示。

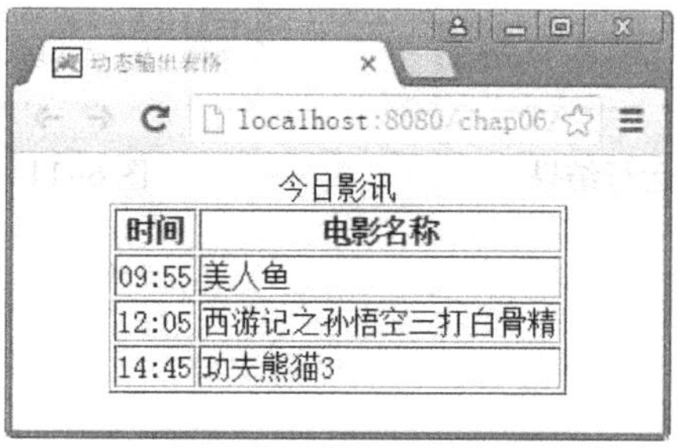

图 6-12　SY-2.jsp 运行结果

题目 3　统计网页访问人数

1. 任务描述

使用 JSP 实现程序，统计网页访问人数，并输出用户序列。

2. 任务要求

1）该实验由 SY-3.jsp 和 count.jsp 两个页面实现，在 SY-3.jsp 页面中使用表单接收用户输入。

2）在 count.jsp 页面中获取用户的输入，如果用户姓名为空，则返回 SY-3.jsp 页面，继续输入；如果不为空，则记录访问者姓名，并将访问者人数加 1，然后将当前有多少人访问页面及访问者的名称序列输出。

3. 知识点提示

本任务主要用到以下知识点。

1）在 count.jsp 页面中使用 request.getParameter( )方法获取表单内容。

2）如果传递的内容是中文，有可能出现乱码。解决办法为：首先使用 request 的 getParameter( )方法获取请求数据后，再通过创建新字符串的方法强制将字符的编码形式由 ISO8859-1 转换成 gb2312，实现编码类型重新构造，代码如下。

```
String name = request.getParameter("userName");
name = new String(name.getBytes("ISO8859-1"),"gb2312");
```

4. 操作步骤提示

1）创建 SY-3.jsp 文件，设置表单 action 的属性值为"count.jsp"。

2）创建 count.jsp 文件，定义 int 类型的 count 用于计数，StringBuffer 类型的 visitor 用于记录访问者姓名，count( )方法用于计数加 1 并追加访问者姓名。

3）首先获取用户输入，为防止乱码，要进行编码转换，然后判断用户输入是否为空。如果为空，返回 SY-3.jsp，重新进行输入；否则利用 StringBuffer 类型的 append( )方法实现追加功能。最后，在页面中输出人数及访问者姓名。

4）启动 Tomcat，在浏览器中访问页面。运行结果如图 6-13 和图 6-14 所示。

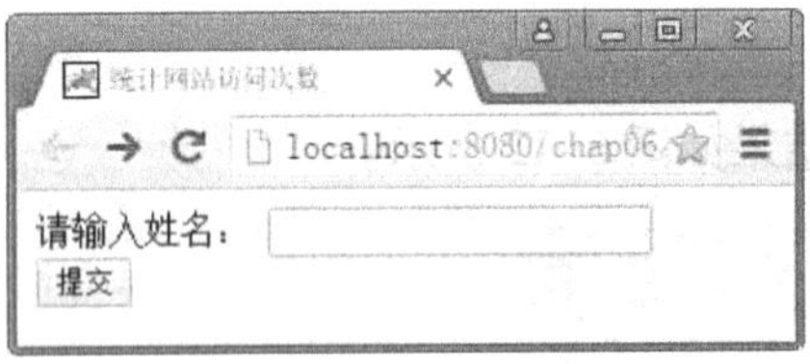

图 6-13　SY-3.jsp 运行结果

图 6-14　count.jsp 运行结果

第 7 章　Servlet 技术

Servlet 是 Sun 公司用于实现 CGI（Common Gateway Interface，公共网关接口）程序设计的 Java 技术解决方案，是一种用于服务器端程序设计的 Java API。Servlet 隶属于 J2EE 应用中的 Web 组件部分，是 JSP 技术的基础，而且大型 Web 应用程序的开发需要 Servlet 与 JSP 配合才能完成。Servlet 是 Java Web 程序的核心技术，JSP 和多数 Java Web 框架的底层实现都是使用 Servlet。Servlet 使用 Java 语言编写，可以用来生成动态的 Web 页面。在 Java Web 开发中，Servlet 主要用于处理各种业务逻辑，并且具有很好的安全性、扩展性和性能。本章将详细介绍 Servlet 的相关原理、创建及应用。

7.1　Servlet 概述

Servlet 是运行于服务器端的 Java 类，用于动态地处理请求和构造响应信息，这些 Servlet 运行于 Servlet 容器中，并可以访问该容器所提供的服务。当 Web 服务器接收到 HTTP 请求时，如果该请求是一个静态资源（如一个 HTML 页面），则 Web 服务器会简单地返回该资源；如果请求的是 Servlet，则将请求转交给 Servlet 容器。针对同一个 Servlet 请求，Servlet 容器在第一次收到 HTTP 请求时会建立一个 Servlet 实例，然后启动一个线程来处理用户的请求。第二次收到 HTTP 请求时，Servlet 容器无需建立相同的 Servlet 实例，而是启动第二个线程用于服务客户端的请求。采用多线程方式执行 Servlet 既可以提高 Web 应用的性能，又可以有效地降低 Web 服务器的负担。Servlet 的运行原理如图 7-1 所示。

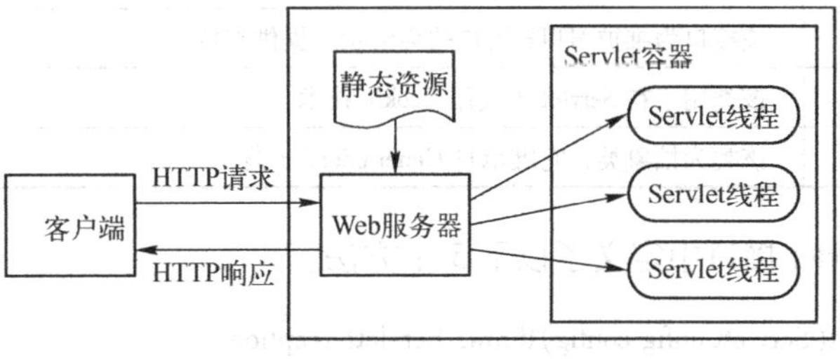

图 7-1　Servlet 的运行原理

Servlet 不是用户直接调用的应用程序，而是由实施该 Servlet 的 Web 应用中的 Web 容器根据传入的 HTTP 请求调用 Servlet。当一个 Servlet 被调用时，Web 容器把请求信息转发到 Servlet，这样 Servlet 就可以处理请求并生成动态响应信息，并且把响应信息回送到 Web 服务器。

Servlet 是使用 Java Servlet API 运行在 Web 应用服务器上的 Java 程序，而 JSP 是一种在 Servlet 规范之上的动态网页技术，可以将 HTML、CSS 和 JS 等相关代码直接写入到 JSP 页面中。所以，Servlet 更适合于承担用户请求与业务处理的中间角色，而显示层的角色则由 JSP

来完成。实际上，Servlet 是 JSP 的基础，在执行 JSP 页面前要先将 JSP 翻译成 Servlet，然后再执行 Servlet。

7.2 Servlet 接口

Servlet API 包含两个包：javax. servlet 和 javax. servlet. http。javax. servlet 包中定义的类和接口是独立于协议的；而 javax. servlet. http 包中包含了具体的 HTTP 协议的类和接口。javax. servlet 包中的主要类和接口如表 7-1 所示。

表 7-1　javax. servlet 包中的主要类和接口

类 或 接 口	说　明
Servlet	该接口定义了所有 Servet 必须实现的方法
ServletResponse	该接口定义了一个向客户端发送响应信息的对象
ServletRequest	该接口定义了一个向服务器提供用户请求信息的对象
ServletContext	该接口定义了 Servlet 用于和它的 Servlet 容器进行通信的方法
ServletConfig	该接口是 Servlet 容器使用的 Servlet 配置对象，用于在初始化时为 Servlet 传送信息
ServletInputStream	该类为读取客户端请求的二进制数据提供了一个输入流
ServletOutputStream	该类提供了一个向客户端发送二进制数据的输出流
GenericServlet	该类定义了一个一般性的、独立于协议的 Servlet

javax. servlet. http 包中的主要类和接口如表 7-2 所示。

表 7-2　javax. servlet. http 包中的主要类和接口

类 或 接 口	说　明
HttpServletRequest	该接口继承自 ServletRequest 接口，为 HttpServlet 提供请求信息
HttpServletResponse	该接口继承自 ServletResponse 接口，为 HttpServlet 提供响应信息
HttpSession	该接口为维护 HTTP 用户的会话状态提供支持
Cookie	该类用于在 Servlet 中使用 Cookie 技术
HttpServlet	该类为抽象类，它继承自 GenericServlet 类

javax. servlet. Servlet 接口中定义了以下 5 个方法。

```
public void init(ServletConfig config)throws ServletException
public void service(ServletRequest req,ServletResponse res)throws ServletException,IOException
public void destroy()
public ServletConfig getServletConfig()
public String getServletInfo()
```

下面将详细介绍这 5 个方法的作用。

- init()：在 Servlet 实例化之后，Servlet 容器会调用 init()方法来完成对 Servlet 对象的初始化工作。例如，建立数据库的连接及获取 Servlet 配置信息等。对于每一个 Servlet 实例，init()方法只被执行一次。init()方法的参数类型为 ServletConfig，Servlet 使用 ServletConfig 对象从 Web 应用程序的配置文件中获取以名-值对形式提供的初始化参数。另外，Servlet 还可以通过 ServltConfig 对象获取描述 Servlet 运行环境的 ServletContext 对象，使用该对象 Servlet 可以和其容器进行通信。

- service()：容器通过调用 service()方法来处理客户端的请求。容器会构造一个表示客户端请求信息的请求对象 ServletRequest，以及用于对客户端进行响应的响应对象 ServletResponse，将这两个对象作为参数传递给 service()方法。在 service()方法执行时，通过 ServletRequest 对象获得客户端的请求信息，调用 ServletResponse 对象的方法来设置响应信息。
- destroy()：当容器检测到一个 Servlet 对象应该从服务中被移除时，容器会调用 Servlet 对象的 destroy()方法来释放所使用的资源。在调用 destroy()方法后，容器会释放这个 Servlet 对象，并且该对象会被垃圾收集器所回收。
- getServletConfig()：该方法返回容器调用 init()方法时传给 Servlet 对象的 ServletConfig 对象，在 ServletConfig 对象中包含了 Servlet 的初始化参数。
- getServletInfo()：该方法返回一个 String 对象，其中包括 Servlet 的作者、版本和版权等相关信息。

7.2.1 GenericServlet 和 HttpServlet

当通过实现 Servlet 接口来创建 Servlet 类时，要实现 Servelt 接口中的 5 个方法，为了简化 Servlet 的编写，在 javax. servlet 包中提供了一个抽象类 GenericServlet。GenericServlet 是一个通用的、不依赖于具体协议的 Servlet。在大多数的网络应用中，客户端的浏览器都是通过 HTTP 协议来访问服务器端的资源的，这样 Servlet 也主要是应用于 HTTP 协议的请求和响应。为了快速开发应用于 HTTP 协议的 Servlet 应用，可以使用 javax. servlet. http 包中的抽象类 HttpServlet，该类继承 GenericServlet，用于创建适合 Web 站点的 HTTP Servlet。

1. GenericServlet

GenericServlet 类的定义如下。

```
public abstract class GenericServlet extends Object implements Servlet,ServletConfig,Serializable
```

在 GenericServlet 类中，只有 service()方法还是抽象方法，所以当编写一个通用的 Servlet 时，只需要继承 GenericServlet 类，并实现抽象方法 service()。

GenericServlet 类中的主要方法如表 7-3 所示。

表 7-3 GenericServlet 类中的主要方法

方　法	说　明
public String getInitParameter(String name)	返回名称为 name 的初始化参数值，初始化参数在 web. xml 配置文件中进行配置。如果参数不存存，则返回 null
public Enumeraiton getInitParameterNames()	返回 Servlet 所有初始化参数的名称枚举集合，如果 Servlet 没有初始化参数，则返回空的枚举集合
public ServletContext getServletContext()	返回 Servlet 上下文对象的引用

2. HttpServlet

HttpServlet 类的定义如下。

```
public abstract class HttpServlet extends GenericServlet implements Serializable
```

HttpServlet 类中的主要方法如表 7-4 所示。

表 7-4 HttpServlet 类中的主要方法

方　法	说　明
protected void service(HttpServletRequest req, HttpServletResponse resp) throws ServletException, IOException	首先调用 HttpServletRequest 对象的 getMethod( ) 方法，然后根据请求方法的类型调用相应的 doXXX( ) 方法
protectedvoid doGet(HttpServletRequest req, HttpServletResponse resp) throws ServletException, IOException	由 service( ) 方法调用来处理 GET 请求
protected void doPost(HttpServletRequest req, HttpServletResponse resp) throws ServletException, IOException	由 service( ) 方法调用来处理 POST 请求
protected void doPut(HttpServletRequest req, HttpServletResponse resp) throws ServletException, IOException	由 service( ) 方法调用来处理 PUT 请求
protected void doDelete(HttpServletRequest req, HttpServletResponse resp) throws ServletException, IOException	由 service( ) 方法调用来处理 DELETE 请求
protected void doTrace(HttpServletRequest req, HttpServletResponse resp) throws ServletException, IOException	由 service( ) 方法调用来处理 TRACE 请求
protected void doOptions(HttpServletRequest req, HttpServletResponse resp) throws ServletException, IOException	由 service( ) 方法调用来处理 OPTIONS 请求

7.2.2 请求消息和响应消息

当用户请求 Servlet 时，由 Servlet 容器创建一个 ServletRequest 对象，封装用户传递的请求数据，并且创建 ServletResponse 对象用于封装服务器端响应数据。接口 ServletRequest 与 ServletResponse 定义在 javax. servlet 包中，接口 ServletRequest 中的主要方法如表 7-5 所示。

表 7-5 接口 ServletRequest 中的主要方法

方　法	说　明
public Object getAttribute(String name)	返回属性名为 name 的值，如果该属性不存在，则返回值为 null
public Enumeration getAttributeNames( )	返回请求中所有的属性名，如果在请求中没有属性，则返回空的枚举集合
public void removeAttribute(String name)	移除请求中名称为 name 的属性
public void setAttribute(String name, Object o)	在请求中保存名称为 name 的属性
public String getCharacterEncoding( )	返回请求中所使用的字符编码名称，如果没有指定字符编码，则返回值为 null
public int getContentLength( )	以字节为单位，返回请求的长度
public String getContentType( )	返回请求的 MIME 类型
public ServletInputStream getInputStream( )	返回 ServletInputStream 输入流，使用该输入流以二进制方式读取请求内容
public String getLocalAddr( )	返回接收到请求的网络接口的 IP 地址
public String getLocalName( )	返回接收到请求的 IP 接口的主机名
public int getLocalPort( )	返回接收到请求的网络接口的端口号
public String getParameter(String name)	返回请求中 name 参数的值，如果 name 参数有多个值，则返回第一个值
public Enumeration getParameterNames( )	返回请求中所有参数的枚举集合
public String[ ] getParameterValues(String name)	返回请求中 name 参数的所有值

（续）

方　法	说　明
public String getProtocol( )	返回请求所使用的协议名称和版本
public BufferedReader getReader( )	返回 BufferedReader 对象，以字符方式读取请求数据
public String getRemoteAddr( )	返回发送请求的客户端或者最后一个代理服务器的 IP 地址
public String getRemoteHost( )	返回发送请求的客户端或者最后一个代理服务器的完整限定名
public int getRemotePort( )	返回发送请求的客户端或者最后一个代理服务器的端口
public RequestDispatcher getRequestDispatcher(String path)	返回 RequestDispatcher 对象，作为 path 所定位的资源封装
public String getServerName( )	返回请求发送到的服务器主机名
public int getServerPort( )	返回请求发送到的服务器端口号
public void setCharacterEncoding(String env)	设置请求正文中所使用的字符编码名称

接口 ServletResponse 中的主要方法如表 7-6 所示。

表 7-6　接口 ServletResponse 中的主要方法

方　法	说　明
public void flushBuffer( ) throws IOException	将缓冲区中的内容发送到客户端
public int getBufferSize( )	返回缓冲区的大小
public String getCharacterEncoding( )	返回在响应中发送的正文所使用的字符编码
public String getContentType( )	返回在响应中发送的正文所使用的 MIME 类型
public ServletOutputStream getOutputStream ( ) throws IOException	返回 ServletOutputStream 对象，用于在响应中写入二进制数据
public PrintWriter getWriter( ) throws IOException	返回 PrintWriter 对象，用于发送字符数据到客户端，默认情况下使用 ISO - 8859 - 1 字符编码方式
public boolean isCommitted( )	用于判断响应是否已经提交
public void reset( )	清除缓冲区中的数据，包括状态代码和消息报头
pubic void resetBuffer( )	清除缓冲区中的响应内容，保留状态代码和消息报头
public void setBufferSize(int size)	设置缓冲区的大小
public void setCharacterEncoding(String charset)	设置响应数据的字符编码
public void setContentLength(int len)	设置响应内容的长度
public void setContentType(String type)	设置响应内容的类型

7.3　Servlet 生命周期

Servlet 运行在服务器端的 Servlet 容器中，其生命周期由 Servlet 容器来进行管理。Servlet 的生命周期经历了加载和实例化、初始化、处理请求、服务终止 4 个阶段。

1. 加载和实例化

当 Servlet 容器启动或用户请求 Servlet 时，Servlet 容器负责加载 Servlet 类，成功加载后调用 Servlet 默认构造方法创建 Servlet 实例。

2. 初始化

在 Servlet 实例化之后，Servlet 容器调用 Servlet 的 init( )方法初始化 Servlet 对象。对于每一个 Servlet 实例，init( )方法只被调用一次。在初始化期间，Servlet 可以通过 ServletConfig 对象获取 Web 应用程序配置文件 web. xml 中的参数信息。

3. 处理请求

Servlet 容器调用 Servlet 的 service( )方法对用户请求进行处理并返回响应。Servlet 容器将两个参数传递给 service( )方法，一个是封装了用户请求信息的 ServletRequest 对象，另一个是用来响应用户请求的 ServletResponse 对象。与 init( )方法不同的是，service( )方法可以被多次调用。当多个用户请求同一个 Servlet 对象服务时，Servlet 容器将启动新的线程，在该线程中，Servlet 调用 service( )方法响应用户的请求。每个用户的请求都导致 service( )方法被调用执行，调用过程运行在不同的线程中。

4. 服务终止

当 Servlet 容器检测到 Servlet 实例应该从服务中被移除时，Servlet 容器调用 Servlet 对象的 destroy( )方法，以便让 Servlet 实例释放它所使用的资源。当 destroy( )方法执行完以后，Servlet 容器释放 Servlet 实例，该实例随后会被垃圾收集器所回收。在整个 Servlet 生命周期中，destroy( )方法只被调用一次。如果用户再次请求这个 Servlet，则 Servlet 容器会创建一个新的 Servlet 实例。

7.4 创建 Servlet

Web 应用程序的开发分为设计开发和配置部署两个阶段。在设计开发时，创建的 Servlet 类可以是直接实现 Servlet 接口或者继承 Servlet 接口的实现类（如 HttpServlet）。在配置部署阶段时，需要将一个 Web 应用程序的一组 Servlet、JSP、HTML 及部署描述文件以一种结构化的目录形式存在。下面以 MyEclipse 为例来说明 Servlet 的创建、配置及运行。

7.4.1 Servlet 的创建

【例 7-1】 使用 MyEclipse 创建一个 Servlet，其功能为向客户端输出一行字符串“Hello Servlet!”。

Servlet 的创建过程如下。

1）启动 MyEclipse。

2）选择 File→New→Web Project 命令，弹出 New Web Project 对话框。

3）在 Project Name 文本框中输入 Example7_1，在 J2EE Specification Level 选项组中选择 Java EE 5. 0 单选按钮，如图 7-2 所示。

4）单击 Finish 按钮，建立一个 Web 项目，Web 项目的结构如图 7-3 所示。

5）右击 Web 项目，在弹出的快捷菜单中选择 New→Servlet 命令，弹出 Create a new Servlet 对话框，如图 7-4 所示。

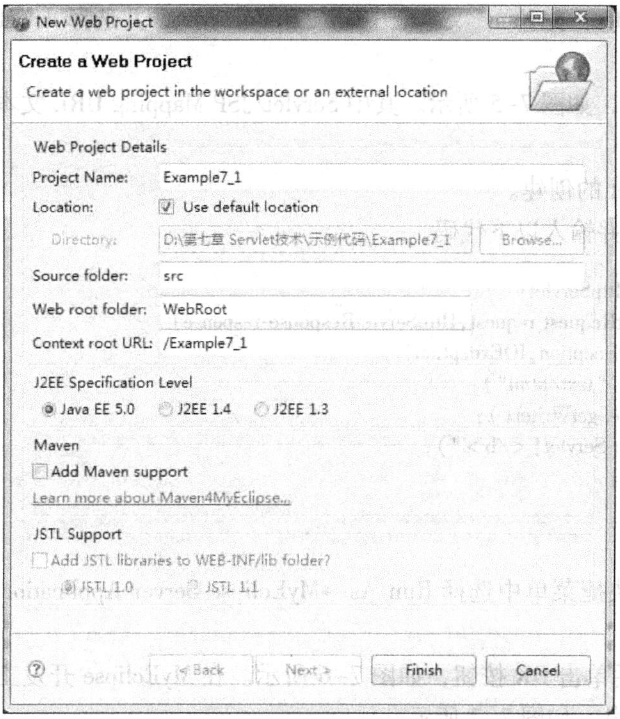

图 7-2　创建 Web 项目

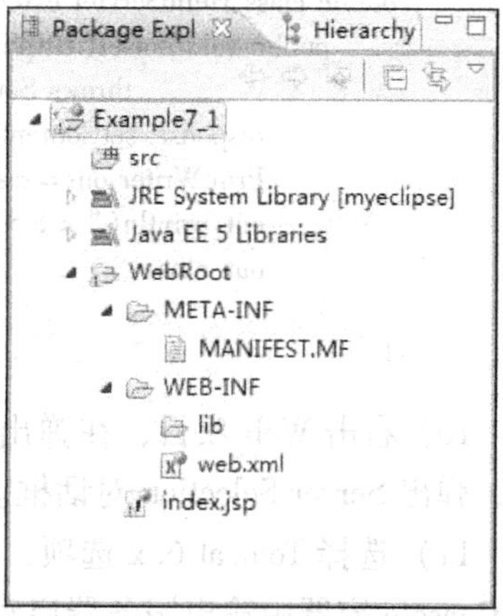

图 7-3　Web 项目结构

图 7-4　创建 Servlet

6）在 Package 文本框中输入 servlet，在 Name 文本框中输入 HelloServlet，并选择 doGet( ) 复选框。

7）单击 Next 按钮，进入下一步，如图 7-5 所示。其中 Servlet/JSP Mapping URL 文本框中的内容为/servlet/HelloServlet。

8）单击 Finish 按钮，完成 Servlet 的创建。

9）打开 HelloServlet. java 文件，并输入以下代码。

```
public class HelloServlet extends HttpServlet{
    public void doGet( HttpServletRequest request, HttpServletResponse response)
                throws ServletException, IOException{
        response. setContentType( "text/html" );
        PrintWriter out = response. getWriter( );
        out. println( " <b> Hello Servlet! </b> " );
        out. close( );
    }
}
```

10）右击 Web 项目，在弹出的快捷菜单中选择 Run As→MyEclipse Server Application 命令，弹出 Server Selection 对话框。

11）选择 Tomcat 6. x 选项，然后单击 OK 按钮，如图 7-6 所示。在 MyEclipse 开发工具的 Console 容器中输出服务器启动信息，如图 7-7 所示。

图 7-5　设置 Servlet/JSP Mapping URL

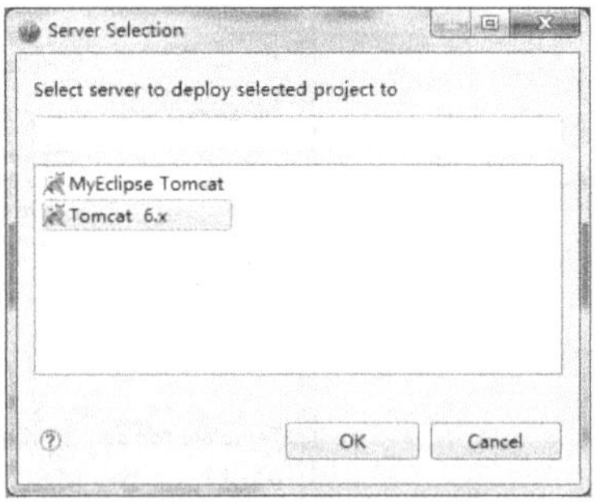

图 7-6　Tomcat 服务器选择

12）在浏览器地址栏中输入如下 URL 来测试程序。在 URL 中，Example7_1 为 Web 项目名称，/servlet/HelloServlet 为 Servlet 与 URL 样式之间的映射。

```
http://localhost:8080/Example7_1/servlet/HelloServlet
```

程序运行结果如图 7-8 所示。

图 7-7　Tomcat 服务器启动信息

图 7-8　HelloServlet 程序运行结果

7.4.2　Servlet 的配置

在部署 Servlet 时需要文件 web. xml。web. xml 文件称为 Web 应用程序的部署描述符，它包含 Web 应用程序的配置和部署信息。

在 Example7_1 项目中由 MyEclipse 工具创建的 web. xml 文件内容如下所示，注意代码中粗体显示的配置参数部分。

```
<?xml version="1.0" encoding="UTF-8"?>
<web-app version="2.5"
    xmlns="http://java.sun.com/xml/ns/javaee"
    xmlns:xsi="http://www.w3.org/2001/XMLSchema-instance"
    xsi:schemaLocation="http://java.sun.com/xml/ns/javaee
    http://java.sun.com/xml/ns/javaee/web-app_2_5.xsd">
  <servlet>
    <description>This is the description of my J2EE component</description>
    <display-name>This is the display name of my J2EE component</display-name>
    <servlet-name>HelloServlet</servlet-name>
    <servlet-class>servlet.HelloServlet</servlet-class>
  </servlet>
  <servlet-mapping>
    <servlet-name>HelloServlet</servlet-name>
    <url-pattern>/servlet/HelloServlet</url-pattern>
  </servlet-mapping>
  <welcome-file-list>
    <welcome-file>index.jsp</welcome-file>
```

```
    </welcome-file-list>
</web-app>
```

<servlet>元素用于声明 Servlet，<servlet-name>子元素用于指定 Servlet 的名称，在同一个 Web 应用程序中，Servlet 的名称不能为空并且必须是唯一的。<servlet-class>子元素用于指定 Servlet 类的完整名称。

<servlet-mapping>元素用于在 Servlet 和 URL 样式之间定义一个映射。它的子元素<servlet-name>指定的 Servlet 名称必须和<servlet>元素中的子元素<servlet-name>给出的名称相同。<url-pattern>子元素用于指定 Servlet 的 URL 映射，该路径是相对于 Web 项目名称的路径。

当用户在浏览器地址栏中输入 http://localhost:8080/Example7_1/servlet/HelloServlet 时，Servlet 容器会将请求发送给 Example7_1 项目中 servlet 包中的 HelloServlet 来处理。

7.4.3 ServletConfig 接口

ServletConfig 接口定义在 javax.servlet 包中，Servlet 容器使用 ServletConfig 对象在 Servlet 初始化期间向它传递配置信息，一个 Servlet 只有一个 ServletConfig 对象。ServletConfig 接口中的方法如下。

- public String getInitParameter(String name)：返回名称为 name 的初始化参数的值，如果 name 参数不存在则返回 null。所有的初始化参数都在 web.xml 文件中进行配置。
- public Enumeration getInitParameterNames()：返回所有初始化参数名称的枚举集合，如果 web.xml 文件中没有初始化参数，则返回值为一个空的枚举集合。
- public ServletContext getServletContext()：返回 Servlet 上下文对象的引用。
- public String getServletName()：返回 Servlet 实例的名称，该名称是在 Web 应用程序的部署描述符中指定的名称。

【例 7-2】使用 ServletConfig 对象获取 web.xml 文件中的配置参数信息。

```
public class ConfigServlet extends HttpServlet{
    public void doGet(HttpServletRequest request, HttpServletResponse response)
            throws ServletException, IOException{
        response.setContentType("text/html;charset=utf-8");
        PrintWriter out = response.getWriter();
        ServletConfig config = getServletConfig();
        Enumeration e = config.getInitParameterNames();
        while(e.hasMoreElements()){
            String name = (String)e.nextElement();
            String value = config.getInitParameter(name);
            out.println("name:" + name + "<br>");
            out.println("value:" + value + "<br><br>");
        }
        out.close();
    }
}
```

web.xml 文件内容如下所示，注意代码中粗体显示的配置参数部分。

```
<servlet>
    <description>This is the description of my J2EE component</description>
    <display-name>This is the display name of my J2EE component</display-name>
    <servlet-name>ConfigServlet</servlet-name>
    <servlet-class>servlet.ConfigServlet</servlet-class>
    <init-param>
        <param-name>greeting</param-name>
        <param-value>Welcome</param-value>
    </init-param>
    <init-param>
        <param-name>欢迎</param-name>
        <param-value>您好</param-value>
    </init-param>
</servlet>
<servlet-mapping>
    <servlet-name>ConfigServlet</servlet-name>
    <url-pattern>/servlet/ConfigServlet</url-pattern>
</servlet-mapping>
```

程序运行结果如图 7-9 所示。

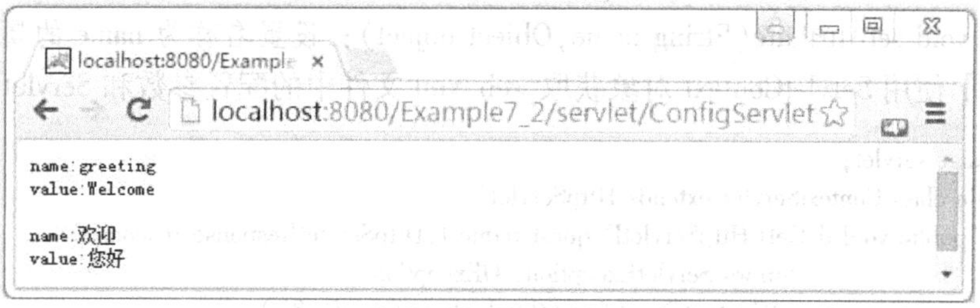

图 7-9　使用 ServletConfig 对象获取 web.xml 文件中的配置参数信息

7.4.4　ServletContext 接口

ServletContext 对象表示了一个 Web 应用程序的上下文，它是 Web 服务器中的一个已知路径的根。Servlet 容器负责提供 ServletContext 接口的实现，Servlet 容器在 Web 应用程序加载时创建 ServletContext 对象，该对象可以被 Web 应用程序中所有的 Servlet 访问。在 ServletContext 接口中定义了一组方法，使用这些方法可以与 Servlet 容器进行通信。ServletContext 接口中的常用方法如下。

- public ServletContext getContext(String uripath)：返回一个与服务器上指定 URL 进行通信的 ServletContext 对象。
- public String getContextPath()：返回 Web 应用程序的上下文路径。
- pullic String getInitParameter(String name)：返回在 web.xml 中使用 <context-param> 元素定义的参数名为 name 的值。
- public Enumeration getInitParameterNames()：返回在 web.xml 中使用 <context-param> 元素定义的所有参数名的枚举集合。
- public int getMajorVersion()：返回 Servlet 容器支持的 Java Servlet API 主版本号。

- public int getMinorVersion()：返回 Servlet 容器支持的 Java Servlet API 次版本号。
- public String getMimeType(String file)：返回指定文件的 MIME 类型。
- public RequestDispatcher getRequestDispatcher(String path)：返回一个 RequestDispatcher 对象，作为指定路径上的资源封装。
- public RequestDispatcher getNamedDispatcher(String name)：返回一个 RequestDispatcher 对象，作为指定名称上的资源封装。
- public String getRealPath(String path)：返回资源在服务器上的绝对路径。
- public URL getResource(String path) throws MalformedURLException：返回被映射到指定路径上的资源的 URL。
- public InputStream getResourceAsStream(String path)：返回资源的输入流对象，但元信息将丢失。
- public Set getResourcePaths(String path)：返回资源的路径列表。
- public String getServerInfo()：返回运行 Servlet 容器的名称和版本。
- public Object getAttribute(String name)：返回属性名为 name 的属性值。
- public Enumeration getAttributeNames()：返回所有属性名的枚举集合。
- public void removeAttribute(String name)：移除名称为 name 的属性。
- public void setAttribute(String name,Object object)：设置名称为 name 的属性。

【例 7-3】使用 ServletContext 对象获取 web.xml 文件中的配置参数和 Servlet 容器信息。

```
package servlet;
public class ContextServlet extends HttpServlet{
    public void doGet(HttpServletRequest request,HttpServletResponse response)
                throws ServletException,IOException{
        response.setContentType("text/html;charset=utf-8");
        PrintWriter out = response.getWriter();
        ServletContext context = getServletConfig().getServletContext();
        String name = context.getInitParameter("name");
        String email = context.getInitParameter("email");
        out.println("name:" + name + "<br>");
        out.println("email:" + email + "<br><br>");
        out.println("ContextPath:" + context.getContextPath() + "<br>");
        out.println("Server:" + context.getServerInfo() + "<br>");
        out.flush();
        out.close();
    }
}
```

web.xml 文件内容如下所示，注意代码中粗体显示的配置参数部分。

```
<context-param>
    <param-name>name</param-name>
    <param-value>Tom</param-value>
</context-param>
<context-param>
    <param-name>email</param-name>
    <param-value>tom@163.com</param-value>
</context-param>
```

```
<servlet>
  <description>This is the description of my J2EE component</description>
  <display-name>This is the display name of my J2EE component</display-name>
  <servlet-name>ContextServlet</servlet-name>
  <servlet-class>servlet.ContextServlet</servlet-class>
</servlet>
<servlet-mapping>
  <servlet-name>ContextServlet</servlet-name>
  <url-pattern>/servlet/ContextServlet</url-pattern>
</servlet-mapping>
```

程序运行结果如图 7-10 所示。

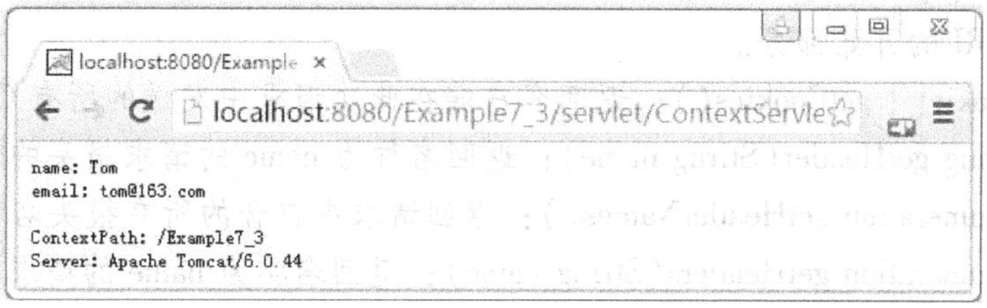

图 7-10　使用 ServletContext 对象获取 web.xml 文件中的配置参数和 Servlet 容器信息

7.5　Servlet 请求 HttpServletRequest 接口

接口 HttpServletRequest 定义在 javax.servlet.http 包中，它继承自接口 ServletRequest。HTTP 请求由请求行、请求头部和数据体 3 部分构成。例如，用户发出以下 HTTP 请求。

```
http://127.0.0.1:8080/Example7_4/servlet/RequestServlet? username=Jack&password=123456
```

则请求行为

```
GET /Example7_4/servlet/RequestServlet? username=Jack&password=123456 HTTP/1.1
```

请求头部为

```
Accept: application/x-ms-application, image/jpeg, application/xaml+xml, image/gif, image/pjpeg, application/x-ms-xbap, application/vnd.ms-excel, application/vnd.ms-powerpoint, application/msword, */*
Accept-Language: zh-CN
Accept-Encoding: gzip, deflate
User-Agent: Mozilla/4.0 (compatible; MSIE 7.0; Windows NT 6.1; WOW64; Trident/7.0; SLCC2; .NET CLR 2.0.50727; .NET CLR 3.5.30729; .NET CLR 3.0.30729; Media Center PC 6.0; .NET4.0C; .NET4.0E)
Host: 127.0.0.1:8080
Connection: Keep-Alive
```

使用 HttpServletRequest 接口所提供的方法，可以获得 HTTP 请求内的所有信息。

7.5.1　获取请求消息

在客户端请求 Servlet 时，Servlet 容器为这个 Servlet 创建一个 HttpServletRequest 对象来

存储客户端的请求信息，并在调用 service( )方法时将 HttpServletRequest 对象作为参数传给 service( )方法。调用 HttpServletRequest 对象的相关方法可以获得如下请求消息。

- 请求行消息：由请求方法、请求的资源部分、请求参数部分、协议部分、Servlet 上下文路径和 Servlet 映射路径构成。
- 请求头消息：由所有请求头的名称和值、请求正文的内容类型、请求正文的长度，以及请求正文的字符编码构成。
- 除了上面请求消息外，通过 HttpServletRequest 对象还可以获得客户端和服务器端的 IP 地址、端口号等网络连接消息。

HttpServletRequest 接口中用于获取请求消息的相关方法如下。

- public String getContextPath( )：返回请求 URI 中表示请求上下文的部分，上下文部分是请求 URI 的开始部分。
- public Cookie[ ] getCookies( )：返回客户端在此次请求中发送的所有 Cookie 对象。
- public String getHeader(Stirng name)：返回名称为 name 的请求报头的值。
- public Enumeration getHeaderNames( )：返回请求中包含的所有报头名称的枚举集合。
- public Enumeration getHeaders(String name)：返回名称为 name 的请求报头所有值的枚举集合。
- public String getMethod( )：返回此次请求所使用的 HTTP 方法的名称。
- public String getQueryString( )：返回包含在请求 URL 路径之后的查询字符串。
- public String getRequestURI( )：返回请求 URL 中从主机名到查询字符串之间的部分。
- public StringBuffer getRequestURL( )：重新构造请求 URL，返回的 URL 中包括协议、服务器名称、端口号和服务器的路径，但不包括查询字符串。
- public String getServletPath( )：返回请求 URI 中调用 Servlet 的部分。
- public HttpSession getSession( )：返回与此次请求相关的 Session，如果没有给客户端分配 Session，则创建一个新的 Session。
- public HttpSession getSession(boolean create)：返回与此次请求相关的 Session。如果没有给客户端分配 Session，则当 create 参数为 true 时创建一个新的 Session，否则返回 null。

【例 7-4】 使用 HttpServletRequest 对象获取请求消息。

```
public class RequestServlet extends HttpServlet{
    public void doGet(HttpServletRequest request,HttpServletResponse response)
                throws ServletException,IOException{
        response.setContentType("text/html;charset=utf-8");
        PrintWriter out = response.getWriter();
        out.println("Method:" + request.getMethod() + "<br>");
        out.println("Request URI:" + request.getRequestURI() + "<br>");
        out.println("Query String:" + request.getQueryString() + "<br>");
        out.println("Protocol:" + request.getProtocol() + "<br>");
        out.println("Context Path:" + request.getContextPath() + "<br>");
        out.println("Servlet Path:" + request.getServletPath() + "<br><br>");
        Enumeration e = request.getHeaderNames();
        while(e.hasMoreElements()){
            String headerName = (String)e.nextElement();
```

```
                    String headerValue = request.getHeader(headerName);
                    out.println(headerName + ":" + headerValue + "<br>");
                }
                out.println("<br>");
                out.println("Client IP:" + request.getRemoteHost() + "<br>");
                out.println("Client Port:" + request.getRemotePort() + "<br>");
                out.println("Server IP:" + request.getLocalAddr() + "<br>");
                out.println("Server Port:" + request.getLocalPort() + "<br>");
                out.flush();
                out.close();
        }
}
```

web.xml 文件内容如下所示，注意代码中粗体显示的配置参数部分。

```
<servlet>
    <description>This is the description of my J2EE component</description>
    <display-name>This is the display name of my J2EE component</display-name>
    <servlet-name>RequestServlet</servlet-name>
    <servlet-class>servlet.RequestServlet</servlet-class>
</servlet>
<servlet-mapping>
    <servlet-name>RequestServlet</servlet-name>
    <url-pattern>/servlet/RequestServlet</url-pattern>
</servlet-mapping>
```

通过以下 URL 来访问 Servlet。

```
http://127.0.0.1:8080/Example7_4/servlet/RequestServlet? name=Tom&age=23
```

程序运行结果如图 7-11 所示。

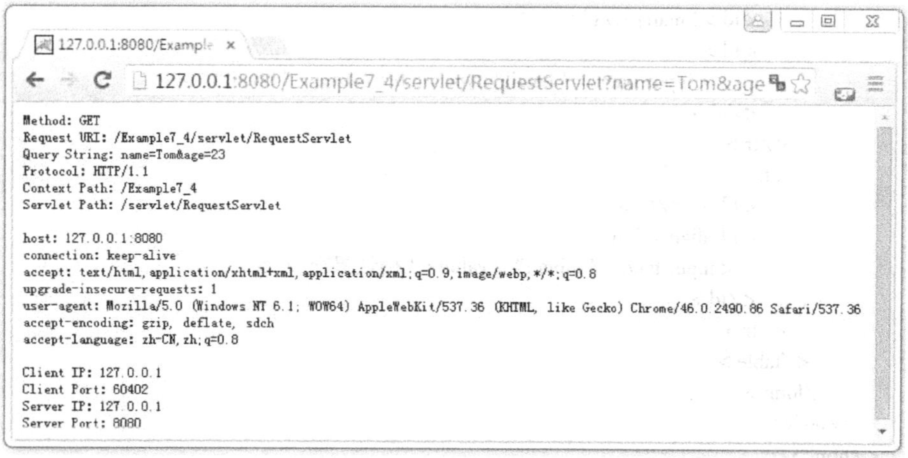

图 7-11　使用 HttpServletRequest 对象获取请求消息

7.5.2　获取表单数据

用户在表单中提交的信息可以通过 HttpServletRequest 对象的下列方法获取。

- public String getParameter(String name)：返回请求中 name 参数的值，如果 name 参数有多个值，则返回第 1 个值。
- public Enumeration getParameterNames()：返回请求中所有参数名称的枚举集合。
- public String[] getParameterValues(String name)：返回请求中 name 参数的所有值。

【例 7-5】 使用 HttpServletRequest 获取表单信息。

1）编写用户注册页面 Register. jsp，用户可以在该页面的表单中添加个人注册信息，具体代码如下。

```
<%@ page language="java" pageEncoding="UTF-8"%>
<html>
  <head>
    <title>用户注册页面</title>
  </head>
  <body>
    <form id="register" name="register" method="post" action="servlet/FormServlet">
       <table>
         <tr>
           <td>用户名:</td>
           <td>
              <input name="username"  type="text" title="用户名"/>
           </td>
         </tr>
         <tr>
           <td>密码:</td>
           <td>
             <input name="password"  type="password" title="密码"/>
           </td>
         </tr>
         <tr>
           <td>Email:</td>
           <td>
               <input name="email" type="text" title="Email"/>
           </td>
         </tr>
         <tr>
           <td> </td>
           <td align="right">
             <input type="submit"  value="确认提交"/>
           </td>
         </tr>
       </table>
    </form>
  </body>
</html>
```

2）编写一个名称为 FormServlet 的 Servlet，在该 Servlet 的 doPost()方法中获取用户在表单中提交的信息并输出，具体代码如下。

```
package servlet;
import java.io.IOException;
```

```java
import java.io.PrintWriter;
import javax.servlet.ServletException;
import javax.servlet.http.HttpServlet;
import javax.servlet.http.HttpServletRequest;
import javax.servlet.http.HttpServletResponse;
public class FormServlet extends HttpServlet{
    public void doPost(HttpServletRequest request,HttpServletResponse response)
                throws ServletException,IOException{
        request.setCharacterEncoding("UTF-8");
        response.setContentType("text/html;charset=utf-8");
        PrintWriter out = response.getWriter();
        String username = request.getParameter("username");
        String password = request.getParameter("password");
        String email = request.getParameter("email");
        out.println("<html><head>");
        out.println("<title>获取用户注册信息</title>");
        out.println("</head><body>");
        out.println("用户名:" + username + "<br>");
        out.println("密码:" + password + "<br>");
        out.println("邮箱:" + email + "<br>");
        out.flush();
        out.close();
    }
}
```

web.xml 文件内容如下所示，注意代码中粗体显示的配置参数部分。

```xml
<servlet>
    <description>This is the description of my J2EE component</description>
    <display-name>This is the display name of my J2EE component</display-name>
    <servlet-name>FormServlet</servlet-name>
    <servlet-class>servlet.FormServlet</servlet-class>
</servlet>
<servlet-mapping>
    <servlet-name>FormServlet</servlet-name>
    <url-pattern>/servlet/FormServlet</url-pattern>
</servlet-mapping>
```

用户注册页面的运行结果如图 7-12 所示。

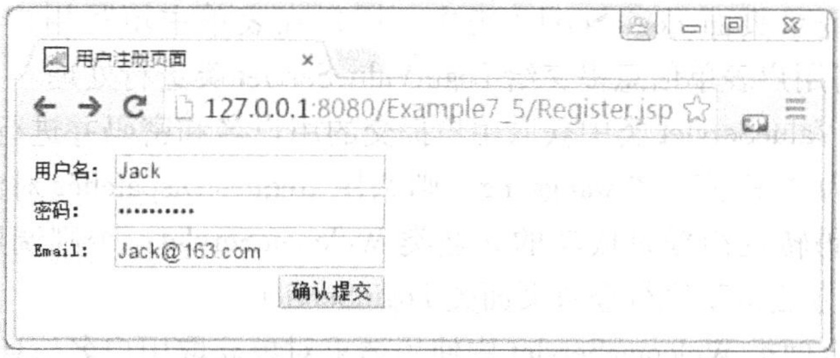

图 7-12　用户注册页面

FormServlet 获取并输出用户注册信息，运行结果如图 7-13 所示。

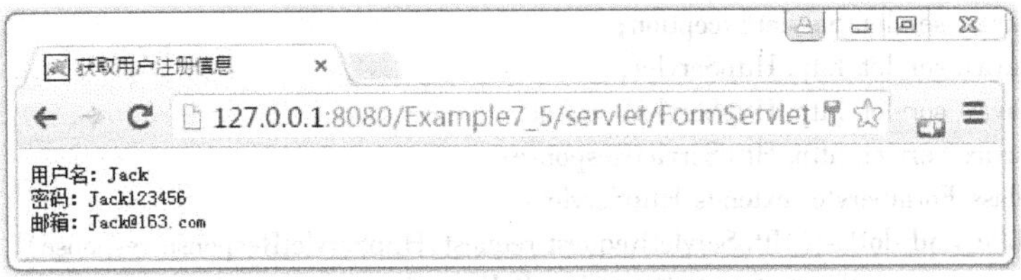

图 7-13　获取并输出用户注册信息

7.5.3　请求转发

RequestDispatcher 对象用于封装一个由路径所标识的服务器资源，利用 RequestDispatcher 对象可以将请求转发给其他的 Servlet 或 JSP 页面。在 RequestDispatcher 接口中定义了以下两个方法。

- public void forward(ServletRequest request,ServletResponse response) throws ServletException,IOException：该方法用于将请求从一个 Servlet 传递给服务器上的其他 Servlet 或者 JSP 页面。
- public void include(ServletRequest request,ServletResponse response) throws ServletException,IOException：该方法用于在响应中包含其他资源（Servlet、JSP 页面或者 HTML 文件）的内容。

获得 RequestDispatcher 对象有 3 种方法。第一种是使用 ServletRequest 接口中的 getRequestDispatcher()方法，如下所示。

```
public RequestDispatcher getRequestDispatcher(String path)
```

另外两种是利用 ServletContext 接口中的 getNamedDispatcher()和 getRequestDispatcher()方法。

```
public RequestDispatcher getRequestDispatcher(String path)
public RequestDispatcher getNamedDispatcher(String name)
```

ServletContext 接口中的 getRequestDispatcher()方法的参数必须以斜杠（/）开始，即从上下文根路径开始；而 ServletRequest 接口中的 getRequestDispatcher()方法的参数不但可以是相对于上下文根路径，而且可以是相对于当前 Servlet 的路径。ServletContext 接口中的 getNamedDispatcher()方法则是以在部署描述文件中给出的 Servlet 名称作为参数。

【例 7-6】 使用 RequestDispatcher 对象完成请求转发。

首先，在用户登录页面 LoginServlet 类中，用户在表单中填写用户名和密码，当单击"登录"按钮时，将用户表单信息提交给 LoginValueServlet 类进行处理。

其次，在 LoginValueServlet 类中获取用户提交的用户名和密码并进行比较。例如，如果用户名和密码分别为"王刚"和 wanggang，则调用 RequestDispatcher 对象中的 forward()方法，将用户名和密码转发给登录成功的欢迎类 WelcomeServlet；否则调用 RequestDispatcher 对象中的 include()方法重新执行登录页面类 LoginServlet。

最后，在欢迎页面类 WelcomeServlet 中使用请求对象获取用户名信息并输出。

1. 用户登录页面 LoginServlet 类

LoginServlet 类的代码如下。

```
public class LoginServlet extends HttpServlet{
    public void doGet(HttpServletRequest request,HttpServletResponse response)
                    throws ServletException,IOException{
        response.setContentType("text/html;charset=utf-8");
        PrintWriter out=response.getWriter();
        out.println("<form method=post action=LoginValueServlet>");
        out.println("<table>");
        out.println("<tr>");
        out.println("<td>用户名:</td>");
        out.println("<td><input type=text name=username></td>");
        out.println("</tr>");
        out.println("<tr>");
        out.println("<td>密码:</td>");
        out.println("<td><input type=password name=password></td>");
        out.println("</tr>");
        out.println("<tr>");
        out.println("<td><input type=reset value=重置></td>");
        out.println("<td><input type=submit value=登录></td>");
        out.println("</tr>");
        out.println("</table>");
        out.println("</form>");
        out.flush();
        out.close();
    }
    public void doPost(HttpServletRequest request,HttpServletResponse response)
    throws ServletException,IOException{
        doGet(request,response);
    }
}
```

2. 判断用户的登录信息 LoginValueServlet 类

LoginValueServlet 类的代码如下。

```
public class LoginValueServlet extends HttpServlet{
    public void doPost(HttpServletRequest request,HttpServletResponse response)
                    throws ServletException,IOException{
        response.setContentType("text/html;charset=utf-8");
        request.setCharacterEncoding("UTF-8");
        PrintWriter out=response.getWriter();
        out.println("<HTML>");
        out.println("<HEAD><TITLE>读取用户信息</TITLE></HEAD>");
        out.println("<BODY>");
        String username=request.getParameter("username");
        String password=request.getParameter("password");
        if(username.equals("王刚")&&password.equals("wanggang")){
            ServletContext context=getServletContext();
            RequestDispatcher rd=context.getRequestDispatcher("/servlet/WelcomeServlet");
            rd.forward(request,response);
        }
        else{
            out.println("<h1>重新登录! </h1><br>");
```

```
                RequestDispatcher rd = request.getRequestDispatcher("LoginServlet");
                rd.include(request,response);
            }
            out.println("</BODY>");
            out.println("</HTML>");
            out.flush();
            out.close();
        }
}
```

3. 登录成功的欢迎页面 WelcomeServlet 类

WelcomeServlet 类的代码如下。

```
public class WelcomeServlet extends HttpServlet{
    public void doPost(HttpServletRequest request,HttpServletResponse response)
                throws ServletException,IOException{
        response.setContentType("text/html;charset = utf-8");
        request.setCharacterEncoding("UTF-8");
        PrintWriter out = response.getWriter();
        out.println("<HTML>");
        out.println("<HEAD><TITLE>登录成功</TITLE></HEAD>");
        out.println("<BODY>");
        String name = request.getParameter("username");
        out.println("<h3>欢迎登录！你的用户名是:" + name + "</h3>");
        out.println("</BODY>");
        out.println("</HTML>");
        out.flush();
        out.close();
    }
}
```

web.xml 文件内容如下所示，注意代码中粗体显示的配置参数部分。

```
<servlet>
    <description>This is the description of my J2EE component</description>
    <display-name>This is the display name of my J2EE component</display-name>
    <servlet-name>LoginServlet</servlet-name>
    <servlet-class>servlet.LoginServlet</servlet-class>
</servlet>
<servlet>
    <description>This is the description of my J2EE component</description>
    <display-name>This is the display name of my J2EE component</display-name>
    <servlet-name>LoginValueServlet</servlet-name>
    <servlet-class>servlet.LoginValueServlet</servlet-class>
</servlet>
<servlet>
    <description>This is the description of my J2EE component</description>
    <display-name>This is the display name of my J2EE component</display-name>
    <servlet-name>WelcomeServlet</servlet-name>
    <servlet-class>servlet.WelcomeServlet</servlet-class>
</servlet>
<servlet-mapping>
```

```
        <servlet-name>LoginServlet</servlet-name>
        <url-pattern>/servlet/LoginServlet</url-pattern>
    </servlet-mapping>
    <servlet-mapping>
        <servlet-name>LoginValueServlet</servlet-name>
        <url-pattern>/servlet/LoginValueServlet</url-pattern>
    </servlet-mapping>
    <servlet-mapping>
        <servlet-name>WelcomeServlet</servlet-name>
        <url-pattern>/servlet/WelcomeServlet</url-pattern>
    </servlet-mapping>
```

用户登录页面的运行结果如图 7-14 所示。

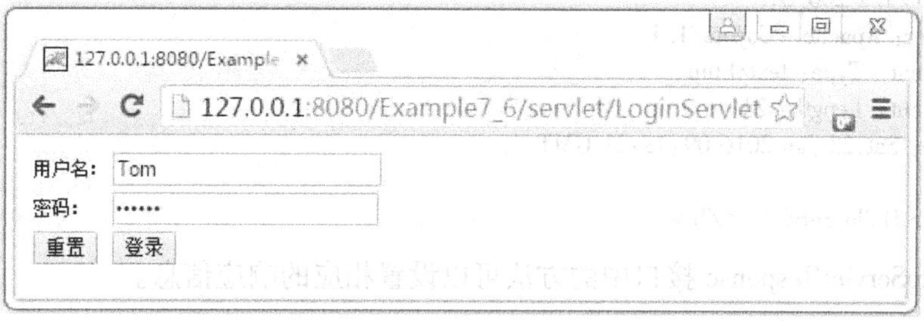

图 7-14　用户登录页面

用户登录失败重新运行登录页面的运行结果如图 7-15 所示。

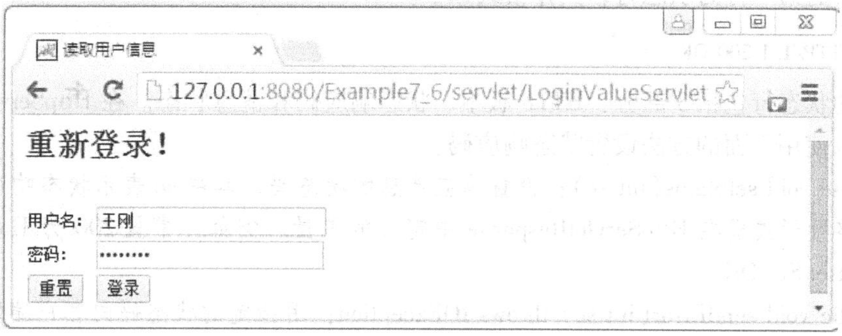

图 7-15　用户登录失败后重新运行登录页面

用户登录成功后页面的运行结果如图 7-16 所示。

图 7-16　用户登录成功后页面

7.6 Servlet 响应 HttpServletResponse 接口

接口 HttpServletResponse 定义在 javax. servlet. http 包中，它继承自接口 ServletResponse。在 HTTP 响应信息中，第一部分称为状态行，包括 HTTP 版本、状态码，以及与其对应的摘要文字。第二部分是响应头信息，在响应头信息后是一个空白行。最后是响应主体，客户端浏览器所显示的 HTML 网页内容包含在响应主体中。例如，发送如下请求。

```
http://127.0.0.1:8080/Example7_1/servlet/HelloServlet
```

服务器端的响应信息如下。

```
HTTP/1.1 200 OK
Server: Apache - Coyote/1.1
Content - Type: text/html
Content - Length: 23
Date: Sat,23 Jan 2016 09:48:21 GMT

<b>Hello Servlet! </b>
```

使用 HttpServletResponse 接口中的方法可以设置相应的响应信息。

7.6.1 设置状态码

当客户端请求 Servlet 服务后，Servlet 会将返回信息封装在 HttpServletResponse 对象中。返回信息中的第一行为状态行，具体格式如下。

```
HTTP/1.1 200 OK
```

上面的状态行包括 3 部分：HTTP 版本、状态响应码和消息状态。在 HttpServletResponse 接口中可以使用下面的方法设置状态响应码。

- public void setStatus(int sc)：设置响应消息的状态码，其中 sc 表示状态响应码，可以是整数形式或在 HttpServletResponse 中定义的常量。例如，常量 200 为 HttpServletResponse. SC_OK。
- public void sendError(int sc) throws IOException：用指定的状态码向客户端发送一个错误响应。
- public void sendError(int sc,String msg) throws IOException：用指定的状态码和描述消息向客户端发送一个错误响应。

7.6.2 设置 HTTP 协议响应头

响应信息中状态行下面的内容为响应消息头，在 HttpServletResponse 接口中可以使用下面的方法对响应头进行设置。

- public void addHeader(String name,String value)：将指定的名称和值加到响应的头部。
- public void setHeader(String name,String value)：设置名称为 name 的响应消息头的值为 value。
- public void setCharacterEncoding(String charset)：设置响应数据的字符编码。

● public void setContentLength(int len)：设置响应内容的长度。
● public void setContentType(String type)：设置响应内容的类型。

7.6.3 请求重定向

HttpServletResponse 接口中的方法 public void sendRedirect(String location) throws IOException 可以将当前页面或 Servlet 定向到另一个 JSP 页面或 Servlet。senRedirect()重定向方法只是重定向到另一个 JSP 页面或 Servlet，但不能将用户的 Servlet 请求转发给所定向的资源。请求转发对象 RequestDispatcher 也可以把用户的当前请求转发给另一个 Servlet 或 JSP 页面，并且可以将请求和响应对象传递给所转发的 Servlet 或 JSP 页面。

请求转发与请求重定向的另外一点不同是，请求重定向后在地址栏中显示的是重定向之后的 URL；而请求转发显示的 URL 始终是原始请求的 URL。

【例 7-7】使用 HttpServletResponse 接口中的 sendRedirect()方法完成请求重定向。

```
public class RedirectServlet extends HttpServlet{
    public void doGet(HttpServletRequest request,HttpServletResponse response)
                    throws ServletException,IOException{
        response.setContentType("text/html");
        response.sendRedirect("http://127.0.0.1:8080/Example7_1/servlet/HelloServlet");
    }
}
```

程序运行结果如图 7-17 所示。

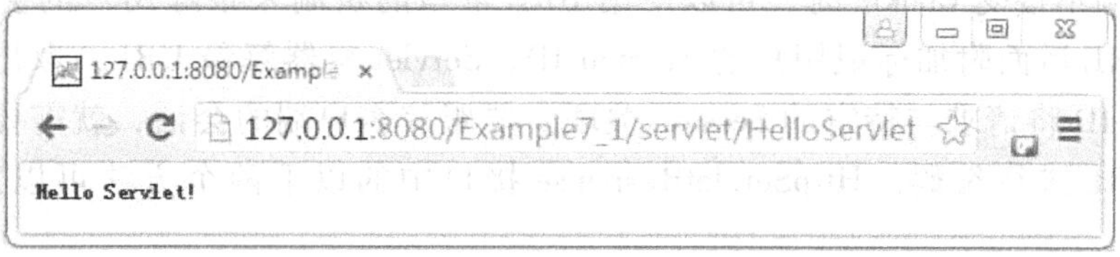

图 7-17　使用 HttpServletResponse 接口中的 sendRedirect()方法完成请求重定向

7.7 Servlet 会话

HTTP 协议是一种无状态协议。HTTP 只关心请求和响应的状态，只有在客户端发出请求时，服务器才会建立连接。一旦客户端的请求结束，服务器便中断与客户端的连接，不与客户端保持持续性的连接状态。但是，用户的活动多数是发生在多个请求和响应之中。所以，作为 Web 服务器来说，必须能够采用一种机制来唯一地标识一个用户，同时记录该用户的状态。这就意味着不仅要在每个请求中唯一地标识出一个用户，而且还需要在各个请求中存储数据或者状态，并把它关联到对应的用户上。这种把请求关联到一个特定用户的方式通常称为维护一个会话。

7.7.1 Servlet 会话跟踪技术

Java Servlet 使用 Session 来跟踪会话和管理会话内的状态。利用 Session，服务器可以把一个用户的所有请求联系在一起，并记住用户的操作状态。当用户第一次连接到服务器时，服务器为其建立一个 Session，并分配给用户一个唯一的标识（Session ID），以后用户每次提交请求，都要将标识一起提交。服务器根据标识找出特定的 Session，用这个 Session 记录用户的状态。通过在每一个请求和响应中包含 Session ID，服务器就可以将一个用户与另一个用户区分开。在 Servlet 规范中，下列 3 种机制可以用于会话跟踪。

- SSL 会话。
- Cookies。
- URL 重写。

1. SSL 会话

SSL（Secure Socket Layer，安全套接字层）是在 HTTPS 协议中使用的加密技术。SSL 可以让采用 SSL 的服务器认证采用 SSL 的客户端，并且在客户端和服务器之间保持一种加密的连接。在建立加密连接的过程中，用户和服务器都可以产生会话密钥，基于 HTTPS 协议的服务器可以使用这个用户的密钥来建立会话。

2. Cookies

Cookies 是一种由服务器发送给用户的片段信息，存储在客户端浏览器内存中或硬盘上，在用户随后对该服务器的请求中发回它。如果用户在使用浏览器时选择禁用 Cookie，这样 Web 服务器就无法利用 Cookie 来跟踪用户的会话了。要解决这个问题，可以使用 URL 重写技术 。

3. URL 重写

当客户端不接受 Cookie 时，可以使用 URL 重写的机制来跟踪用户的会话。URL 重写就是在 URL 后面附加标识用户的 Session ID，Servlet 容器解释 URL，取出 Session ID，根据 Session ID 将请求与特定的 Session 关联。要跟踪客户端的会话，就需要将所有发往客户端的 URL 进行编码。HttpServletResponse 接口中的以下两个方法可以对 URL 进行编码。

- public String encodeURL(Sring url)。
- public String encodeRedirectURL(String url)。

7.7.2 HttpSession 接口

在 Servlet 中，javax. servlet. http. HttpSession 接口用于表示会话，Servlet 容器负责创建 HttpSession 对象。当用户第一次发送请求时，Servlet 容器首先创建一个 HttpSession 对象，Servlet 容器为 HttpSession 对象分配一个唯一的 Session ID，并将其发送给浏览器。当用户再次发送 HTTP 请求时，浏览器将 Session ID 随请求一起发送。Servlet 容器从请求对象中读取 Session ID，然后根据 Session ID 找到对应的 HttpSession 对象，从而得到用户的状态信息。HttpSession 接口提供了会话管理功能，接口中定义的方法如下。

- public Object getAttribute(String name)：在 HttpSession 对象中读取属性名为 name 的属性值。
- public Enumeration getAttributeNames()：在 HttpSession 对象中获取所有属性名的枚举集合。
- public void removeAttribute(String name)：在 HttpSession 对象中移除名称为 name 的

属性。

- public void setAttribute(String name,Object value)：在 HttpSession 对象中设置属性名与属性值。
- public long getCreationTime()：返回以毫秒为单位的 HttpSession 对象的创建时间。
- public String getId()：返回 HttpSession 对象的唯一标识符。
- public long getLastAccessedTime()：返回以毫秒为单位的客户端最后一次发送与 HttpSession 对象相关的请求时间。
- public int getMaxInactiveInterval()：返回以毫秒为单位的在用户的两个连续请求之间保持 HttpSession 打开的最大时间间隔，超过这个时间间隔，Servlet 容器将使 HttpSession 失效。
- public void setMaxInactiveInterval(int interval)：设置在 HttpSession 对象失效之前，客户端的两个连续请求之间的最大时间间隔。
- public ServletContext getServletContext()：返回 HttpSession 对象所属的 ServletContext 对象。
- public void invalidate()：使 HttpSession 对象失效。
- public boolean isNew()：如果客户端还没有加入这个 HttpSession 对象，则 HttpSession 对象是新的，返回值为 true。

要获得一个 Session 对象，可以使用 HttpServletRequest 接口中的 getSession()方法，具体方法如下。

- public HttpSession getSession()：返回与此次请求相关联的 HttpSession，如果没有给客户端分配 HttpSession，则创建一个新的 HttpSession。
- public HttpSession getSession(boolean create)：返回与此次请求相关联的 HttpSession，如果没有给客户端分配 HttpSession，并且 create 参数为 true，则创建一个新的 HttpSession；当参数 create 为 false 时，不创建 HttpSession 对象，返回值为 null。

【例 7-8】 HttpSession 对象的使用。

1）用户第一次请求 SessionAServlet 类，Servlet 容器会为这次请求创建 HttpSession 对象，并输出该 HttpSession 对象的 Session ID 及创建时间。同时在该 HttpSession 对象中设置了两个属性：UserName 及 Age。最后，将 Session ID、创建时间及两个属性输出。SessionAServlet 类的代码如下。

```
public class SessionAServlet extends HttpServlet{
    public void doGet(HttpServletRequest request,HttpServletResponse response)
                    throws ServletException,IOException{
        response.setContentType("text/html;charset=utf-8");
        PrintWriter out = response.getWriter();
        out.println("<HTML>");
        out.println("<HEAD><TITLE>第一次请求</TITLE></HEAD>");
        out.println("<BODY>");
        HttpSession session = request.getSession();
        String id = session.getId();
        long datetime = session.getCreationTime();
        session.setAttribute("UserName","Tom");
```

```
            session.setAttribute("Age",23);
            out.println("<h3>用户第一次请求</h3>");
            out.println("SessionID:" + id + "<br>");
            out.println("CreationTime:" + new Date(datetime) + "<br>");
            Enumeration e = session.getAttributeNames();
            while(e.hasMoreElements()){
                  String name = (String)e.nextElement();
                  Object value = session.getAttribute(name);
                  out.println(name + ":" + value + "<br>");
            }
            out.println("<form method = post action = SessionBServlet>");
            out.println("<input type = submit value = 再一次请求>");
            out.println("</form>");
            out.println("</BODY>");
            out.println("</HTML>");
            out.flush();
            out.close();
        }
    }
```

用户第一次请求的 HttpSession 对象信息如图 7-18 所示。

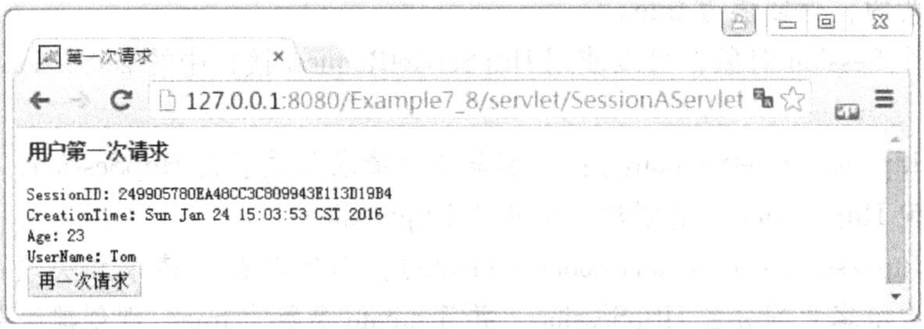

图 7-18　用户第一次请求的 HttpSession 对象信息

2）当用户单击“再一次请求”按钮时，将执行 SessionBServlet 类，在该类中输出与这次请求相关的 HttpSession 对象的相关信息。由于这两次请求使用的是同一个 HttpSession 对象，所以输出的相关信息的值完全相同。SessionBServlet 类的代码如下。

```
public class SessionBServlet extends HttpServlet{
    public void doPost(HttpServletRequest request,HttpServletResponse response)
                    throws ServletException,IOException{
            response.setContentType("text/html;charset = utf-8");
            PrintWriter out = response.getWriter();
            out.println("<HTML>");
            out.println("<HEAD><TITLE>第二次请求</TITLE></HEAD>");
            out.println("<BODY>");
            HttpSession session = request.getSession();
            String id = session.getId();
            long datetime = session.getCreationTime();
            out.println("<h3>用户第二次请求</h3>");
            out.println("SessionID:" + id + "<br>");
            out.println("CreationTime:" + new Date(datetime) + "<br>");
```

```
                Enumeration e = session. getAttributeNames( );
                while( e. hasMoreElements( ) ) {
                        String name = ( String) e. nextElement( ) ;
                        Object value = session. getAttribute( name) ;
                        out. println( name + " :" + value + " <br > " ) ;
                }
                session. invalidate( ) ;
                out. println( " </BODY > " ) ;
                out. println( " </HTML > " ) ;
                out. flush( ) ;
                out. close( ) ;
        }
}
```

用户第二次请求的 HttpSession 对象信息如图 7-19 所示。

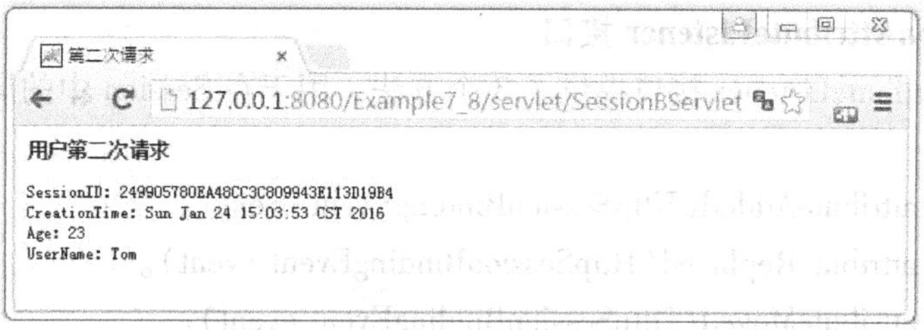

图 7-19　用户第二次请求的 HttpSession 对象信息

7.8　Servlet 监听器

事件监听器主要用于为 Web 应用增加事件处理机制，以便更好地监视和控制 Web 应用的状态变化。在 Servlet API 中定义了 8 个监听器接口，可以用于监听 ServletContext、HttpSession 和 ServletRequest 对象的生命周期事件，以及这些对象的属性改变事件。

7.8.1　Servlet 上下文监听

有以下两个接口可以对 Servlet 上下文进行监听。

1. ServletContextListener 接口

在 ServletContextListener 监听器接口中定义了以下两个方法。

- public void contextInitialized(ServletContextEvent event)：在 Web 应用程序初始化进程开始时，Web 容器调用这个方法。该方法将在所有的过滤器和 Servlet 初始化之前被调用。
- public void contextDestroyed(ServletContextEvent event)：当 Servlet 上下文将要被关闭时，Web 容器调用这个方法，该方法将在所有的过滤器销毁之后被调用。

在 ServletContextEvent 类中定义了一个方法，如下所示。

- public ServletContext getServletContext ()：该方法用于得到 ServletContext 对象。

2. ServletContextAttributeListener 接口

ServletContextAttributeListener 接口用于监听 ServletContext 属性，它提供了 3 个方法，用

于在 Servlet 上下文中的属性列表发生改变时得到通知。

- public void attributeAdded(ServletContextAttributeEvent event)。
- public void attributeMoved(ServletContextAttributeEvent event)。
- public void attributeReplaced(ServletContextAttributeEvent event)。

7.8.2 HTTP 会话监听

有以下 4 个接口可以对 HttpSession 进行监听。

1. HttpSessionListener 接口

HttpSessionListener 接口用于监听 HttpSession 的创建和销毁，它提供了两个方法用于在 Session 对象被创建后或 Session 对象被设置为无效前得到通知。

- public void sessionCreated(HttpSessionEvent event)。
- public void sessionDestroyed(HttpSessionEvent event)。

2. HttpSessionAttributeListener 接口

HttpSessionAttributeListener 接口提供了 3 个方法，用于在 Session 中的属性列表发生变化时得到通知。

- public void attributeAdded(HttpSessionBindingEvent event)。
- public void attributeReplaced(HttpSessionBindingEvent event)。
- public void attributeMoved(HttpSessionBindingEvent event)。

3. HttpBindingListener 接口

HttpBindingListener 接口提供了两个方法，用于在一个对象绑定到 Session 中或者从 Session 中被删除时得到通知。

- public void valueBound(HttpSessionBindingEvent event)。
- public void valueUnBound(HttpSessionBindingEvent event)。

4. HttpSessionActivationListener 接口

HttpSessionActivationListener 接口提供了两个方法，用于当 Session 被钝化或激活时，Servlet 容器将通知该对象。

- public void sessionDidActivate(HttpSessionEvent event)。
- public void sessionWillPassivate(HttpSessionEvent event)。

7.8.3 Servlet 请求监听

ServletRequestListener 接口可以实现对用户请求的监听，ServletRequestAttributeListener 接口可以实现对请求参数的监听。

1. ServletRequestListener 接口

ServletRequestListener 接口提供了以下两个方法，用于在请求对象初始化或者将要被销毁时得到通知。

- public void requestInitialized(ServletRequestEvent event)。
- public void requestDestroyed(ServletRequestEvent event)。

2. ServletRequestAttributeListener 接口

ServletRequestAttributeListener 接口提供了以下 3 个方法，用于在 Servlet 请求对象中的属

性发生改变时得到通知。

- public void attributeAdded(ServletRequestAttributeEvent event)。
- public void attributeReplaced(ServletRequestAttributeEvent event)。
- public void attributeRemoved(ServletRequestAttributeEvent event)。

7.8.4 在 Web 应用中使用事件监听器

HttpSessionListener 接口用于监听 HttpSession 的创建和销毁，当实现 HttpSessionListener 接口的监听器在 web. xml 中描述后，就可以处理 HttpSession 生命周期事件。当 HttpSession 开始或终止时，Web 容器把 HttpSessionEvent 传递给注册的 HttpSessionListener 监听器。实现 HttpSessionListener 接口的类需要两个方法：sessionCreated(HttpSessionEvent se)方法在 HttpSession 被生成后使用；sessionDestroyed(HttpSessionEvent se)方法在 HttpSession 被终结后使用。

在下面的 Web 应用中，使用 HttpSessionListener 事件监听器实现了一个网站在线人数统计的功能。当有新的用户登录时系统会创建 session 对象，此时通过监听器会将用于统计人数的计数器加 1；当用户退出时系统会销毁 session 对象，此时通过监听器会将计数器减 1。

【例 7-9】使用 HttpSessionListener 监听器实现网站在线人数统计。

1）用于监听 HttpSession 的监听器类 CounterListener. java 的代码如下。

```
package servlet;
import javax. servlet. http. HttpSession;
import javax. servlet. http. HttpSessionEvent;
import javax. servlet. http. HttpSessionListener;
public class CounterListener implements HttpSessionListener{
    private int counter =0;
    public void sessionCreated(HttpSessionEvent se){
        counter ++;
        se. getSession(). getServletContext(). setAttribute("Counter",new Integer(counter));
    }
    public void sessionDestroyed(HttpSessionEvent se){
        counter --;
        se. getSession(). getServletContext(). setAttribute("Counter",new Integer(counter));
    }
}
```

2）创建类 CounterServlet，用于测试监听器类，CounterServlet. java 的代码如下。

```
package servlet;
import java. io. IOException;
import java. io. PrintWriter;
import javax. servlet. ServletContext;
import javax. servlet. ServletException;
import javax. servlet. http. HttpServlet;
import javax. servlet. http. HttpServletRequest;
import javax. servlet. http. HttpServletResponse;
import javax. servlet. http. HttpSession;
public class CounterServlet extends HttpServlet{
    public void doGet(HttpServletRequest request,HttpServletResponse response)
```

```
                    throws ServletException,IOException{
        response. setContentType("text/html;charset = utf - 8");
        HttpSession session = request. getSession();
        PrintWriter out = response. getWriter();
        ServletContext context = getServletConfig(). getServletContext();
        Integer counter = (Integer)context. getAttribute("Counter");
        out. println("当前在线人数:" + counter + "<br>");
        out. flush();
        out. close();
    }
}
```

3）所有的事件监听器还需要在 web. xml 文件中进行设置，其中 <listener - class> 标记中放入事件监听器的类名。web. xml 文件内容如下。

```
<?xml version = "1.0" encoding = "UTF - 8"? >
<web - app version = "2.5"
  xmlns = "http://java. sun. com/xml/ns/javaee"
  xmlns:xsi = "http://www. w3. org/2001/XMLSchema - instance"
  xsi:schemaLocation = "http://java. sun. com/xml/ns/javaee
  http://java. sun. com/xml/ns/javaee/web - app_2_5. xsd" >
  <listener>
      <listener - class>servlet. CounterListener</listener - class>
  </listener>
  <servlet>
    <description>This is the description of my J2EE component</description>
    <display - name>This is the display name of my J2EE component</display - name>
    <servlet - name>CounterServlet</servlet - name>
    <servlet - class>servlet. CounterServlet</servlet - class>
  </servlet>
  <servlet - mapping>
    <servlet - name>CounterServlet</servlet - name>
    <url - pattern>/servlet/CounterServlet</url - pattern>
  </servlet - mapping>
  <welcome - file - list>
    <welcome - file>index. jsp</welcome - file>
  </welcome - file - list>
</web - app>
```

3 次打开浏览器请求 CounterServlet，其运行结果如图 7-20 所示。

图 7-20　网站在线人数统计

7.9　案例：在多个请求页面中购书信息的获取

1. 案例要求

用户首先请求 BookNameServlet 类，在运行界面中输入购买书籍的名称；第二步，请求

BookPriceServlet 类，在运行界面中输入购买书籍的单价；第三步，请求 BookCountServlet 类，在运行界面中输入购买书籍的数量；最后，请求 CalculateServlet 类，在运行界面中输出用户购买图书的名称、单价和数量，并计算出总金额。由于用户购买图书的信息在多次请求中获得，所以将这些信息保存在 HttpSession 对象中。

2. BookNameServlet 类

BookNameServlet 类的代码如下。

```
...
public class BookNameServlet extends HttpServlet{
    public void doGet(HttpServletRequest request,HttpServletResponse response)
                throws ServletException,IOException{
        response.setContentType("text/html;charset=utf-8");
        HttpSession session = request.getSession();
        PrintWriter out = response.getWriter();
        out.println("<HTML>");
        out.println("<HEAD><TITLE>购书名称</TITLE></HEAD>");
        out.println("<BODY>");
        out.println("<h1>请输入购书信息<h1>");
        out.println("<form name=booknameform method=post action=BookPriceServlet>");
        out.println("<table>");
        out.println("<tr>");
        out.println("<td>购书名称:</td>");
        out.println("<td><input type=text name=bookname></td>");
        out.println("</tr>");
        out.println("<tr>");
        out.println("<td><input type=reset value=重新输入></td>");
        out.println("<td><input type=submit value=下一步></td>");
        out.println("</tr>");
        out.println("</table>");
        out.println("</BODY>");
        out.println("</HTML>");
        out.close();
    }
}
```

BookNameServlet 类的运行结果如图 7-21 所示。

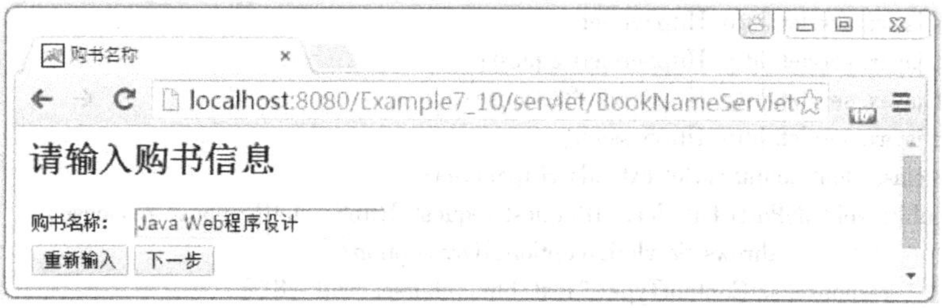

图 7-21　BookNameServlet 类的运行结果

3. BookPriceServlet 类

BookPriceServlet 类的代码如下。

```
…
public class BookPriceServlet extends HttpServlet{
    public void doPost(HttpServletRequest request,HttpServletResponse response)
                    throws ServletException,IOException{
        response.setContentType("text/html;charset=utf-8");
        request.setCharacterEncoding("UTF-8");
        PrintWriter out = response.getWriter();
        HttpSession session = request.getSession(true);
        String bookname = request.getParameter("bookname");
        session.setAttribute("bookname",bookname);
        out.println("<HTML>");
        out.println("<HEAD><TITLE>购书单价</TITLE></HEAD>");
        out.println("<BODY>");
        out.println("<h1>请输入购书单价<h1>");
        out.println("<form name=bookpriceform method=post action=BookCountServlet >");
…
    }
}
```

BookPriceServlet 类的运行结果如图 7-22 所示。

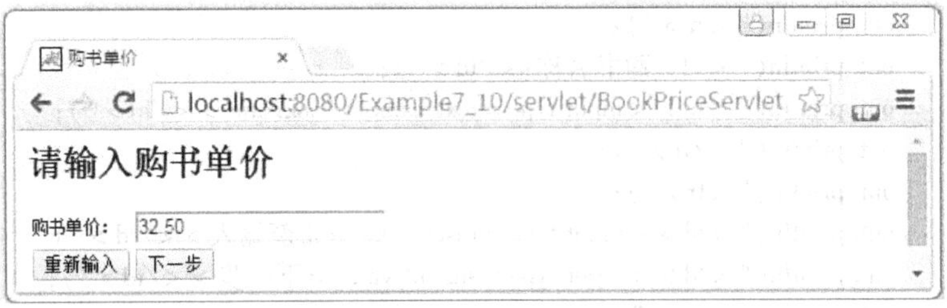

图 7-22　BookPriceServlet 类的运行结果

4. BookCountServlet 类

BookCountServlet 类的代码如下。

```
package servlet;
import java.io.IOException;
import java.io.PrintWriter;
import javax.servlet.ServletException;
import javax.servlet.http.HttpServlet;
import javax.servlet.http.HttpServletRequest;
import javax.servlet.http.HttpServletResponse;
import javax.servlet.http.HttpSession;
public class BookCountServlet extends HttpServlet{
    public void doPost(HttpServletRequest request,HttpServletResponse response)
                    throws ServletException,IOException{
        response.setContentType("text/html;charset=utf-8");
        request.setCharacterEncoding("UTF-8");
        PrintWriter out = response.getWriter();
        HttpSession session = request.getSession(true);
        String bookprice = request.getParameter("bookprice");
```

```
            session.setAttribute("bookprice",bookprice);
        ...
    }
}
```

BookCountServlet 类的运行结果如图 7-23 所示。

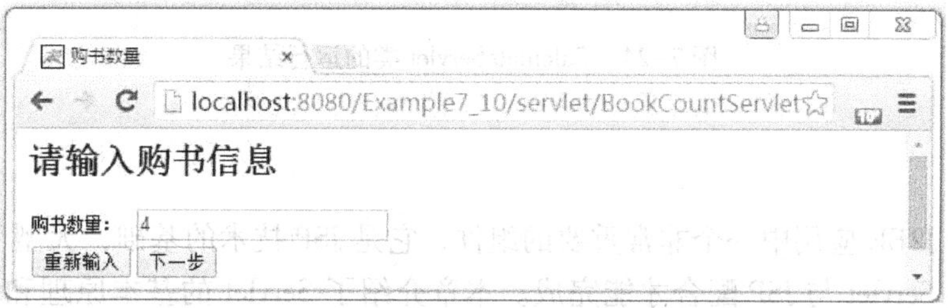

图 7-23　BookCountServlet 类的运行结果

5. CalculateServlet 类

CalculateServlet 类的代码如下。

```
...
public class CalculateServlet extends HttpServlet{
    public void doPost(HttpServletRequest request,HttpServletResponse response)
                    throws ServletException,IOException{
        response.setContentType("text/html;charset=utf-8");
        request.setCharacterEncoding("UTF-8");
        PrintWriter out = response.getWriter();
        HttpSession session = request.getSession(true);
        String bookcount = request.getParameter("bookcount");
        session.setAttribute("bookcount",bookcount);
        out.println("<HTML>");
        out.println("<HEAD><TITLE>计算购书金额</TITLE></HEAD>");
        out.println("<BODY>");
        out.println("<h3>用户购书信息<h3>");
        String name = (String)session.getAttribute("bookname");
        String price = (String)session.getAttribute("bookprice");
        String count = (String)session.getAttribute("bookcount");
        out.println("购书名称:" + name + "<br>");
        out.println("购书单价:" + price + "<br>");
        out.println("购书数量:" + count + "<br><br>");
        out.println("购书金额:" + Double.parseDouble(price) * Integer.parseInt(count));
        session.invalidate();
        out.println("</BODY>");
        out.println("</HTML>");
        out.close();
    }
}
```

CalculateServlet 类的运行结果如图 7-24 所示。

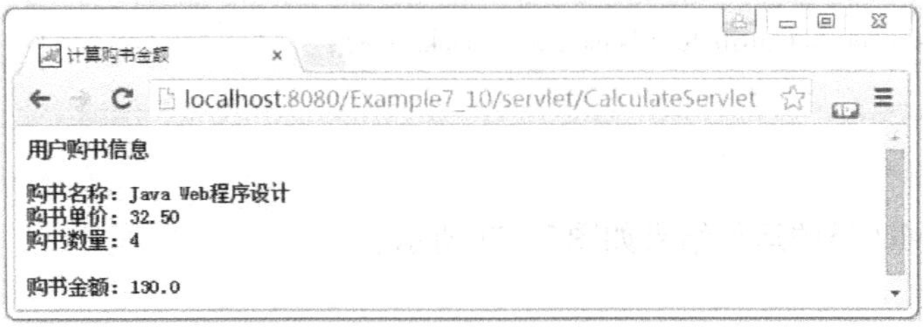

图 7-24　CalculateServlet 类的运行结果

本章小结

Servlet 是 J2EE 应用中一个非常重要的组件，它是 JSP 技术的基础，大型 Web 应用程序的开发都需要 Servlet 与 JSP 配合才能完成。本章介绍了 Servlet 的基本原理和使用方法，并通过实例阐述了在 MyEclipse 集成开发环境中开发、部署和运行 Servlet 程序的过程。当通过实现 Servlet 接口来创建 Servlet 类时，要实现 Servelt 接口中的 5 个方法，为了简化 Servlet 的编写，在 javax. serlvet 包中提供了一个抽象类 GenericServlet。GenericServlet 是一个通用的、不依赖于具体协议的 Servlet。抽象类 HttpServlet 继承自 GenericServlet，用于创建适合 Web 站点的 HTTP Servlet。在部署 Servlet 时需要文件 web. xml，web. xml 文件称为 Web 应用程序的部署描述符，它包含 Servlet 的配置和部署信息。Servlet 容器使用 ServletConfig 对象在 Servlet 初始化期间向它传递配置信息。ServletContext 对象表示了一个 Web 应用程序的上下文，它是 Web 服务器中的一个已知路径的根。Servlet 容器负责提供 ServletContext 接口的实现，Servlet 容器在 Web 应用程序加载时创建 ServletContext 对象，该对象可以被 Web 应用程序中所有的 Servlet 所访问。在客户端请求 Servlet 时，Servlet 容器为这个 Servlet 创建一个 HttpServletRequest 对象来存储客户端的请求信息。当客户端请求 Servlet 服务后，Servlet 会将返回信息封装在 HttpServletResponse 对象中。RequestDispatcher 对象用于封装一个由路径所标识的服务器资源，利用 RequestDispatcher 对象可以将请求转发给其他的 Servlet 或 JSP 页面。HttpServletResponse 接口中的方法 public void sendRedirect(String location) throws IOException 可以将当前页面或 Servlet 定向到另一个 JSP 页面或 Servlet。Java Servlet 使用 Session 来跟踪会话和管理会话内的状态，有 3 种机制可以用于会话跟踪：SSL 会话、Cookies 和 URL 重写。在 Servlet 中，javax. servlet. http. HttpSession 接口用于表示会话，Servlet 容器负责创建 HttpSession 对象。事件监听器主要用于为 Web 应用增加事件处理机制，以便更好地监视和控制 Web 应用状态变化。在 Servlet API 中定义了 8 个监听器接口，可以用于监听 ServletContext、HttpSession 和 ServletRequest 对象的生命周期事件，以及这些对象的属性改变事件。

实践与练习

一、选择题

1. 下列哪个对象不能直接访问 ServletContext？（　　）

   A. ServletRequest　　B. ServletConfig　　C. ServletResponse　　D. HttpServlet

2. 下列哪个接口可以调用 getIntHeader()方法？（　　）

A. ServletRequest　　B. HttpServletRequest

C. ServletResponse　　D. HttpServletResponse

3. 下列哪个方法是用来获取 servlet 路径的？（　　）

A. public String getContextPath()　　B. public String getServletPath()

C. public String getServletInfo()　　D. public String getPathInfo()

4. 下列哪个接口可以调用 getParameterNames()方法？（　　）

A. ServletRequest　　B. HttpServletRequest

C. ServletResponse　　D. HttpServletResponse

5. 当上下文对象被初始化时应调用下列哪个方法？（　　）

A. contextInitial(ServletContext e)

B. contextInitialize(ServletContext e)

C. contextInitialize(ServletContextEvent e)

D. contextInitialized(ServletContextEvent e)

6. 下列哪个接口提供了 getSession()方法？（　　）

A. ServletRequest　　B. HttpServletRequest

C. ServletResponse　　D. HttpServletResponse

二、简答题

1. Servlet 生命周期包括哪几个阶段？
2. 请求转发与请求重定向的区别是什么？
3. ServletRequest 接口中的方法有哪些？
4. ServletResponse 接口中的方法有哪些？
5. 获取表单中数据的方法有哪些？

三、编写程序

用户在 InputServlet 页面中输入圆的半径，单击“提交”按钮后，由服务器端的 OutputServlet 完成圆的面积计算并输出。

实验指导

Web 应用程序的开发分为设计开发与配置部署两个阶段。在设计开发时，创建的 Servlet 类可以是直接实现 Servlet 接口或者继承 Servlet 接口的实现类（如 HttpServlet）。在客户端请求 Servlet 时，Servlet 容器为这个 Servlet 创建一个 HttpServletRequest 对象来存储客户端的请求信息，调用 HttpServletRequest 对象的相关方法可以获得请求消息。当客户端请求 Servlet 服务后，Servlet 会将返回信息封装在 HttpServletResponse 对象中。Java Servlet 使用 Session 来跟踪会话和管理会话内的状态。利用 Session，服务器可以把一个用户的所有请求联系在一起，并记住用户的操作状态。

实验目的和要求

- 掌握 Servlet 对象的生命周期。
- 掌握 Servlet 对象的创建。

- 掌握 HttpServletRequest 接口中的常用方法。
- 掌握 HttpServletResponse 接口中的常用方法。
- 掌握获取表单数据的常用方法。
- 掌握 Servlet 会话跟踪技术。

实验 1：使用 HttpServletRequest 接口获取表单数据

用户在表单中提交的信息可以通过 HttpServletRequest 对象的下列方法获取。

- public String getParameter(String name)：返回请求中 name 参数的值，如果 name 参数有多个值，则返回第 1 个值。
- public Enumeration getParameterNames()：返回请求中所有参数名称的枚举集合。
- public String[ ] getParameterValues(String name)：返回请求中 name 参数的所有值。

题目　获取用户表单中的留言信息

1. 任务描述

设计一个留言板，用户留言并提交后可以获取留言人及相关留言信息，并输出。

2. 任务要求

1）在表单文本框中输入留言人。

2）在表单多行文本框中输入用户留言。

3）单击“提交”按钮后，获取留言人及留言信息，并输出。

3. 知识点提示

本任务主要用到以下知识点。

1）HttpServlet 类的创建。

2）HttpServlet 类中 doGet()与 doPost()方法的调用。

3）HttpServletRequest 接口中获取表单数据的方法。

4）HttpServletResponse 接口中输出方法的使用。

4. 操作步骤提示

1）创建 InputServlet 类，继承自 HttpServlet，并重写 doGet()方法。

2）在 InputServlet 类的运行界面中输入留言人及相关留言信息。

3）单击“提交”按钮后，将请求交给 OutputServlet 类来处理。

4）OutputServlet 类继承自 HttpServlet，并重写 doPost()方法。

5）OutputServlet 类中 doPost()方法用于获取表单中提交的信息。

6）使用 HttpServletResponse 对象输出用户提交信息。

7）保存源程序文件，运行程序，检查程序的运行情况。

实验 2：Servlet 中 HttpSession 对象的使用

在 Servlet 中，javax. servlet. http. HttpSession 接口用于表示会话，Servlet 容器负责创建 HttpSession 对象。当用户第一次发送请求时，Servlet 容器首先创建一个 HttpSession 对象，Servlet 容器为 HttpSession 对象分配一个唯一的 Session ID，并将其发送给浏览器。当用户再次发送 HTTP 请求时，浏览器将 Session ID 随请求一起发送。Servlet 容器从请求对象中读取 Session ID，然后根据 Session ID 找到对应的 HttpSession 对象，从而得到用户的状态信息。

题目　在多个页面中获取用户提交信息

1. 任务描述

判断用户两次密码输入是否相同。在 BeginServlet 类中输入用户密码，在 EndServlet 类中再次输入密码，在 OutputServlet 类中判断用户两次输入的密码是否相同。

2. 任务要求

1）创建 HttpServlet 子类 BeginServlet、EndServlet 和 OutputServlet。

2）通过 HttpServletRequest 接口获取表单中的两次密码输入值。

3）将两次密码保存在 HttpSession 中。

4）在 OutputServlet 类中获取 HttpSession 中保存的密码，并判断两次输入的密码是否相同。

3. 知识点提示

本任务主要用到以下知识点。

1）HttpServlet 类的创建。

2）HttpServletRequest 接口获取表单数据的方法。

3）在 HttpSession 对象中保存与获取属性的方法。

4. 操作步骤提示

1）创建类 BeginServlet。

2）在 BeginServlet 类的运行界面中输入密码值。

3）创建类 EndServlet。

4）在 EndServlet 类的运行界面中再次输入密码，并将第一次输入密码保存在 HttpSession 中。

5）创建 OutputServlet 类。

6）通过 HttpScssion 对象获取两次输入密码的值，并判断是否相同。

7）保存源程序文件，运行程序，检查程序的运行情况。

第 8 章　JSP 会话技术

在 Web 服务器端编程中，会话状态管理是一个必须考虑的重要问题。根据设计，HTTP 是一种无状态的协议，它意味着 Web 应用的每一次请求都是相互独立的，后一次请求无法了解之前请求的信息。会话管理是对同一个网站的多个请求进行管理，能跟踪用户在整个会话中的活动，并在一次会话的多个请求中存储和传递数据。

JSP 有 4 个会话机制：Request、Session、Cookie 和 Application，分别可以存储不同范围的值，本文针对 Cookie 和 Session 进行讲解。

8.1　会话概述

会话（Session）是一个用户与服务器之间的不中断的请求响应序列。对用户的每个请求，服务器能够识别出请求来自于同一个用户。当一个未知的用户向 Web 应用程序发送一个请求时，就可以开始一个会话。当用户明确结束会话或服务器在一个预定义的时限内不从用户接受任何请求时，会话就结束了。当会话结束后，服务器就忘记了用户及用户的请求。

Web 会话可简单理解为：用户打开一个浏览器，访问某一个 Web 站点，在这个站点单击多个超链接，访问服务器中的多个 Web 资源，然后关闭浏览器，整个过程称为一个会话。

HTTP 协议是无状态的协议。一旦数据交换完毕，客户端与服务器端的连接就会关闭，再次交换数据就需要建立新的连接，这意味着服务器无法从 HTTP 连接上跟踪会话。例如，用户 A 购买了一件商品放入购物车内，当再次购买商品时服务器已经无法判断该购买行为是属于 A 用户的，更无从知道购物车里已经包含了哪些商品，另外，要保证一个用户的所有请求操作都应该属于同一个会话，而另一个用户的所有请求操作则应该属于另一个会话。例如，用户 A 在超市购买的任何商品都应该放在 A 的购物车内，不论用户 A 是在什么时间购买的，这都是属于同一个会话的，会放入用户 A 的购物车，而不能放入用户 B 或用户 C 的购物车内，这不属于同一个会话。

要跟踪该会话，必须引入一种机制，Cookie 和 Session 就是这样的一种机制，它们可以弥补 HTTP 协议无状态的不足。在 Session 出现之前，基本上所有的网站都采用 Cookie 来跟踪会话。用户向 Web 应用服务器发送的第一个 HTTP 请求未必就是首次请求，首次请求指的是需要创建会话的请求，首次请求用于记录会话信息的开始。例如，当用户只是访问网站内所有的静态信息页面时，不需要记录用户的会话信息，这时就不需要创建会话，因此这些请求都不是首次请求；而对于用户登录或向购物车中添加一件商品等行为，需要记录用户的登录或购买商品等信息，就必须开始一个会话。JSP 可实现会话管理，目前常用的有两种技术：Cookie 和 HttpSession。

1. 基于 Cookie 的会话管理

Cookie 是客户端技术，Web 应用程序把每个用户数据以 Cookie 的形式发送给各自的浏览器，当用户使用浏览器再次访问 Web 应用时，就会带上这些 Cookie，这样，Web 应用就可以为每个用户分别处理各自的数据了。

2. 基于 HttpSession 的会话管理

基于 HttpSession 的会话管理简称 Session，是服务器端技术，服务器在运行时为每个用户的浏览器创建一个其独享的 HttpSession 对象。由于用户各自独享 Session，所以可以把各自的数据存放在各自的 Session 域中，当用户去访问当前 Web 应用的其他 Web 资源时，其他 Web 资源再从用户各自的 Session 中取出数据为其服务。

8.2 Cookie 对象

Cookie 的中文意思为“甜饼”，是由 W3C 组织提出，最早由 Netscape 社区发展的一种机制。目前 Cookie 已经成为标准，所有的主流浏览器，如 IE、Chrome、Firefox 和 Opera 等都支持 Cookie。

Cookie 是 HTTP 的一个扩展，有两个 HTTP 头部是专门负责设置和发送 Cookie 信息的，分别是响应报文首部的 Set - Cookie 和请求报文首部的 Cookie。当服务器给客户端返回一个 HTTP 响应信息时，如果包含 Set - Cookie 这个头部，意思就是指示客户端建立一个 Cookie，并且在后续的 HTTP 请求中自动发送这个 Cookie 到服务器端，直到这个 Cookie 过期。如果 Cookie 的生存时间是整个会话期间的话，那么浏览器会将 Cookie 保存在内存中，浏览器关闭时就会自动清除这个 Cookie。另外一种情况就是保存在客户端的硬盘中，即使关闭浏览器，该 Cookie 也不会被清除，下次打开浏览器访问对应网站时，这个 Cookie 就会自动再次发送到服务器端。

根据 Netscape 公司的规定，HTTP 响应报文中设置 Cookie 的格式如下。

```
Set - Cookie:
NAME = VALUE;Expires = DATE;Path = PATH;Domain = DOMAIN_NAME;SECURE
```

- NAME = VALUE：这是每一个 Cookie 必须有的部分。NAME 是该 Cookie 的名称，VALUE 是该 Cookie 的值。
- Expires = DATE：Expires 变量是一个只写变量，它确定了 Cookie 的有效终止日期。该属性值 DATE 必须以格林尼治时间 GMT 的格式来书写：星期几，DD - MM - YY HH：MM：SS，GMT。反之，不以这样的格式来书写，系统将无法识别。该变量可缺省，如果缺省，则 Cookie 的属性值仅保存在内存当中，并随着浏览器的关闭而自动消失。
- Domain = DOMAIN_NAME：DOMAIN 变量是一个只写变量，它确定了哪些 Internet 域中的 Web 服务器可以读取浏览器所存储的 Cookie，即只有来自这个域的页面才可以使用 Cookie 中的信息。这项设置是可选的，如果缺省，则设置 Cookie 的属性值为访问该 Web 服务器所使用的域名。
- Path = PATH：Path 属性定义了 Web 服务器上哪些路径下的页面可以获取服务器设置的 Cookie。一般情况下，如果用户输入的 URL 中的路径部分从第一个字符开始包含 Path 属性所定义的字符串，浏览器就认为通过检查。如果 Path 属性的值为/，则 Web 服务器上所有的 WWW 资源均可读取该 Cookie。同样该项设置也是可选的，如果缺省，则 Path 的属性值为 Web 服务器传给浏览器的资源的路径名。

可以看到，借助对 Domain 和 Path 两个变量的设置，即可有效地控制 Cookie 文件被访问的范围。

- SECURE：在 Cookie 中标记该变量，表明只有当浏览器和 Web Server 之间的通信协议为加密认证协议时，浏览器才向服务器提交相应的 Cookie。当前这种协议只有一种，即 HTTPS。

HTTP 请求报文中携带 Cookie 的格式如下。

```
Cookie:NAME = VALUE
```

- NAME = VALUE：NAME 是该 Cookie 的名称，VALUE 是该 Cookie 的值。由此可见，Cookie 只将名/值对发送给服务器端，Cookie 中的其他信息用于辅助浏览器验证哪些 Cookie 需要发给哪些服务器，以及这些 Cookie 何时过期。

8.2.1 Cookie 原理

Cookie 伴随着用户请求在 Web 服务器和浏览器之间传递。浏览器首次请求服务器时，本地 Cookie 存储中不包含对应服务器的 Cookie，因此不会携带 Cookie 信息，服务器创建 Cookie 后，发送给浏览器，则浏览器记录下这些 Cookie 信息，在客户端的第二次请求中就会包含这些 Cookie 信息，提供给服务器端可以用来唯一标识客户端身份的信息。Cookie 的工作过程如图 8-1 所示。

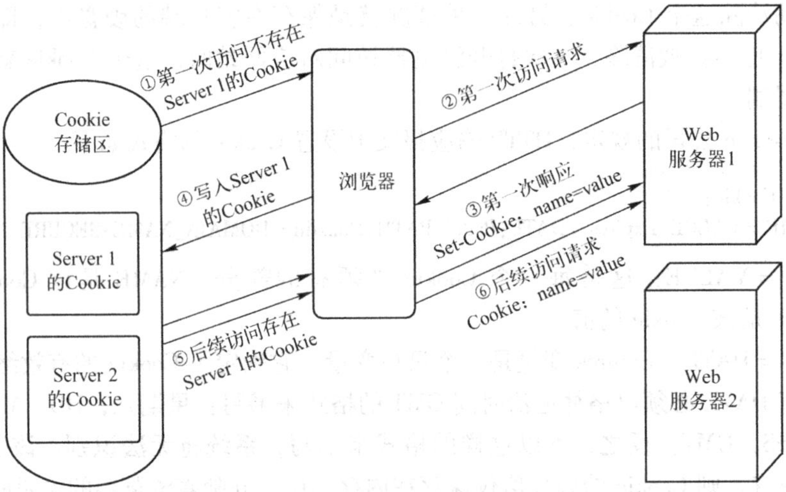

图 8-1　Cookie 工作原理

1）浏览器第一次访问 Server 1 网站时，在 Cookie 存储区中查找对应域名的 Cookie，首次访问不存在 Server 1 的 Cookie。

2）浏览器向服务器发送 HTTP 请求，不包含任何 Cookie 信息。

3）服务器向浏览器返回 HTTP 响应，将 Cookie 添加到响应报文首部，格式如 Set－Cookie：name = value。

4）浏览器收到 Cookie 后，写入 Server 1 所对应的 Cookie 文件中。

5）再次访问 Server 1 网站时，浏览器从 Cookie 缓存中获取 Server 1 的 Cookie。

6）浏览器将 Server 1 的 Cookie 添加到 HTTP 请求报文中发给服务器，格式如 Cookie：name = value。

Cookie 是不可跨域访问的。Server 2 颁发的 Cookie 不会被提交到 Server 1 服务器上去。这是由 Cookie 的隐私安全机制决定的。隐私安全机制能够禁止网站非法获取其他网站的 Cookie，所以浏览器只将属于 Server 1 的 Cookie 发送给 Server 1 服务器。

Cookie 实际上就是一小段文本信息，Cookie 的内容主要包括：名称、值、过期时间、路径和域名，以及客户端请求服务器，如果服务器需要记录该用户状态，就可以创建一个或多个 Cookie，创建步骤如下。

1）创建“名/值”对：name - value pairs。Cookie 中的信息片断以“名/值”对表示。同一个服务器端可以创建多个 Cookie，多个 Cookie 在浏览器端会根据特定规则存放在同一个 Cookie 文件中。

- 每个 Cookie 所存放的数据不能超过 4 KB。
- 每个 Cookie 文件中存储的 Cookie 个数不能超过 300 个。
- 每个域名可以创建的 Cookie 文件不能超过 20 个。
- 浏览器用户可以设定不使用 Cookie。

2）设置过期时间：expires。如果不设置过期时间，则表示这个 Cookie 的生命期为浏览器会话期间，只要关闭浏览器窗口，Cookie 就消失了。这种生命期为浏览器会话期的 Cookie 称为会话 Cookie。会话 Cookie 一般不存储在硬盘上，而是保存在内存里。如果设置了过期时间，浏览器就会把 Cookie 保存到硬盘上，关闭后再次打开浏览器，这些 Cookie 仍然有效，直到超过设定的过期时间，Cookie 可以在同一浏览器的不同窗口间共享，却不能在不同浏览器间共享数据。

3）设置路径：path。控制哪些访问能够触发 Cookie 的发送。如果没有指定 path，Cookie 会在所有对此站点的 HTTP 传送时发送。如果 path =/directory，只有访问 /directory 下面的网页时 Cookie 才被发送。在这个例子中，用户在访问目录 /foo 下的内容时，浏览器将发送此 Cookie。

4）设置域名：domain。domain 用于指定 Cookie 被保存到哪个域名下。正常情况下，Cookie 只被送回最初向用户发送 Cookie 的计算机。如果 domain 为空，domain 就被设置为与提供 Cookie 的 Web 服务器相同；如果 domain 不为空，并且它的值又与提供 Cookie 的 Web 服务器域名不符，这个 Cookie 将被忽略。Cookie 只会区分域名，而不区分端口。域名和路径构成 Cookie 的作用域。

设置超时时间后，硬盘上会保存 Cookie 文件，不同浏览器默认的 Cookie 存储路径不同，在 Windows 系统上（这里以 Windows 7 为例），浏览器的 Cookie 的存储路径如下：

1）IE 浏览器的 Cookie 数据位于：% APPDATA% \Microsoft\Windows\Cookies\目录中，IE 将各个站点的 Cookie 分别保存为一个类似 xxx. txt 这样的纯文本文件（文件个数可能很多，但文件大小都较小），如图 8-2 所示。

% APPDATA% 文件夹位于 c:\users\用户名\文件夹下，为隐藏文件，需要设置显示隐藏文件才可以查看。如当前用户名为 bijing，则 Cookie 存储路径如下。

```
C:\Users\bijing\AppData \Roaming\Microsoft\Windows \Cookies\0WQ6YROK. txt
```

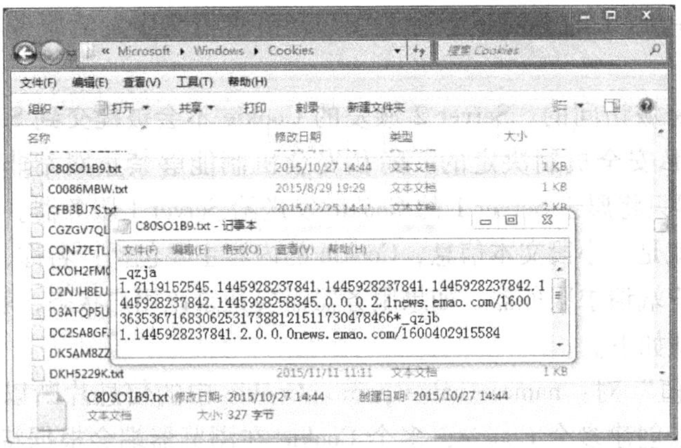

图 8-2　IE 8 浏览器 Cookie 的存储位置

Cookie 在个人硬盘上所保存的文本信息是以明文格式进行保存的，没有任何的加密措施。

2）而 Firefox 和 Chrome 是将所有的 Cookie 都保存在一个文件中（文件大小较大），该文件的格式为 SQLite3 数据库格式的文件。Firefox 的 Cookie 数据位于：% APPDATA% \Mozilla\Firefox\Profiles\ 目录中的 xxx. default 目录下，名为 cookies. sqlite，如图 8-3 所示。

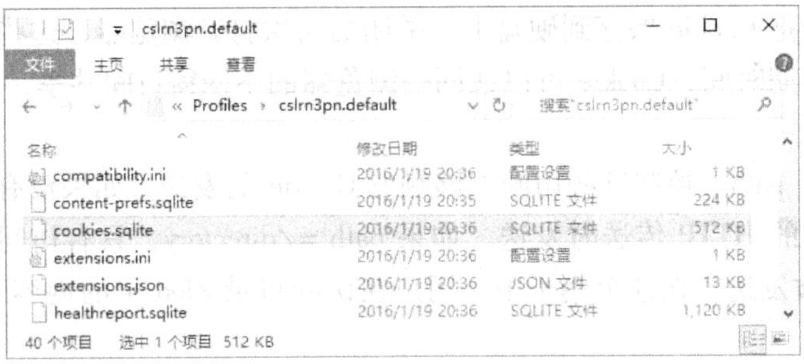

图 8-3　Firefox 浏览器 Cookie 的存储位置

3）Chrome 的 Cookie 数据位于：% APPDATA% \local\Google\Chrome\User Data\Default\ 目录中，名为 Cookies，如图 8-4 所示。

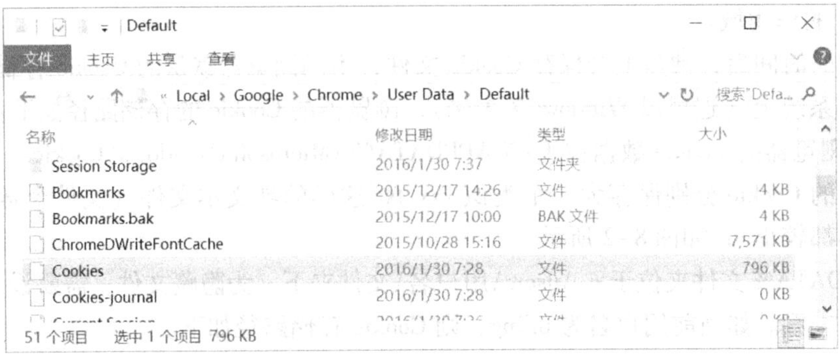

图 8-4　Chrome 浏览器 Cookie 的存储位置

对于不同的浏览器，Cookie 的存储路径和文件格式都不同，所以在不同浏览器间，Cookie 无法共享，也就是说，使用 IE 浏览器登录后，记录了用户的登录状态信息，再使用 Chrome 浏览器打开时，并无法知晓用户已经登录。

8.2.2 Cookie 对象的常用方法

Java 中的 javax. servlet. http. Cookie 类用于创建一个 Cookie，Cookie 的格式有两个不同的版本，第一个版本称为 Cookie Version 0，最初是由 Netscape 公司制定的，几乎被所有的浏览器支持。而较新的版本 Cookie Version 1 则是根据 RFC 2109 文档制定的。为了确保兼容性，Java 规定，涉及 Cookie 的操作都是针对旧版本的 Cookie 进行的。而新版本的 Cookie 目前还不被 Javax. servlet. http. Cookie 包所支持。常用的 Cookie 方法如下。

1. 创建 Cookie

public Cookie(String name, String value)，Cookie 类的构造方法，用于实例化 Cookie 对象，传入 Cookie 名称和 Cookie 的值。

- name 属性定义了 Cookie 的名称。每个 name/value 对都以 name 为标识，加入 Cookies 的每个 name/value 对中的 name 不能相同，否则后者会把前者覆盖掉。
- value 属性定义了 Cookie 的值。不同 Cookie 版本对值的字符限制也不同，在 Cookie Version 0 中，特殊的字符，如空格、方括号、圆括号、等号（=）、逗号、双引号、斜杠、问号、@、冒号和分号，都不能作为 Cookie 的内容。

📖 虽然在 Cookie Version 1 的规定中放宽了限制，可以使用这些字符，但是考虑到新版本的 Cookie 规范目前仍然没有为所有的浏览器所支持，因此为保险起见，应该在 Cookie 的内容中尽量避免使用这些字符。

用户登录成功后，需要记录用户登录信息，包括用户名、最后一次登录时间等，以此为例，其中 lastVisited 取值使用当前时间与 1900 年之间的毫秒值，是为了避免日期对象中出现特殊字符。实例化 Cookie 类对象的示例代码如下。

```
// 生成新的 Cookie
String name = "user";
String value = "java_web";                          //避免使用特殊字符
Cookie cookie1 = new Cookie(name,value);
String name = "lastVisited";
String value = new Date(). getTime(). toString();   //使用当前时间与 1900 年之间的毫秒值
Cookie cookie2 = new Cookie(name,value);
```

response 接口中定义了一个 addCookie 方法，它用于在其响应头中增加一个相应的 Set-Cookie 头字段，创建的 Cookie 需要通过此方法将 Cookie 对象添加到 HTTP 响应报文中，示例代码如下。

```
//将 Cookie 加入 HTTP 响应报文
response. addCookie(cookie1);
response. addCookie(cookie2);
```

增加 Cookie 后，使用浏览器提供的“开发者调试工具”，观察 HTTP Response 报文首部，报文首部参数如图 8-5 所示。

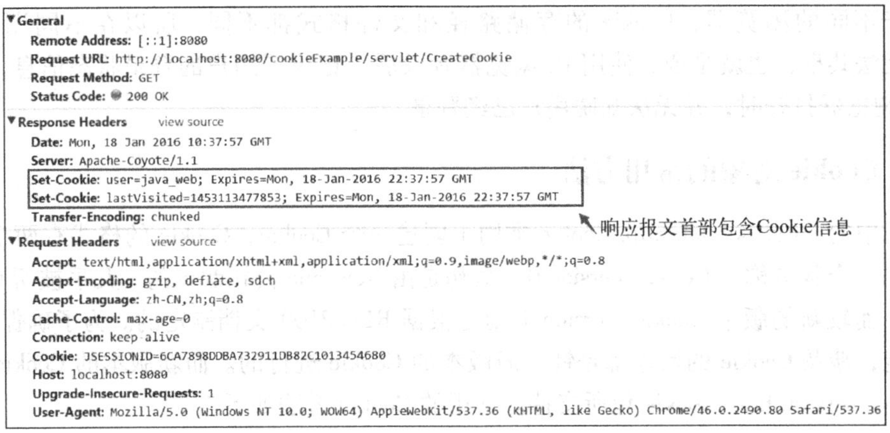

图 8-5　加入 Cookie 的响应报文首部

在实际开发过程中，需要保存很多数据，创建多个 Cookie 对象，往往把 Cookie 的名/值对存储到 java. util. Map 对象中，实现多 Cookie 创建的示例代码如下。

```
// 将名/值对存入 Map 对象
Map<String,String> map = new HashMap<String,String>();
map.put("name1","value1");
map.put("name2","value2");
map.put("name3","value3");
map.put("name4,"value4");
//遍历 Map 对象
for(Map.Entry<String,String> entry : map.entrySet()){
        String name = entry.getKey();
        String value = entry.getValue();
        //创建 Cookie
        Cookie cookie = new Cookie(name,value);
        //将 Cookie 加入响应报文
        response.addCookie(cookie);
}
```

📖 浏览器存储 Cookie 有数量和大小的限制，实际开发中也可以考虑将多个值拼接起来，存储到一个 Cookie 中。

---

2. 设置/读取 Cookie 名/值对

public void setValue（String newValue），用于设置 Cookie 的值，通过此方法可以修改 Cookie 对象的属性值。

newValue 属性表示给 Cookie 对象设置的新值。

public String getName()，读取 Cookie 的名称。

public String getValue()，读取 Cookie 的值，通过此方法，可以从 Cookie 对象中获取属性值。

浏览器将存储在本地的 Cookies 添加到 HTTP 请求报文头部，request 接口中定义了一个 getCookies()方法，用于获取客户端提交的 Cookie。本例获取请求中的 Cookie 数组，遍历数组中的每一个 Cookie，读取名/值对，并输出到页面，示例代码如下。

```
//读取 Cookie
PrintWriter out = response.getWriter();
Cookie cookies[] = request.getCookies()
    Cookie cookie = null ;
    if(cookies != null) {
      for(int i = 0;i < cookies.length;i ++ ) {
        cookie = cookies[i] ;
        out.println("cookie name :" + cookie.getName() + "   ") ;
        out.println("cookie value :" + cookie.getValue() + "<br/>");
      }
}
```

服务器不仅可以获取浏览器端传来的 Cookie 中的 value 值，也可以修改 Cookie 中的值。例如，在 Cookie 中记录用户最后一次登录时间，每次用户登录后，需要修改 Cookie 中的 lastVisited 值为当前时间，示例代码如下。

```
//修改 Cookie
Cookie cookies[] = request.getCookies() ;
Cookie cookie = null ;
for(int i = 0;i < cookies.length;i ++ ) {
    cookie = cookies[i] ;
    if(cookie.getName().equals("lastVisited")) {
        String value = new Date().getTime() + "";
        cookie.setValue(value) ;                     //修改 lastVisited 的值
        cookie.setMaxAge(60 * 60 * 12) ;             //设置 Cookie 过期时间为 12 h
        response.addCookie(cookie) ;                 //修改后,要更新到浏览器中
    }
}
```

3. 设置/读取 Cookie 超时时间

public void setMaxAge(int expiry)，用于设置 Cookie 的最大保存时间，即 Cookie 的有效期。

expiry 属性表示有效时间，以秒为单位。例如，设置有效时间为 1 天，则 expiry 取值为 60 * 60 * 24。

public int getMaxAge()，读取 Cookie 超时时间，返回 Cookie 过期之前的最大时间，以秒为单位。

设置 Cookie 超时时间的示例代码如下。

```
// 设置有效日期为 1 天
int days = 1;
cookie.setMaxAge(days * 60 * 60 * 24);

//读取 Cookie 的有效时间
int remain = cookie.getMaxAge();
```

如果没有设置 Cookie 的超时时间或设置超时时间为负数，则为会话 Cookie，关闭浏览器 Cookie 就会消失；如果设置 Cookie 的超时时间为 0，则表示删除 Cookie。

程序要注销当前用户，就需要删除本地 Cookie，示例代码如下。

```
//删除 Cookie(将 Cookie 的有效时间设置为 0)
Cookie cookies[ ] = request.getCookies( ) ;
Cookie c = null ;
for(int i = 0;i < cookies.length;i ++ ) {
        c = cookies[i] ;
        if(c.getName( ).equals("user")) {
                c.setMaxAge(0);
                response.addCookie(c) ;
        }
}
```

在后面的章节中会讲到 Cookie 路径属性 path 和域名属性 domain，删除 Cookie 时，Cookie 的 path 和 domain 属性必须与之前创建的一致，否则删除不成功。

4. 设置/读取 Cookie 域名

public void setDomain(String pattern)，用于设置 Cookie 的有效域。

pattern 参数表示域名，字符串必须以点(".")开始。

public String getDomain()，获取 Cookie 的有效域。

正常情况下，同一个一级域名下的两个二级域名，如 www.ceit.com.cn 和 images.ceit.com.cn，不能相互使用 Cookie，因为二者的域名并不严格相同。如果想要所有 ceit.com.cn 名下的二级域名都可以使用该 Cookie，需要设置 Cookie 的 domain 属性，实现二级域名的跨域访问，示例代码如下。

```
Cookie cookie = new Cookie("user","java web");        // 新建 Cookie
cookie.setDomain(".www.ceit.com.cn");                  // 设置域名
cookie.setMaxAge(60 * 60 * 24);                        // 设置有效期

response.addCookie(cookie);                            // 输出到客户端
```

name 相同但 domain 不同的两个 Cookie，是两个不同的 Cookie。如果想要两个域名完全不同的网站共享 Cookie，可以生成两个 Cookie，domain 属性分别为两个域名，并输出到客户端。

5. 读取/设置 Cookie 路径

public String getPath()，用于获取 Cookie 的有效路径。

public void setPath(String url)，设置 Cookie 的有效路径，默认值就是产生 Cookie 的 Servlet 对应的 URL。

url 属性是相对于应用服务器存放应用的文件夹的根目录而言的，如 Tomcat 下面的 webapps 文件夹。

正常的 Cookie 只能在一个应用中共享，即一个 Cookie 只能由创建它的应用获得。如果想要在其他应用中共享 Cookie，就需要设置 Cookie 路径。若重复设置 Cookie 路径，起作用的以最后一条为准。

例如，Web 服务器下包含两个应用：webappA 和 webappB，正常情况下，webappA 中创建的 Cookie 是无法被 webappB 获取的。要实现在同一应用服务器内共享 Cookie 有两种方式，分别如下。

1）设置 cookie.setPath("/")，用此方法创建的 Cookie，可以在 webapps 文件夹下的所有应用中共享 Cookie，示例代码如下。

```
//webappA 生成根路径可以访问的 Cookie
Cookie cookie = new Cookie("user","java_web");          // 新建 Cookie
cookie.setMaxAge(60 * 60 * 24);                          // 设置有效期

cookie.setPath("/");                                     // 设置路径(默认)
response.addCookie(cookie);                              // 把 Cookie 放入响应中
```

2）若在 webappA 下面设置 Cookie 的时候，设置 cookie. setPath("/webappB/")，就可以在 webappB 下面获取到 webappA 设置的 Cookie 了。

```
//webappA 创建 webappB 可以访问的 Cookie
Cookie cookie = new Cookie("user","java_web");          // 新建 Cookie
cookie.setMaxAge(60 * 60 * 24);                          // 设置有效期

cookie.setPath("/webappB/");                             // 设置路径(默认)

response.addCookie(cookie);                              // 把 Cookie 放入响应中
```

此时，webappA 创建的 Cookie 只能在 webappB 应用下获得，即便是产生这个 Cookie 的 webappA 应用也不可以。

1）使用 Servlet 创建 Cookie，代码参见 Example8_1 中的 CreateCookie. java。

```
public void doGet(HttpServletRequest request,HttpServletResponse response)
            throws ServletException,IOException{
    // 生成新的 Cookie
    String name = "user";
    String value = "java_web";                   //避免使用特殊字符
    Cookie cookie1 = new Cookie(name,value);
    cookie1.setMaxAge(60 * 60 * 12);
    cookie1.setPath("/");
    cookie1.setDomain(".www.ceit.com.cn");
    name = "lastVisited";
    value = new Date().getTime() + "";           //使用当前时间与 1900 年之间的毫秒值
    Cookie cookie2 = new Cookie(name,value);
    cookie2.setMaxAge(60 * 60 * 12);
    cookie2.setPath("/");
    cookie2.setDomain(".www.ceit.com.cn");
    response.addCookie(cookie1);
    response.addCookie(cookie2);
    PrintWriter out = response.getWriter();
…}
```

本例需要使用域名进行访问，可以修改本机 C:\WINDOWS\system32\drivers\etc 下的 hosts 文件来配置多个临时域名，然后使用上述程序来设置跨域名 Cookie 验证 domain 属性，如图 8-6 所示。

打开 hosts 文件，内容如下。

```
# localhost name resolution is handled within DNS itself.
127.0.0.1        localhost
::1              localhost
```

修改 hosts 文件，添加 ip 与域名的绑定，修改后的代码如下。

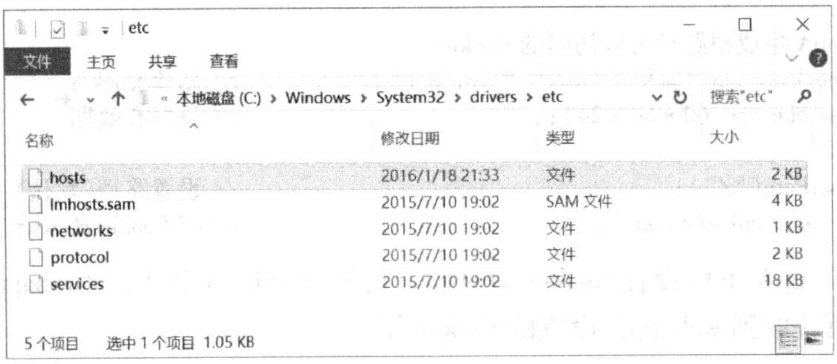

图 8-6　Windows 下配置临时域名

```
# localhost name resolution is handled within DNS itself.
127.0.0.1        localhost
::1              localhost
//添加代码如下
127.0.0.1        www.ceit.com.cn
127.0.0.1        images.ceit.com.cn
```

如此，就可以使用域名 www. ceit. com. cn 和 images. ceit. com. cn 访问本机。本例中，将 Cookie 绑定到 www. ceit. com. cn 域名下。使用 www. ceit. com. cn 访问时，浏览器会将本地 Cookie 添加到请求首部；使用 images. ceit. com. cn 访问时，则不会将此 Cookie 添加到请求首部，如图 8-7 和图 8-8 所示。

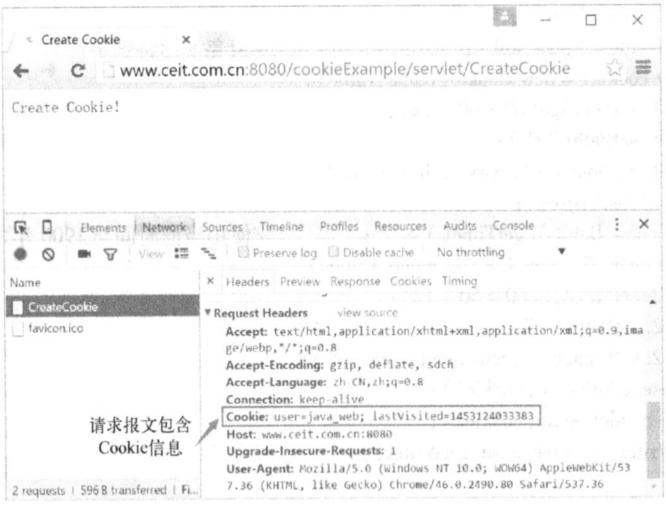

图 8-7　使用 www. ceit. com. cn 域名访问

2）显示 Cookie 中信息，代码参见 Example8_1 中的 ShowCookie. java。

```
public void doGet(HttpServletRequest request,HttpServletResponse response)
                throws ServletException,IOException{
    Cookie cookies[] = request.getCookies();
    PrintWriter out = response.getWriter();
    out.println("<!DOCTYPE HTML>");
    out.println("<HTML><HEAD><TITLE>Show Cookie</TITLE></HEAD>");
```

```
        out.println("    <BODY>");
        if(cookies!=null){
            for(Cookie cookie : cookies){
                out.println("cookie name :" + cookie.getName() + "    ");
                out.println("cookie value : " + cookie.getValue() + "<br/>");
            }
        }
    ...
}
```

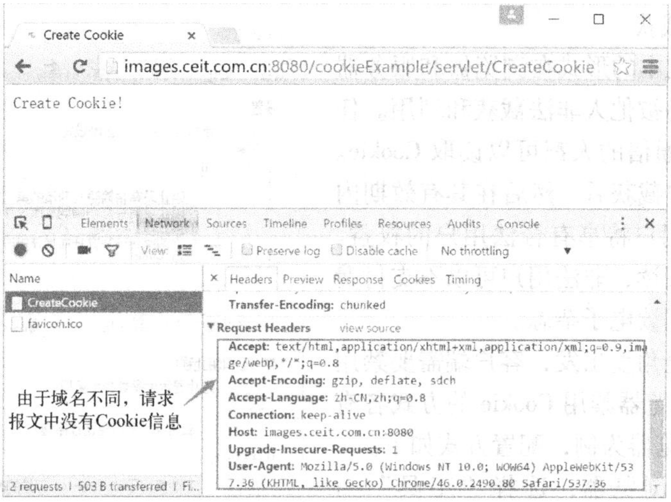

图 8-8　使用 images. ceit. com. cn 域名访问

显示效果如图 8-9 所示。

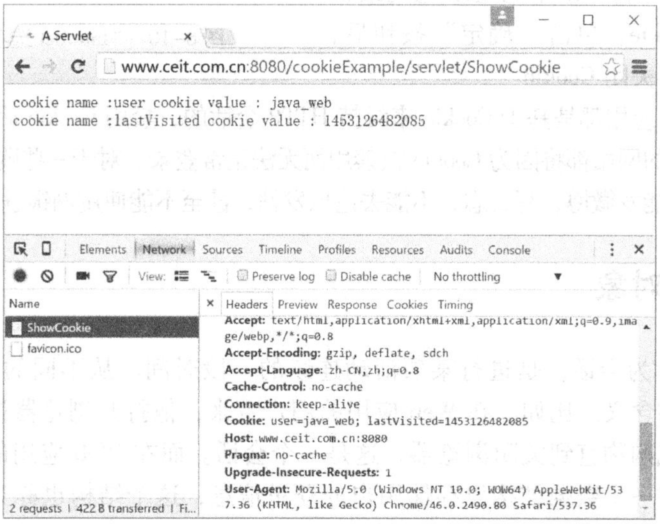

图 8-9　显示 Cookie 信息

Cookie 的目的是为用户带来方便，为网站带来增值，一般情况下不会造成严重的安全威胁。但是，Cookie 作为用户身份的替代，其安全性有时决定了整个系统的安全性，Cookie 的安全性问题不容忽视。

（1） Cookie 欺骗

Cookie 记录了用户的账户 ID、密码等信息，通常使用 MD5 方法加密后在网上传递。经过加密处理后的信息即使被网络上一些别有用心的人截获，他也看不懂。然而，现在存在的问题是，截获 Cookie 的人不需要知道这些字符串的含义，只要把别人的 Cookie 提交给服务器，并且能够通过验证，就可以冒充受害人的身份登录网站，这种行为称为 Cookie 欺骗。

非法用户通过 Cookie 欺骗获得相应的加密密钥，从而访问合法用户的所有个性化信息，包括用户的 E - mail 甚至账户信息，对个人信息造成了严重危害。

（2） Cookie 截获

Cookie 以纯文本的形式在浏览器和服务器之间传送，很容易被他人非法截获和利用。任何可以截获 Web 通信的人都可以读取 Cookie。Cookie 被非法用户截获后，然后在其有效期内重放，则此非法用户将享有合法用户的权益。例如，对于在线阅读，非法用户可以不支付费用即可享受在线阅读电子杂志。

有时，从安全角度出发，客户端需要禁用 Cookie，不同的浏览器禁用 Cookie 的方式各有不同。以 IE 8 浏览器为例，配置方式如下。

1） 打开 IE 浏览器，选择“工具”→“Internet 选项”命令，在弹出的对话框中选择“隐私”选项卡，如图 8-10 所示。

2） 将“设置”选项组中的滑块拖到最顶上，阻止所有 Cookie，单击“确定”按钮后，重启浏览器就可以关闭 Cookie。

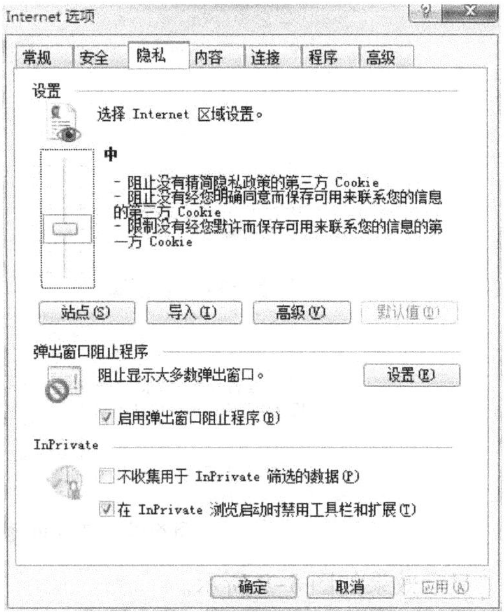

图 8-10 “Internet 选项”对话框

目前很多 Web 应用都是基于 Cookie 来维持 HTTP 会话的，禁用 Cookie 后，所有使用 Cookie 实现用户登录账号的网站都将因为 Cookie 被禁用而无法正常登录。对于一些购物网站，则会导致用户不能购物，不能发微博、写日志、不能去论坛发帖，甚至不能使用网银进行支付等。

8.3 Session 对象

Session 一般称为会话，是进行某项活动连续的一段时间。从不同的层面看待 Session，它有着截然不同的含义。比如，在 Web 应用的用户看来，他打开浏览器访问一个电子商务网站，登录并完成购物直到关闭浏览器，这是一个会话。而在 Web 应用的开发者开来，用户登录时需要创建一个数据结构以存储用户的登录信息，这个结构也称为 Session。因此在谈论 Session 时要注意上下文环境。本章讨论的 Session 属于后者。

Session 机制是一种服务器端的机制，在服务器端使用一种类似于散列表的结构（也可能就是使用散列表）来保存信息。当一个用户向服务器发送请求时，服务器为其建立一个 Session，并为此 Session 创建一个标识号，用户随后的所有请求都包括这个标识号，服务器会校对这个标识号以判断请求属于哪个 Session。由此可以得出，Session 是解决 HTTP 协议无状态问题的服务端解决方案，它能让客户端和服务器端之间的一系列交互动作变成一个完整的事务。

一般情况下，Session 都是存储在服务器的内存中，当服务器进程被停止或者重启时，内存里的 Session 也会被清空。如果设置了 Session 的持久化特性，服务器就会把 Session 保存到硬盘上，当服务器进程重新启动后，这些信息将能够被再次使用，Tomcat 支持的持久性方式包括文件、数据库、客户端 Cookie 保存和复制。

复制严格说来算不上持久化保存，因为 Session 实际上还是保存在内存里，不过同样的信息被复制到各个 cluster 内的服务器进程中，这样即使某个服务器进程停止工作，也仍然可以从其他进程中取得 Session。

Session 与 Cookie 的作用都是为了保持访问用户与后端服务器的交互状态。但 Session 与 Cookie 各有不同，下面从以下几个方面进行比较。

1. 存储位置

Cookie 数据保存在客户端，Session 数据保存在服务器端。

简单的说，当登录一个网站时，如果 Web 服务器端使用的是 Session，那么所有的数据都保存在服务器上，客户端每次请求服务器时会发送当前会话的 Session ID，服务器根据当前 Session ID 判断相应的用户数据标志，以确定用户是否登录或具有某种权限。

如果浏览器使用的是 Cookie，那么所有的数据都保存在浏览器端，比如登录以后，服务器设置了 Cookie 用户名，那么当再次请求服务器时，浏览器会将用户名一块发送给服务器，这些变量有一定的特殊标记。服务器会解释为 Cookie 变量，以确定用户是否登录或具有某种权限。

2. 存储限制

Cookie 要求每个客户端最多保持 300 个 Cookie，每个域名下最多为 20 个 Cookie（实际上一般浏览器现在都比这个多，如 Firefox 是 50 个），而每个 Cookie 的大小最多为 4 KB，不过不同的浏览器都有各自的实现。

而 Session 通常存储在服务器内存中，没有明确的大小限制，但当访问增多时，会降低服务器的性能。

3. 带宽限制

使用 Cookie 来传递信息时，随着 Cookie 个数的增多和访问量的增加，它占用的网络带宽也很大。

而 Session 只需要在请求中携带 Session ID 即可，不会影响网络带宽。

4. 有效期

两者同样都有有效期的说法，Session 是存储在服务器上的，过期与否取决于服务器的设定；Cookie 是存储在客户端的，过期与否是在 Cookie 生成时设定的。

5. 安全性

两者都可以用来存放私密的东西，但也都存在安全性问题。

Session 的数据是存储在服务器上面的，数据无法伪造，但如果能够获取某个登录用户的 Session ID，通过伪造 Session ID 的请求，可以伪造用户身份。

Cookie 如果设置了有效时间，那么它会被保存在客户端的硬盘上，如果将 Cookie 复制到其他机器的浏览器的目录下面，那么登录该网站时就是用你的身份登录的，所以 Cookie 是可以伪造的。

> 📖 伪造的时候需要注意，直接复制 Cookie 文件到 Cookie 目录，浏览器是不认的，它有一个 index. dat 文件，存储了 Cookie 文件的建立时间，以及是否被修改过，所以必须要先有该网站的 Cookie 文件，并且要保证从时间上“骗过”浏览器。

8.3.1 Session 原理

当程序需要为某个客户端的请求创建一个 Session 时，服务器首先检查这个客户端的请求里是否已包含了一个 Session 标识，称为 Session ID，如果客户端请求不包含 Session ID，则为此客户端创建一个 Session，并且生成一个与此 Session 相关联的 Session ID，Session ID 的值是一个既不会重复，又不容易被找到规律以仿造的字符串，这个 Session ID 将在本次响应中被返回给客户端保存，客户端在后续的访问中都会在请求中包含 Session ID，服务器就按照 Session ID 把这个 Session 检索出来使用，但如果没有检索到客户端提交的 Session ID，说明 Session 被注销或超时，服务器端会新建一个 Session，并把 Session ID 发送给客户端，客户端会使用新的 Session ID 与服务器交互。Session 的工作原理如图 8-11 所示。

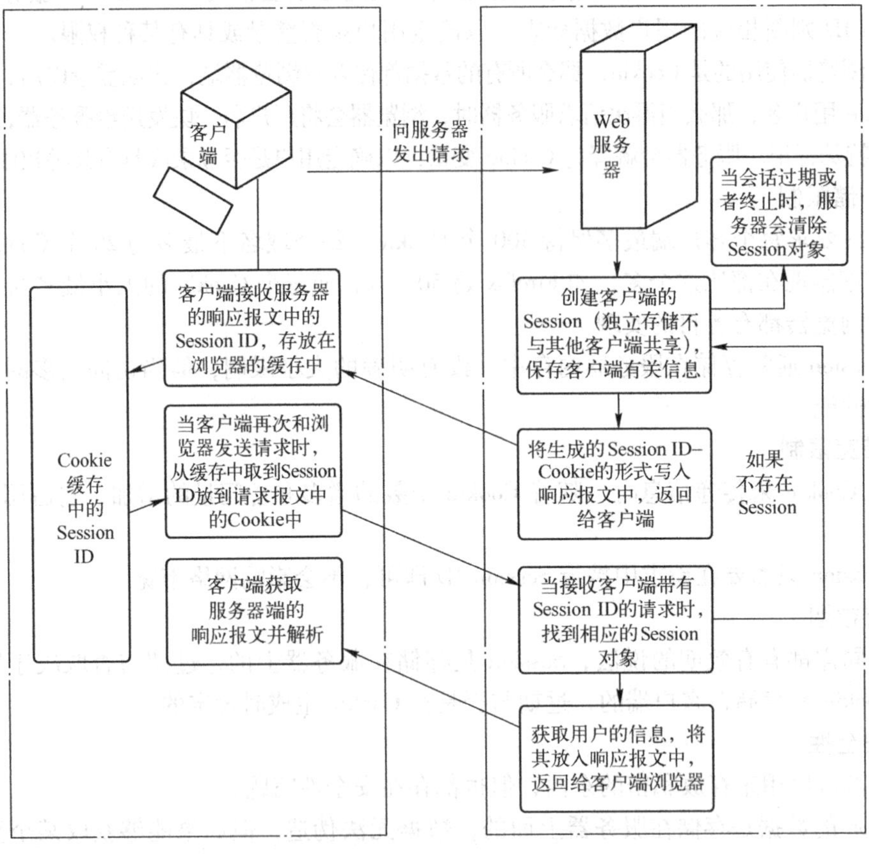

图 8-11 Session 工作原理

1）客户端首次向服务器端发送请求，不包括 Session ID。

2）服务器为其建立一个 Session 对象，保存用户的有关信息，这些信息不与其他客户端共享。

3）每个 Session 都有唯一编号 Session ID，并通过响应报文发送给浏览器，示例如下。

```
Set-Cookie:JSESSIONID=784F5C6566C2BFBE7E88A88CC8B35220
```

4）客户端将 Session ID 保存到浏览器 Cookie 缓存中。

5）当客户端再次向浏览器发送请求时，都会使用 Cookie 携带这个 Session ID，示例如下。

```
Cookie:JSESSIONID=784F5C6566C2BFBE7E88A88CC8B35220
```

6）服务器端接收到带有 Session ID 的请求时，会校对这个 Session ID，如果 Session ID 存在，服务器可以从 Session 读取信息，返回给客户端浏览器。

7）如果 Session ID 不存在，则转到步骤 2）执行。

8）当会话过期或终止时，服务器会清除 Session 对象。

HTTP 协议中没有专门提供传递 Session ID 的参数，使用 HTTP 协议传递 Session ID，有 3 种方式：基于 Cookie、URL 重写和隐藏表单域。

1. 基于 Cookie

该方式需要浏览器端开启 Cookie 功能，服务器端创建 Session 后，会将 Session ID 以 Cookie 的形式通过响应报文返回给客户端，Cookie 包括如下信息。

- 该 Cookie 的 name 均类似于 SEEESIONID，如 Tomcat 服务器，对于 Web 应用程序生成的 Cookie，其名称就是 JSESSIONID。
- 该 Cookie 的 value 为 HttpSession 对象的 ID。
- 该 Cookie 的 path 为当前应用路径。

响应报文中记录 Session ID 的 Cookie，如图 8-12 所示。

图 8-12　响应报文使用 Cookie 记录 Session ID

此时，浏览器中保存了客户端与服务器端交互的 Session ID，客户端再次访问服务器时，就会在请求中携带此 Cookie，如图 8-13 所示。

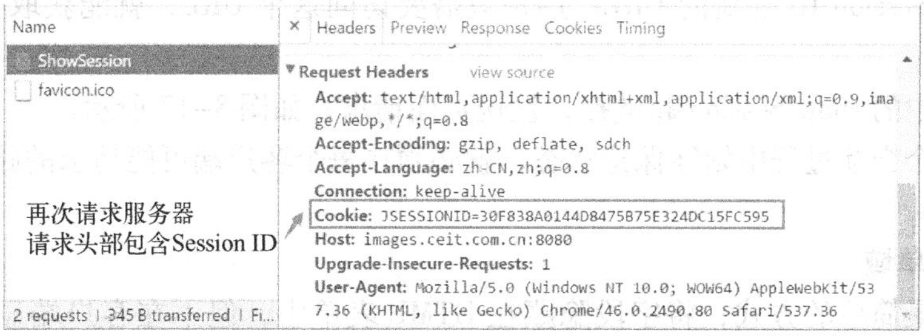

图 8-13　请求报文使用 Cookie 传递 Session ID

2. URL 重写

由于 Cookie 可以被人为地禁止，如果关闭 Cookie，Session ID 将无法使用 Cookie 进行传递，服务器端依然会产生 Session ID，放入响应报文，如图 8-14 所示。

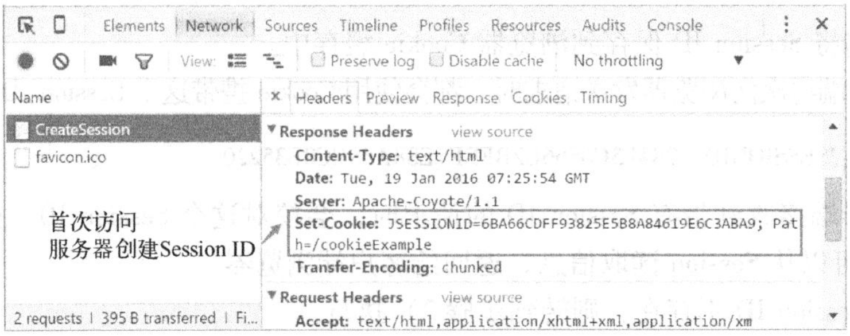

图 8-14　服务器端产生 Session ID

由于 Cookie 被关闭，浏览器不会保存 Cookie 信息，再次访问该网站时，请求中不会包含 Session ID 信息，服务器在请求中未找到 Session ID，就会创建新的 Session ID 发送给客户端，如此也就无法对 Session 进行追踪，从而导致会话失败。如图 8-15 所示，前后两次 Session ID 是不同的，说明服务器没有将之视为一次会话。

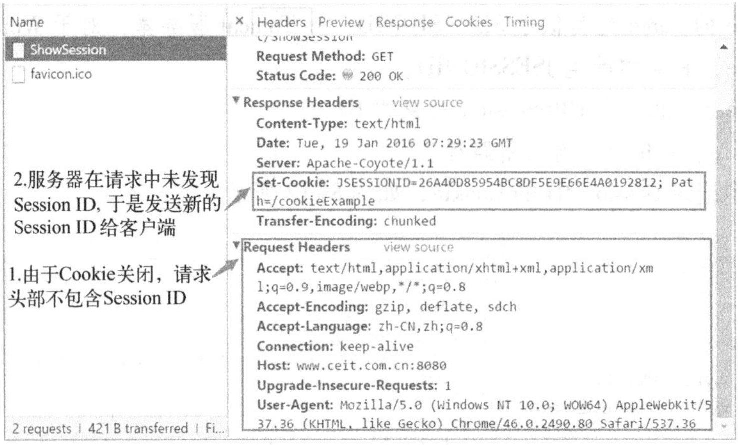

图 8-15　Cookie 关闭 Session ID 无法发送给服务器

由此，必须有其他机制以便在 Cookie 被禁止时仍然能够把 Session ID 传递回服务器。经常被使用的一种技术叫作 URL 重写，就是把 Session ID 直接附加在 URL 路径的后面，java response 对象提供了 encodeURL 和 encodeRedirectURL 方法，可以对所有的请求路径进行重编码，生成包含 Session ID 的新的 URL。用户只需要访问这个 URL，就能获取 Session ID，如图 8-16 所示。

单击页面中的 show Session 超链接，发送页面请求，如图 8-17 所示。

为了在整个交互过程中始终保持状态，就必须在每个客户端可能请求的路径后面都包含这个 Session ID。

3. 隐藏表单域

这是一种最简单的方式，将字段隐藏在 HTML 表单中，但不在客户端显示。例如，在第 1 张页面中输入用户名和密码登录，服务器生成响应返回第 2 张页面。当第 2 张页面提交

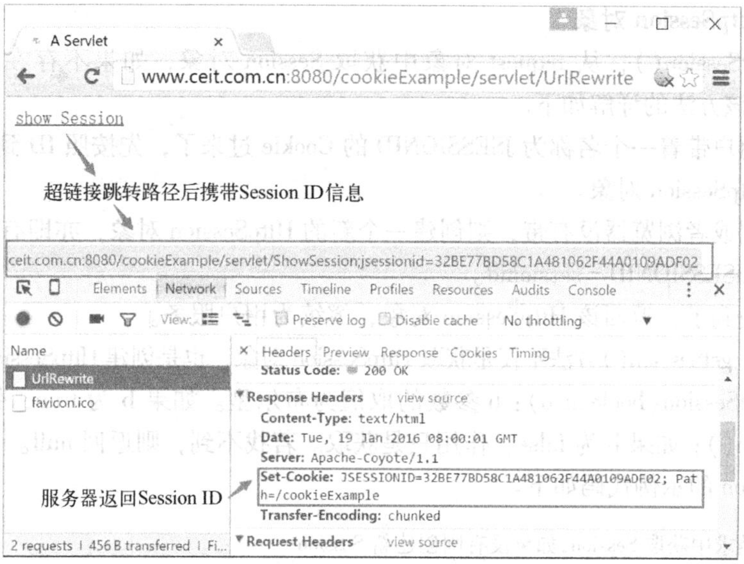

图 8-16　URL 重写实现 Session

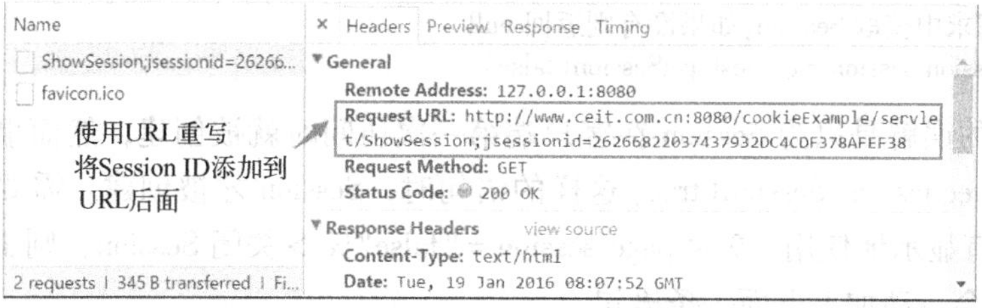

图 8-17　URL 重写实现页面请求路径

时，可能仍然需要知道来自第 1 张页面中的用户名。

那么就可以通过隐藏表单域来实现这一连续的过程。当第 1 张页面提交后，服务器端做出响应返回第 2 张页面，此页面中用隐藏域记录了来自登录时的用户名。通俗地说，就是当服务器回发给客户端的响应时，同时把用户名再次回发到客户端，用隐藏域隐藏起来，是不可见的。当第 2 张页面提交时，此隐藏域中的用户名也一并随表单提交。这样，服务器就仍然可以判断此用户是否与以前的用户相同。于是，再次处理完结果后继续将响应回发给客户端，且此响应中也仍然包含了用户名，在客户端中仍然用隐藏域将这一信息隐藏。

Session ID 的传递也可以采用此方法，将 Session ID 写入页面的隐藏文本框内，通过页面的提交，将 Session ID 一同提交给服务器，从而实现 Session ID 的传递。当然，这些连续请求的动作对于用户来说是不可见的。

8.3.2　Session 对象的常用方法

Java 中的 javax.servlet.http.HttpSession 接口提供了存储和返回标准会话属性的方法。标准会话属性如会话标识符、应用数据等，都以“名/值”对的形式保存在服务器端。也就是说，HttpSession 接口提供了一种把对象保存到内存、在同一用户的后继请求中提取这些对象的标准办法。

1. 获得 HttpSession 对象

request. getSession( )，从 request 对象中获取 Session 对象，如果不存在，则创建一个 Session 对象，该方法的详解如下。

1）如果用户带着一个名称为 JSESSIONID 的 Cookie 过来了，先按照 ID 到服务器内存中找出对应的 HttpSession 对象。

2）未找到或者浏览器没有带，则创建一个新的 HttpSession 对象，亦即有了新的 ID，同时写给客户端 JSESSIONID = sessionid。

3）如果找到了，返回该 HttpSession 对象，继续为用户服务。

由此可见，getSession( )方法不仅是获取 HttpSession 对象，也是创建 HttpSession 对象的方法。

request. getSession(boolean b)：b 参数的取值为布尔型。如果 b 为 true，作用等同于 request. getSession( )；如果 b 为 false，作用只是获取。若找不到，则返回 null。

获取 Session 的示例代码如下。

```
//从请求中获取 Session,如果没有则创建新 Session
HttpSession session = request. getSession( );
//同无参方法
HttpSession session = request. getSession( true);
//从请求中获取 Session,如果没有则返回 null
HttpSession session = request. getSession( false);
```

一个常见的误解是以为 Session 在客户端第一次访问时就被创建，然而事实是只有服务器端程序调用 request. getSession(true)这样的语句时，Session 才被创建。需要注意的是，如果 JSP 页面没有显示地使用 < %@ page session = "false" % >关闭 Session，则 JSP 文件在编译成 Servlet 时将会自动加上下面一条语句。

```
HttpSession session = HttpServletRequest. getSession( true);
```

这也是 JSP 中隐含的 Session 对象的来历。由于 Session 会消耗内存资源，因此，如果不打算使用 Session，应该在所有的 JSP 中关闭它。

在 JSP 中关闭 Session 后，服务器端不会创建 Session，页面代码如下。

```
<html>
...
<body>
    <p>在 jsp 中使用 &lt;%@ page session = "false" % &gt; </p>
    <p>关闭 session 后,服务器端不会产生 session,</p>
    <p>直到服务器端使用 request. getSession( )方法时,才会产生 session</p>
  </body>
</html>
```

显示效果如图 8-18 所示。

2. 操纵 Session 属性

void setAttribute(String name,Object obj)，向 Session 中添加属性。属性使用的是 name/value 对（名/值对）的方式表示。

- name 参数是 String 类型，表示添加到 Session 中属性的名称，Session 对象中的属性名称要必须保证唯一性。

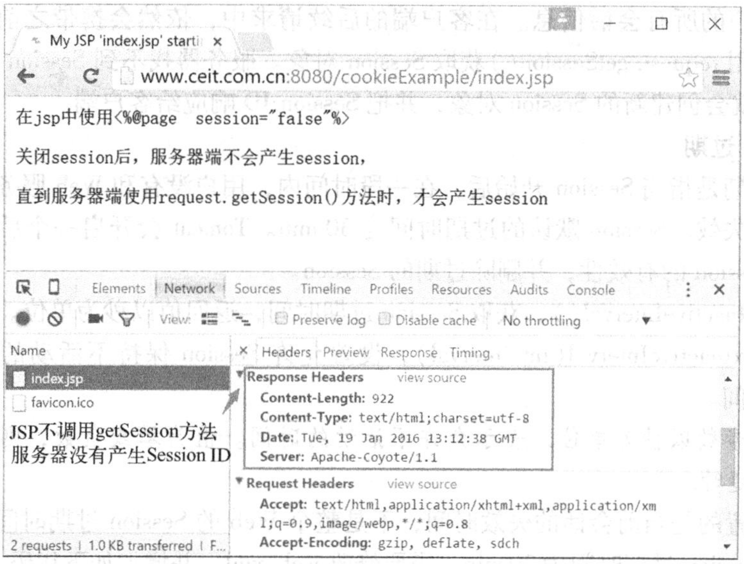

图 8-18　JSP 页面关闭 Session

- obj 参数是 Object 类型，表示添加到 Session 中的数据对象，可以是任意类型的数据。

Object getAttribute(String name)，从 Session 中获取指定属性名的数据，返回值为 Object 类型，在使用过程中，需要根据数据的实际类型进行强制转换。

- name 参数是 String 类型，表示想要获取的 Session 中属性的名称。

void removeAttribute(String name)，从 Session 中移除属性。

- name 参数是 String 类型，表示想要移除的 Session 中属性的名称。

String getId()，获取 Session ID 的值，返回值为字符串。

操纵 Session 属性的示例代码如下。

```
//获取 Session 对象
HttpSession session = request. getSession( ) ;
//向 Session 中添加名为 user 的属性,值为 bijing
session. setAttribute( "user" , "bijing" ) ;
//从 Session 中获取名为 user 的属性的值,返回值为 bijing
String user = (String) session. getAttribute( "user" ) ;
//从 Session 中移除名为 user 的属性
session. removeAttribute( "user" ) ;
//从 Session 中获取 Session ID
String sessionID = session. getId( ) ;
```

3. 销毁 Session

void session. invalidate()，立刻摧毁服务器中的 HttpSession 对象。Session 存储在服务器内存中，本身就会消耗服务器资源，因此当 Session 不再被使用时，就要调用此方法销毁 Session。

销毁 Session 的示例代码如下。

```
//从服务器上销毁 Session
session. invalidate( ) ;
```

调用 session. invalidate()方法，会将 Session 对象从服务器上删除，也就删除了该 Session

所记录的该用户的所有会话信息。在客户端的后续请求中，依然会携带之前的 Session ID，直到服务器使用 request. getSession( )获取 Session 对象。服务器找不到 Session ID 对应的 Session 对象时，就会创建新的 Session 对象，并把 Session ID 响应给客户端。

4. Session 过期

Session 过期是指当 Session 开始后，在一段时间内，用户没有和 Web 服务器交互，这个 Session 会话会失效。Session 默认的过期时间为 30 min。Tomcat 会开启一个后台线程每隔一段时间检查 Session 的有效性，并删除过期的 Session。

int getMaxInactiveInterval( )，获取 Session 过期时间，返回值以秒为单位。

void setMaxInactiveInterval(int interval)，设置允许 Session 保持不活动的时间，也就是 Session 过期时间。

- interval 参数以秒为单位，表示允许不活动的时间。值为零或负数，则表示会话将永远不会超时。

此方法设置的是当前会话的失效时间，不是整个 Web 的 Session 过期时间，如果想设置整个 Web 的 Session 过期时间为 20 min，需要修改 web. xml，并增加如下代码。

```
//设置 Session 过期时间
<session-config>
        <session-timeout>20</session-timeout>
</session-config>
```

<session-config> 用来指定默认的会话超时时间间隔，以分钟为单位。该元素值必须为整数。如果 session-timeout 元素的值为零或负数，则表示会话将永远不会超时。

当用户第一次访问 Web 应用中支持 Session 的某个页面时，就会开始一个新的 Session。接下来当用户浏览这个 Web 应用的不同网页时，始终处于同一个 Session 中。

Session 的作用时间是从创建开始，到 Session 失效为止。使 Session 失效的方法有以下 3 种。

1）客户端关闭浏览器（正常关闭）。

2）Sessin 过期。

3）服务器端调用 HttpSession 的 invalidation( )方法。

📖 严格地讲：关闭浏览器删除的是 Cookie，服务器端的 Session 依然存活着，当重新打开一个浏览器时，服务器端会创建一个新的 Session ID，从而使原 Session 过期后失效。

下面以使用 Session 记录当前用户名为例，演示创建 Session、添加 Session 属性、读取 Session，以及注销 Session 的完整代码。

1）使用 Servlet 创建 Session，代码参见 Example8_2 中的 CreateSession. java。

```
public void doGet(HttpServletRequest request,HttpServletResponse response)
                    throws ServletException,IOException{
        //获取 Session 对象,如果没有,则创建 Session
        HttpSession session = request.getSession();
        response.setContentType("text/html");
        PrintWriter out = response.getWriter();
        ...
        out.flush();
```

```
        out.close();
    }
```

运行效果如图 8-19 所示。

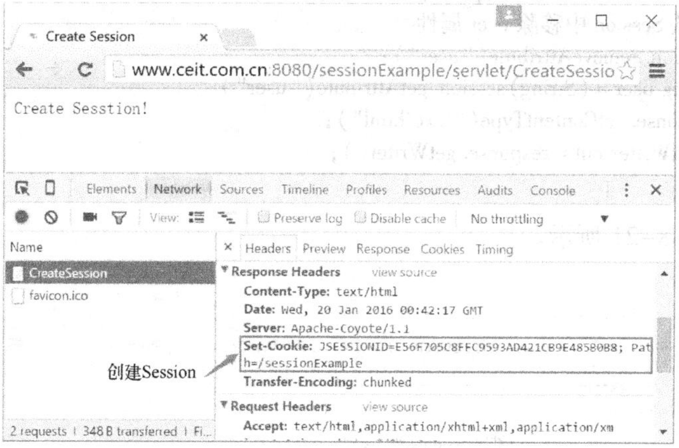

图 8-19　创建 Session

2）添加 Session 属性，代码参见 Example8_2 中的 AddSessionAttribute. java。

```
public void doGet(HttpServletRequest request,HttpServletResponse response)
                                throws ServletException,IOException{
        HttpSession session = request.getSession(true);
        //向 Session 中添加 user 属性,取值为 bijing
        session.setAttribute("user","bijing");
        //从 Session 中获取 user 属性的值
        String user = (String)session.getAttribute("user");
        response.setContentType("text/html");
        PrintWriter out = response.getWriter();
...}
```

运行效果如图 8-20 所示。

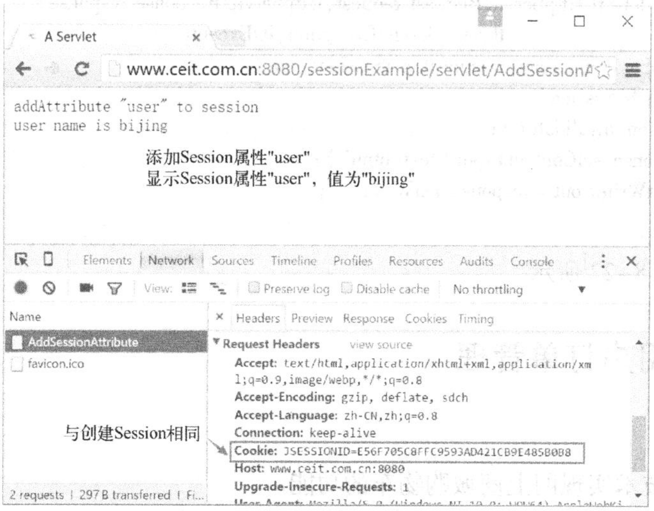

图 8-20　添加 Session 属性

3）移除 Session 属性，代码参见 Example8_2 中的 RemoveSessionAttribute. java。

```
public void doGet(HttpServletRequest request,HttpServletResponse response)
                    throws ServletException,IOException{
        HttpSession session = request. getSession(true);
        //从 Session 中移除 user 属性
        session. removeAttribute("user");
        String user = (String)session. getAttribute("user");
        response. setContentType("text/html");
        PrintWriter out = response. getWriter();
…}
```

运行效果如图 8-21 所示。

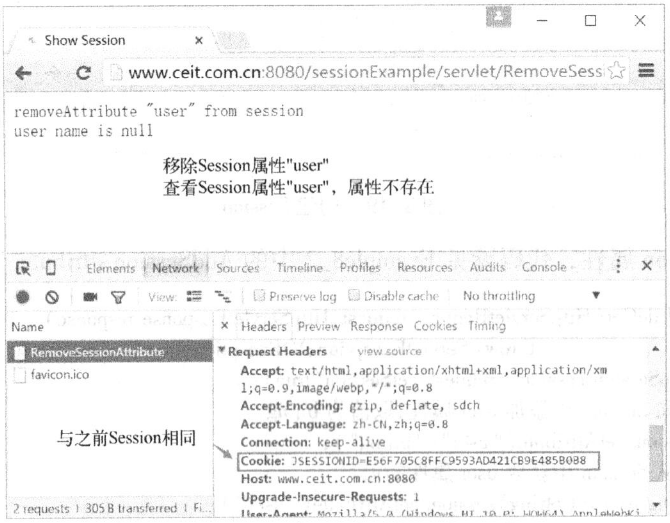

图 8-21 移除 Session 属性

4）使用 Servlet 销毁 Session，代码参见 DestroySession. java。

```
public void doGet(HttpServletRequest request,HttpServletResponse response)
                    throws ServletException,IOException{
        HttpSession session = request. getSession(true);
        //销毁 Session
        session. invalidate();
        response. setContentType("text/html");
        PrintWriter out = response. getWriter();
…}
```

运行效果如图 8-22 所示。

8.4 案例：用户订单管理

1. 案例要求

使用 Session 技术实现网上商城购物车的功能。

- 项目名称为 GoodCar。

- 使用 http://www.ceit.com.cn:8080 访问网站主页，显示商品信息列表。
- 使用 Cookie 保存最近浏览过的商品。
- 使用 Session 保存用户加入购物车的商品。
- 设置 Session 超时时间设置为 20 min。
- 设置 Cookie 有效期为 1 天。

2. 创建 GoodCar 项目，代码参见 Example8_3 所示。

1）打开 MyEclipse，新建 Web Project 项目，项目名称为 GoodCar，项目结构如图 8-23 所示。

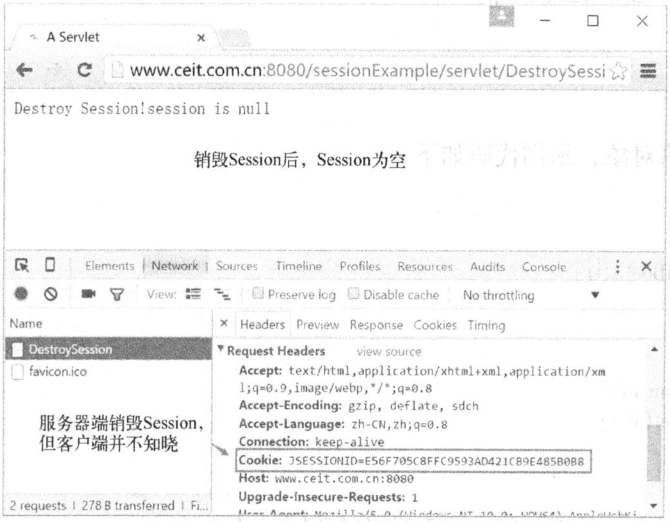

图 8-22　销毁 Session

图 8-23　GoodCar 项目结构

2）配置临时域名，修改 C:\WINDOWS\system32\drivers\etc\host 文件，添加如下代码。

```
127.0.0.1    www.ceit.com.cn
```

3）设置 Session 过期时间为 20 min，修改 web.xml 文件，添加如下代码。

```
<session-config>
      <session-timeout>20</session-timeout>
</session-config>
```

4）使用 Book 类存储单本书籍的相关信息，包括书名、价格、优惠价、数量和封面图片等信息，代码如下。

```
public class Book{
    private int id;
    private String name;//书名
    private BigDecimal price;//价格
    private BigDecimal discount;//优惠价
    private int number;//数量
    private String pic; //封面图片
    …
}
```

5）使用列表存储所有书籍对象，示例代码如下。

```
...
public class Books{
    public static List < Book > books = new ArrayList < Book > ( );
    static{
        Book b1 = new Book( );
        b1. setId(0);
        b1. setName( "java 基础" );
        b1. setNumber(3);
        b1. setPrice( new BigDecimal(100) );
        b1. setDiscount( new BigDecimal(75) );
        b1. setPic( "/GoodCar/static/images/1. jpg" );
        Book b2 = new Book( );
        ...
    }
}
```

6）通过 BookDao 对象操纵书籍对象，示例代码如下。

```
public class BookDao{
    // 获取书籍列表
    public List < Book > getAllBooks( ) {
        return Books. books;
    }
    //通过 id 获取书籍对象
    public Book getBookById( int id) {
        return Books. books. get( id);
    }
}
```

7）访问网站首页，显示书籍列表、最近访问记录和购物车列表，代码如下。

```
< %@ page language = "java"
     import = "java. util. * ,com. ceit. goodcar. dao. * ,com. ceit. goodcar. bean. * "
     pageEncoding = "UTF - 8" % >
< !DOCTYPE HTML >
< html >
< body >
...
    < h2 >最近访问记录</h2 > < a class = "clear" href = "DeleteCookie" >清空数据</a >
        < %
            // 获得所有 Cookie
            Cookie[ ] cookies = request. getCookies( );
            // 在 Cookie 中查找商品浏览记录
            String visitlist = null;
            if( cookies != null) {
                for (Cookie cookie : cookies) {
                    if (cookie. getName( ). equals( "visitlist" ) ) {
                        visitlist = cookie. getValue( );
                        break;
                    }
                }
            }
            if( visitlist == null) { // 商品列表不存在
                out. println( "无" );
```

```
            }else{
                String[ ] existIds = visitlist. split(",");
                for(String existId:existIds){
                    int id = Integer. parseInt(existId);
                    Book book = books. get(id);
                    out. println("书名:" + book. getName() + ",原价:" + book. getPrice()
+",优惠价:" +book. getDiscount() +"<br/>");
                }
            }
        %>
        <hr>
    </div>
    <h2>购物车列表</h2>
    <%
        //获得购物车列表
        Map<String,Integer> cart = (Map<String,Integer>)session. getAttribute("cart");
        int sum =0,total =0;
        if(cart!= null){
            Set<String> keys = cart. keySet();
            for(String id : keys){
                Book book = books. get(Integer. parseInt(id));
                sum += book. getDiscount(). floatValue();
                total += book. getPrice(). floatValue();
                out. println("书名:" +book. getName() +",商品原价:" +book. getPrice() +",
优惠价:" +book. getDiscount() +",商品数量:" +cart. get(id) +"<br/>");
            }
        }else{
                out. println("无<br/>");
        }
        out. println("原价总价:" +total +",优惠价:" +sum);
    %>
    <hr/>
</div>
</body>
</html>
```

显示效果如图 8-24 所示。

图 8-24　GoodCar 首页

8）在首页单击书名，进入详细信息页 bookContent. jsp，显示书籍详细信息，同时将书籍 id 加入本地 Cookie 中，实现添加最近浏览功能，示例代码如下。

```
…
<body>
    <%  // 1. 获得当前用户浏览商品 id
    String id = request. getParameter( "id" );
    Book book = new BookDao( ). getBookById( Integer. parseInt( id) );

    // 2. 获得用户浏览记录列表
    Cookie[ ] cookies = request. getCookies( );
    String bookList = null;
     if ( cookies != null) { // 存在 Cookie
       for ( Cookie cookie : cookies) {
            if ( cookie. getName( ). equals( "visitlist" ) ) {
                 bookList = cookie. getValue( );
                break;
            }
       }
       boolean flag = true;
       if ( bookList  ==  null) {
            // 3. 列表不存在,当前商品为第一件商品
            Cookie cookie = new Cookie( "visitlist" ,id) ;
            cookie. setMaxAge(24 * 60  *  60) ;
            cookie. setPath( "/" ) ;
            response. addCookie( cookie) ;
       } else{
            // 4. 判断当前商品是否已经在列表中
            String[ ] existIds = bookList. split( "," ) ;
            for ( String exsitId : existIds) {
                if ( exsitId. equals( id) ) { // id 存在于列表中
                 flag = false;
                     break;
                }
            }
            // 5. 如果当前商品不在列表中,添加到列表中
            if( flag) {
                 Cookie cookie = new Cookie( "visitlist" ,bookList  +  ","  +  id) ;
                 cookie. setMaxAge(24 * 60  *  60) ;
                 cookie. setPath( "/" ) ;
                 response. addCookie( cookie) ;
            }
       }
    } else{
        // 6. 没有该站点的任何 Cookie,则添加
        Cookie cookie = new Cookie( "visitlist" ,id) ;
        cookie. setMaxAge(24 * 60  *  60) ;
        cookie. setPath( "/" ) ;
        response. addCookie( cookie) ;
    }   %>
  <div class = "bookInfor" >
```

```
  <div class = "info" >
    <div class = "m - info - img" >
      < img src = " <% = book. getPic() % > " >
    </div >
    <div class = "m - info - ct" >
      <h2 > <% = book. getName() % > </h2 >
      <div class = "saleNum" >
        <ul >
          <li > <span class = "new - price" >优惠价:¥
            <span > <% = book. getDiscount() % > </span > </span > </li >
          <li > <span class = "old - price" >原价:¥
             <span > <% = book. getPrice() % > </span > </span > </li >
        </ul >
      </div >
      <div class = "num" >
        <p >数量: <input id = "num" type = "text" value = "1" / > 件 库存
            <span > 不限 </span >件 </p >
      </div >
      <div class = "btn" >
        <% out. println(" <a href = 'javascript:void(0);'onclick = buy(" + id + ")'> 立即购买
</a >" + " <a href = '/GoodCar'>返回 </a >");
        % >
      </div >
    </div >
  </div >
</div >
</body >
<script type = "text/javascript" >
  function buy(id) {
      var num = document. getElementById("num"). value;
      location. href = "../BuyBook? id = " + id + "&num = " + num;
  }
</script >
</html >
```

显示效果如图 8-25 所示。

图 8-25　书籍详细信息页

9）在图 8-24 中单击“购买”链接，将书籍添加到 Session 的 car 属性中，示例代码如下。

```
public class BuyBook extends HttpServlet{
    public void doGet(HttpServletRequest request,HttpServletResponse response)
                throws ServletException,IOException{
        //1. 获得商品的 id 和购买数量 num
        String id = request.getParameter("id");
        int num = Integer.parseInt(request.getParameter("num"));
        //2. 从 Session 中获得购物车 cart
        HttpSession session = request.getSession();
        Map<String,Integer> cart = (Map<String,Integer>)session.getAttribute("cart");
        if(cart == null){
            //Session 中还没有购物车,则新建购物车
            cart = new HashMap<String,Integer>();
        }
        //3. 判断商品是否存在于购物车中
        if(cart.containsKey(id)){
            //4. 若存在,数量增加 num 个
            int number = cart.get(id);
            cart.put(id,number + num);
        }else{
            //5. 若不存在,则将商品存入购物车,数量为 1
            cart.put(id,1);
        }
        session.setAttribute("cart",cart);
        response.sendRedirect("index.jsp");//重定向回首页
    }
}
```

输入数量 11，单击“立即购买”链接，显示效果如图 8-26 所示。

图 8-26　购物车效果图

10）单击“清空数据”链接，清除最近访问记录，示例代码如下。

```
public class DeleteCookie extends HttpServlet{
    public void doGet(HttpServletRequest request,HttpServletResponse response)
```

```
            throws ServletException,IOException{
        //从请求中获取 Cookie 列表
        Cookie cookies[] = request.getCookies();
        for(Cookie cookie : cookies){
            //找到 visitlist 信息
            if("visitlist".equals(cookie.getName())){
              cookie.setMaxAge(0);              //设置 Cookie 过期
            cookie.setPath("/");              //路径必须与之前创建的相同
            response.addCookie(cookie);
            }
        }
    response.sendRedirect("index.jsp");
    }
}
```

单击“清空数据”链接，显示效果如图 8-27 所示。

图 8-27　清空 Cookie 效果图

本章小结

为弥补 HTTP 协议无状态的缺陷，提出了会话机制。目前常用的两种会话技术为：Cookie 和 HttpSession。本文描述了 Cookie 及 HttpSession 的工作机制、实现方法，并简单阐述了一些安全措施。Cookie 是客户端技术，数据存储在浏览器端；HttpSession 又称 Session，是服务器端技术，数据存储在服务器端，与浏览器之间通过传递 Session ID 保持会话，Session ID 的传递可以借助 Cookie、URL 重定向及隐藏表单域 3 种方式实现。

实践与练习

一、选择题

1. 下列说法中错误的是（　　）。

A. Cookie 和 HttpSession 是保存会话相关数据的技术，其中 Cookie 将信息存储在浏览器端，是客户端技术，Session 将数据保存在服务器端，是服务器端技术

B. HttpSession 会话对象的默认保持时间可以修改

C. HttpSession 默认是基于 Cookie 运作的

D. 浏览器可以接受任意多个 Cookie 信息保存任意长的时间

2. 下列哪条语句可以更改 Cookie 的存活时间为 1 天？（　　）

A. cookie. setMaxAge(3600 * 24)；

B. cookie. setMaxAge(1)；

C. cookie. setMaxAge(24)；

D. cookie. setMaxAge(0)；

3. 下列说法中正确的是（　　）。

A. Cookie 是基于 HTTP 协议中的 Set - Cookie 响应头和 Cookie 请求头进行工作的

B. 浏览器对 Cookie 具有严格的限制，一个网站能在浏览器中保存多少 Cookie 是有限制的

C. 默认情况下，HttpSession 是基于一个名称为 JSESSIONID 的特殊 Cookie 工作的

D. 一个浏览器可能保存着多个名称为 JSESSIONID 的 Cookie

4. Servlet1 的访问路径为 http://localhost/news/servlet/Servlet1，在 Servlet1 中使用如下代码设置 Cookie。

```
Cookie c = new Cookie("myCookie","xxxx");
response. addCookie(c);
```

请问当访问哪个 Servlet 时，可以获取到这个 Cookie 信息？（　　）

A. http://localhost/news/servlet/Servlet1

B. http://localhost/news/servlet/Servlet2

C. http://localhost/news/Servlet3

D. http://localhost/news/servlet/n/Servlet4

5. 以下哪个选项代码可以放在“1”的位置，用来删除浏览器中名称为 myCookie、path 为/、由 localhost 发送的 Cookie 信息？（　　）

```
Cookie cookie = new Cookie("myCookie","xxxx");
_________________1
response. addCookie(cookie);
```

A. cookie. delete()；

B. cookie. setMaxAge(0)；

C. cookie. setPath("/")；cookie. setMaxAge(0)；

D. cookie. setDomain("localhost")；cookie. setPath("/")；cookie. setMaxAge(0)；

6. 关于会话，下列说法正确的是（　　）。

A. 浏览器开始访问一个网站时，会话就开始了，服务器会立即创建代表当前会话的 Session

B. 如果服务器端执行了 HttpSession 对象的 invalidate()方法，那么这个会话将被销毁

C. 当客户端关闭浏览器进程后，服务器端会探测到客户端关闭浏览器进程的行为，从而立即销毁相应的 HttpSession 对象

D. 当一个会话过期后，服务器端会自动销毁这个会话

7. 关于 Session ID，以下哪些说法正确？(　　)

A. 每个 HttpSession 对象都有唯一的 Session ID

B. Session ID 由 Servlet 容器创建

C. Session ID 必须保存在客户端的 Cookie 文件中

D. Servlet 容器会把 Session ID 作为 Cookie 或者 URL 的一部分发送到客户端

8. 以下哪个方法一定可以获取到代表当前会话的 Session 对象？(　　)

A. request. getSession( );

B. request. getSession(false);

C. new HttpSession( );

D. HttpSession. newInstance(request);

9. 在 HttpServlet 中如何获得 HttpSession 对象的引用？(　　)

A. 直接使用固定变量 Session

B. 调用 ServletRequest 对象的 getSession( )方法

C. 调用 ServletConfig 对象的 getSession( )方法

D. 用 new 语句创建一个 HttpSession 对象

E. 以上说法都不对

10. 关于 Session 域的说法正确的是（　　）。

A. Session 域的作用范围为整个会话

B. Session 域中的数据只能存在 30 min，这个时间不能修改

C. 可以调用 HttpSession 的 invalidate 方法，立即销毁 Session 域

D. 当 Web 应用被移除出 Web 容器时，该 Web 应用对应的 Session 跟着销毁

二、简答题

1. 简述 Cookie 机制和 Session 机制的区别。
2. 简述会话 Cookie 和持久 Cookie 的区别。
3. 简述保存 Session ID 的几种方式。
4. 简述 getSession( )/getSession(true)和 getSession(false)的区别。
5. 简述配置 Session 超时的方法。
6. 简述配置临时域名的方法。

实验指导

题目 1　测试 Cookie 技术

1. 任务描述

要求用户输入昵称，使用 Cookie 记录当前昵称，后续访问直接显示。

2. 任务要求

1）第一次访问时，提示用户输入昵称。

2）再次访问时，直接显示用户昵称。

3）用户删除昵称后，下次访问时重新提示用户输入昵称。

3. 知识点提示

本任务主要用到以下知识点。

1）验证 Cookie 是否存在。

2）创建 Cookie。

3）读取 Cookie。

4）删除 Cookie。

4. 操作步骤提示

实现方式不限，简单提示操作步骤如下。

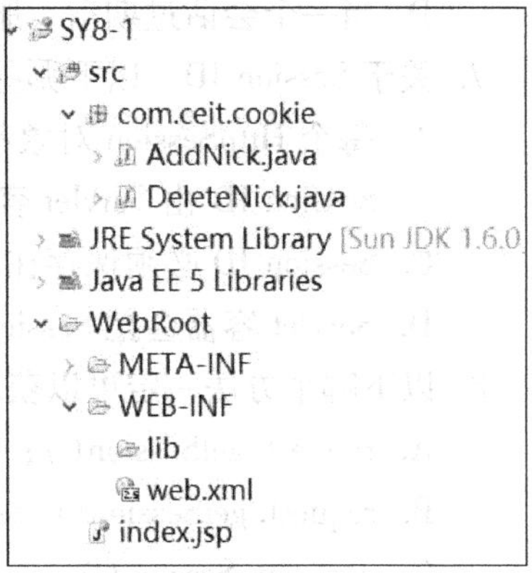

图 8-28　项目结构

1）创建项目结构如图 8-28 所示。

2）主页面 index. jsp 文件的代码如下。

```
…
  <body>
   <%
   Cookie cookies[] = request.getCookies();
   boolean flag = false;
   if(cookies!= null){
        for(Cookie cookie : cookies){
             if("nick".equals(cookie.getName())){
                  flag = true;
                  out.print("欢迎你" + cookie.getValue() + "<br/>");
                  out.print("<a href = deleteNick'>清除昵称</a>");
             }
        }
   }
   if(!flag){
   %>
    <form action = "addNick" method = "post">
        请输入昵称:<input type = "text" id = "nick" name = "nick"/>
                    <input type = "submit" value = "提交" />
    </form>
    <%
   }
    %>
  </body>
</html>
```

3）添加昵称，代码如下。

```
public class AddNick extends HttpServlet{
     public void doGet(HttpServletRequest request,HttpServletResponse response)
                    throws ServletException,IOException{
          response.setContentType("text/html");
```

```
            String nick = request.getParameter("nick");
            Cookie cookie = new Cookie("nick",nick);
            cookie.setPath("/");
            cookie.setMaxAge(24 * 60 * 60);
            response.addCookie(cookie);
            response.sendRedirect("index.jsp");
        }
    }
```

4）清除昵称，代码如下。

```
public class DeleteNick extends HttpServlet{
    public void doPost(HttpServletRequest request,HttpServletResponse response)
                throws ServletException,IOException{
        response.setContentType("text/html");
        Cookie cookies[] = request.getCookies();
        for(Cookie cookie : cookies){
            if("nick".equals(cookie.getName())){
                cookie.setPath("/");
                cookie.setMaxAge(0);
                response.addCookie(cookie);
            }
        }
        response.sendRedirect("index.jsp");
    }
}
```

题目 2　测试 Session 技术

1. 任务描述

登录后才可以访问网站首页，并显示用户名。

2. 任务要求

1）判断用户是否登录，如果未登录，则跳转到登录页。

2）将登录信息使用 Session 保存。

3）如果已经登录，访问首页显示登录用户名。

4）注销登录。

3. 知识点提示

本任务主要用到以下知识点。

1）读取 Session 属性。

2）添加 Session 属性。

3）移除 Session 属性。

4. 操作步骤提示

实现方式不限，示例操作如下。

1）新建 Web 项目 SY8－2，项目结构如图 8-29 所示。

图 8-29　项目结构图

2）首页 index.jsp 的代码如下。

```
…
    <%
    String username = (String) session.getAttribute("username");
    if(username == null) {
    %>
      <script>
          location.href = "login.jsp";
      </script>
    <%
    }else{
      out.print("当前用户:" + username + "<br/>");
      out.print("<a href='loginOut'>注销</a>");
    }
      %>
  </body>
</html>
```

3）登录页 login.jsp 的代码如下。

```
…
    <form action = "login" method = "post">
        <p> 用户名：<input type = "text" name = "username" > </p>
        <p>密  码：<input type = "text" name = "password" > </p>
        <p> <input type = "submit" value = "登录"/> <input type = "reset" value = "重置" />
</p>
    </form>
```

4）验证登录 Servlet，代码如下。

```
public class Login extends HttpServlet{
    public void doPost(HttpServletRequest request,HttpServletResponse response)
                throws ServletException,IOException{
        String username = request.getParameter("username");
        String password = request.getParameter("password");
        HttpSession session = request.getSession();
        if("admin".equals(username) && "123456".equals(password)){
                session.setAttribute("username",username);
        }
        response.sendRedirect("index.jsp");
    }
}
```

5）注销登录 Servlet，代码如下。

```
public class LoginOut extends HttpServlet{
    public void doGet(HttpServletRequest request,HttpServletResponse response)
                throws ServletException,IOException{
        HttpSession session = request.getSession();
        session.removeAttribute("username");
        response.sendRedirect("index.jsp");
    }
}
```

题目 3　使用 URL 重定向实现 Session

1. 任务描述

在题目 2 的基础上，关闭浏览器 Cookie，使用 URL 重定向实现 Session。

2. 任务要求

1）关闭浏览器 Cookie。

2）使用 URL 重定向实现 Session。

3. 知识点提示

本任务主要用到以下知识点。

1）添加 Session。

2）读取 Session。

3）URL 重定向。

4. 操作步骤提示

实现方式不限，示例操作如下。

1）打开 IE 浏览器，选择"工具"→"Internet 选项"命令，在弹出的对话框中选择"隐私"选项卡，如图 8-30 所示。

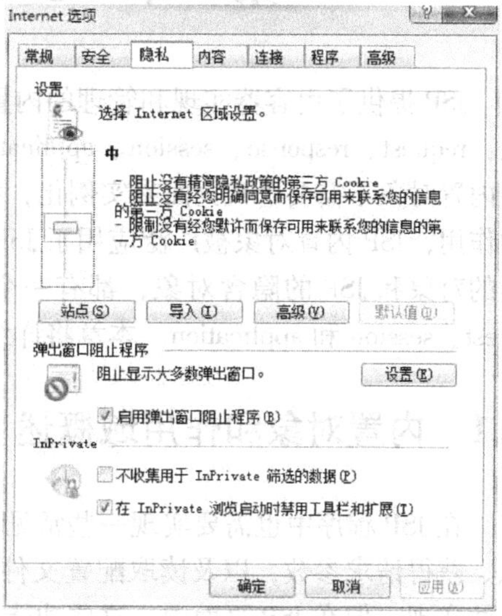

图 8-30　"Internet 选项"对话框

2）在"设置"选项组中拖动滑块到最顶上，阻止所有 Cookie，单击"确定"按钮，重启浏览器就可以关闭 Cookie。

3）在浏览器中访问题目 2，观察效果。

4）修改 Login. java，代码如下。

```
public void doPost(HttpServletRequest request,HttpServletResponse response)
        throws ServletException,IOException{
    String username = request. getParameter("username");
    String password = request. getParameter("password");
    HttpSession session = request. getSession();
    if("admin". equals(username) && "123456". equals(password)){
        session. setAttribute("username",username);
    }
    String url = response. encodeURL("index. jsp");
    response. sendRedirect(url);
}
```

第 9 章　JSP 内置对象和作用域

JSP 提供了由容器实现和管理的内置对象，也称为“隐含对象”。JSP 提供了 9 个内置对象：request、response、session、application、out、page、config、exception 和 pageContext。这些内置对象不需要 JSP 页面来实例化，在所有的 JSP 页面中都可以直接使用，起到简化页面的作用，JSP 内置对象被广泛应用于 JSP 的各种操作中。在 JSP 页面中的对象，包括用户创建的对象和 JSP 的隐含对象，都有一个作用域属性。JSP 中有 4 种作用域范围：page、request、session 和 application。本章将详细介绍 JSP 内置对象及其作用域。

9.1　内置对象和作用域概述

在 JSP 程序中也需要实现一些常见功能，如向客户端输出消息、处理请求消息和响应消息、获得请求参数，以及读取配置文件中的信息。这些功能在 Servlet 中可以通过相应类的方法实现。但在 JSP 页面中，这些功能都是由 JSP 的内置对象来完成的。从本质上讲，这些内置对象等同于 Servlet 中相应的对象。JSP 2.0 规范中定义了 9 种内置对象，这 9 个内置对象都是 Servlet API 接口的实例，由 JSP 规范对它们进行默认初始化。因此，在 JSP 中可以直接使用这 9 种内置对象。例如，HelloWorld. jsp 页面文件代码如下。

```
<%@ page contentType = "text/html;charset = UTF - 8" %>
<html>
  <head>
    <title>Hello World 页面</title>
  </head>
  <body>
    <%
        out.print("Hello World!");
    %>
  </body>
</html>
```

JSP 容器将 HelloWorld. jsp 转换为 Servlet，转换后的 Servlet 源代码文件为 HelloWorld_jsp. java，其部分代码如下。

```
public final class HelloWorld_jsp extends org.apache.jasper.runtime.HttpJspBase
    implements org.apache.jasper.runtime.JspSourceDependent{
    ...
    //用于响应用户请求的方法
    public void _jspService(HttpServletRequest request,HttpServletResponse response)
        throws java.io.IOException,ServletException{
    PageContext pageContext = null;
    HttpSession session = null;
    ServletContext application = null;
```

```
            ServletConfig config = null;
            JspWriter out = null;
            Object page = this;
            JspWriter _jspx_out = null;
            PageContext _jspx_page_context = null;
            …
        }
    }
```

在上面的 Servlet 类所对应的代码中，request 和 response 对象是_jspService( )方法的形参，当 Tomcat 调用该方法时会初始化这两个对象。而其余对象（如 pageContext、session、application、config、out 和 page）则是方法_jspService( )的局部变量，由该方法完成初始化。如果当前页面的 page 指令的属性 isErrorPage 为 true，对应的_jspService( )方法才会初始化 exception 对象。

JSP 对象、JavaBeans 及隐含对象的作用域范围是一个非常重要的概念，因为它定义了相关对象来自哪个 JSP 页面及生存时间。JSP 中提供了 4 种属性的作用域范围，分别是 page、request、session 和 application。这 4 种作用域范围说明如下。

- page：该作用域范围的对象被绑定到 javax. servlet. jsp. PageContext 对象中，在这个范围内的对象只能在创建对象的页面中访问。
- request：请求对象对于每一个用户都是不同的，所以对于每一个新的请求都要重新创建和删除 request 对象。具有 request 作用域范围的对象被绑定到 javax. servlet. http. HttpServletRequest 对象中。
- session：该作用域范围的对象被绑定到 javax. servlt. http. HttpSession 对象中。JSP 容器为每一次会话创建一个 HttpSession 对象，在会话期间，可以访问 session 范围内的对象。
- application：该作用域范围的对象被绑定到 javax. servlet. ServletContext 中，在 Web 应用程序运行期间，所有页面都可以访问这个作用域范围内的对象。

JSP 中 9 种内置对象的名称、对应的类和作用域如表 9-1 所示。

表 9-1　JSP 内置对象及其作用域

内置对象名称	对应类名称	作　用　域
request	javax. servlet. http. HttpServletRequest	request
response	javax. servlet. http. HttpServletResponse	page
session	javax. servlet. http. HttpSession	session
application	javax. servlet. ServletContext	application
out	javax. servlet. jsp. JspWriter	page
exception	java. lang. Throwable	page
pageContext	javax. servlet. jsp. PageContext	page
page	java. lang. Object	page
config	javax. servlet. ServletConfig	page

9.2　内置对象

在 JSP 中定义了 9 种内置对象，具体说明如下。

- out：javax. servlet. jsp. JspWriter 的实例，该实例代表 JSP 页面的输出流，用于向客户端输出文本形式的数据。
- request：javax. servlet. http. HttpServletRequest 的实例，该对象封装了用户的一次请求，客户端的请求参数封装在该对象中。
- response：javax. servlet. http. HttpServletResponse 的实例，该对象表示服务器对客户端的响应。
- session：javax. servlet. http. HttpSession 的实例，该对象代表一次会话。
- application：javax. servlet. ServletContext 的实例，该对象用于获得和当前 Web 应用程序相关的信息。application 对象用于获得全局的初始化参数、某个 Web 资源的绝对路径，以及 Servlet 引擎的版本号等信息。
- exception：java. lang. Throwable 的实例，只有 page 指令的 isErrorPage 属性值为 true 时，才会创建 exception 对象。通过该对象可以获得异常的相关信息。
- pageContext：javax. servlet. jsp. PageContext 的实例，该对象封装了 JSP 页面的运行信息，通过该对象方法可以获得其他 8 个 JSP 内置对象。
- page：java. lang. Object 的实例，该对象表示当前 JSP 页面所对应的 Servlet 类的对象实例。
- config：javax. servlet. ServletConfig 的实例，该对象可以获得 web. xml 文件中与当前 JSP 页面相关的配置信息。

9.2.1 out 对象

out 对象用来向客户端返回信息，它是一个缓冲输出流对象，可以通过 page 指令的 buffer 属性来调整缓冲区的大小，默认缓冲区大小为 8 KB。out 对象中的常用方法如表 9-2 所示。

表 9-2 out 对象中的常用方法

方　法	说　明
public abstract void clear( ) throws java. io. IOException	清除缓冲区内容，如果缓冲区已经刷新，则抛出 IOException 异常
public abstract void clearBuffer( ) throws java. io. IOException	清除缓冲区内容，缓冲区已经刷新并不抛出 IOException 异常
public abstract void close( ) throws java. io. IOException	输出缓冲区内容并关闭缓冲区
public abstract void flush( ) throws java. io. IOException	输出缓冲区内容
public int getBufferSize( )	获取缓冲区大小
public abstract int getRemaining( )	获取剩余缓冲区大小
public boolean isAutoFlush( )	判断缓冲区是否自动刷新
public abstract voidnewLine( ) throws java. io. IOException	输出一个换行符
public abstract void print( ) throws java. io. IOException	向客户端输出数据
public abstract void println( ) throws java. io. IOException	向客户端输出数据及换行，但客户端浏览器在显示时会忽略此换行

【例 9-1】 使用 out 对象输出数据及缓冲区信息。

```
<%@ page contentType = "text/html;charset = UTF - 8" %>
<html>
  <head>
    <title>使用 out 对象输出数据及缓冲区信息</title>
  </head>
  <body>
    <!-- 使用 out 对象输出数据 -->
    <%
        out.print("Hello World,");
        out.println("欢迎使用 JSP 技术!" + "<br>");
        boolean b = true;
        double d = 0.89;
        out.println(b + "<br>");
        out.println(d + "<br>");
   %>
    <!-- 使用 out 对象输出缓冲区信息 -->
    <%
        int buffer = out.getBufferSize();
        int remain = out.getRemaining();
        int use = buffer - remain;
        out.println("缓冲区大小为:" + buffer + "<br>");
        out.println("已使用缓冲区:" + use + "<br>");
        out.println("剩余缓冲区为:" + remain + "<br>");
   %>
  </body>
</html>
```

程序运行结果如图 9-1 所示。

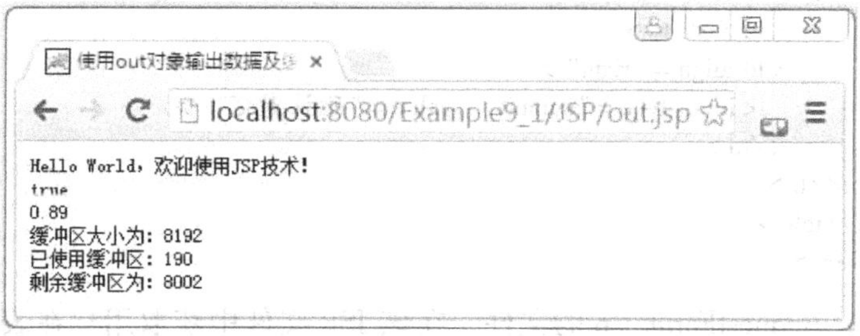

图 9-1　使用 out 对象输出数据及缓冲区信息

9.2.2　request 对象

request 对象实现了 HttpServletRequest 接口，使用 HttpServletRequest 接口的方法可以获得客户端的各种信息。request 对象的生命周期由 JSP 容器自动控制。当客户端通过 HTTP 协议请求一个 JSP 页面时，JSP 容器会创建 request 对象并将请求信息包装到 request 对象中；当 JSP 容器处理完请求后，request 对象会被销毁。

1. 获取请求参数

request 对象中包含了客户端向服务器发出的请求参数信息，通过 getParameter()、getParameterNames()、getParameterValus() 和 getParameterMap() 方法可以获取客户端的请求参数名称和参数值。

【例 9-2】使用 request 对象获取客户端请求参数。本例中包含两个 JSP 文件，文件 Form. jsp 为用户注册页面，用于传递用户请求参数；文件 RequestForm. jsp 则使用 request 对象来获取请求参数。

编写用户注册页面 Form. jsp，用户可以在该页面的表单中添加个人注册信息，具体代码如下。

```
...
        <form id = "register"  name = "register"  method = "post"  action = "RequestForm. jsp" >
            <table >
                <tr >
                    <td >用户名: </td >
                    <td >
                        <input name = "username"    type = "text"  title = "用户名"/ >
                    </td >
                </tr >
                <tr >
                    <td >密码: </td >
                    <td >
                        <input name = "password"    type = "password"  title = "密码"/ >
                    </td >
                </tr >
                <tr >
                    <td >Email: </td >
                    <td >
                        <input name = "email"  type = "text"  title = "Email"/ >
                    </td >
                </tr >
                <tr >
                    <td > </td >
                    <td align = "right" >
                        <input type = "submit"    value = "确认提交"/ >
                    </td >
                </tr >
            </table >
        </form >
```

编写一个名为 RequestForm. jsp 的文件，在该 JSP 文件中获取用户在表单中提交的信息并输出，具体代码如下。

```
<%@ page contentType = "text/html;charset = UTF - 8"  % >
<%@ page import = "java. util. * "  % >
<html >
    <head >
        <title >使用 request 对象获取客户端请求参数 </title >
    </head >
    <body >
        <! --获取表单域的值 -->
        <%
            String username = request. getParameter( "username" ) ;
            String password = request. getParameter( "password" ) ;
            String email = request. getParameter( "email" ) ;
```

```
    %>
    <!-- 输出表单域的值 -->
        用户名:<%=username%><br>
        密码:<%=password%><br>
        电子邮件:<%=email%><br>
    <!-- 获取表单域的值并保存在集合中 -->
    <%
        Enumeration params = request.getParameterNames();
    %>
    <!-- 循环输出表单域的所有值 -->
    <%
        String param;
        out.println("<br>");
        while(params.hasMoreElements()){
            param = (String)params.nextElement();
            out.println(param + ":" + request.getParameter(param));
            out.println("<br>");
        }
    %>
  </body>
</html>
```

用户注册页面的运行结果如图 9-2 所示。

图 9-2　用户注册页面

RequestForm. jsp 文件用于获取并输出用户注册信息，运行结果如图 9-3 所示。

图 9-3　获取并输出用户注册信息

2. 获取客户端请求消息

通过 request 对象还可以获取客户端的相关请求消息，如 HTTP 报头信息、用户信息提交方法、客户端及服务器主机 IP 地址，以及端口号等。

【例 9-3】使用 request 对象获取客户端的相关请求消息。

```
<%@ page contentType="text/html;charset=UTF-8" %>
<html>
  <head>
    <title>使用 request 对象获取客户端的相关请求消息</title>
  </head>
  <body>
    字符编码名称:<%=request.getCharacterEncoding()%>
    <br>请求的 MIME 类型:<%=request.getContentType()%>
    <br>请求的上下文路径:<%=request.getContextPath()%>
    <br>服务器地址:<%=request.getLocalAddr()%>
    <br>服务器名称:<%=request.getLocalName()%>
    <br>服务器端口:<%=request.getServerPort()%>
    <br>方法:<%=request.getMethod()%>
    <br>协议:<%=request.getProtocol()%>
    <br>客户端地址:<%=request.getRemoteAddr()%>
    <br>客户端主机名:<%=request.getRemoteHost()%>
    <br>客户端端口:<%=request.getRemotePort()%>
    <br>请求 URI:<%=request.getRequestURI()%>
    <br>请求 URL:<%=request.getRequestURL()%>
    <br>请求头 User-Agent 的值:<%=request.getHeader("user-agent")%>
    <br>请求头 accept-language 的值:<%=request.getHeader("accept-language")%>
  </body>
</html>
```

程序运行结果如图 9-4 所示。

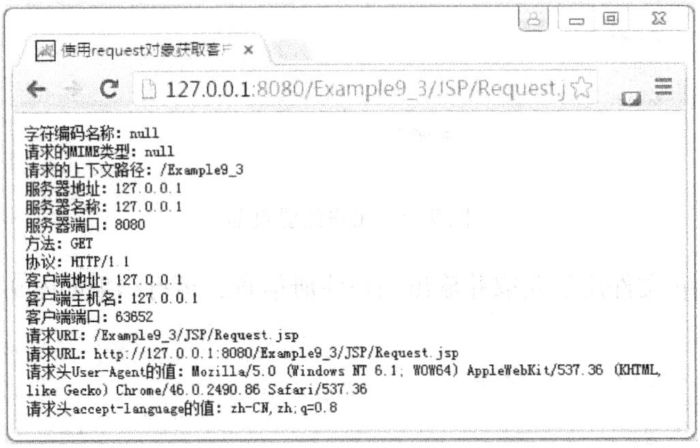

图 9-4　使用 request 对象获取客户端的相关请求消息

9.2.3　response 对象

response 对象实现了 HttpServletResponse 接口，可以使用 HttpServletResponse 接口中的方法将服务器端的数据发送到客户端。response 对象的生命周期由 JSP 容器自动控制。当服务器向客户端传送数据时，JSP 容器会创建 response 对象并将响应信息封装到 response 对象中；当 JSP 容器处理完请求后，response 对象被销毁。

1. 操作 HTTP 头信息

通过 response 对象可以设置 HTTP 响应报头，如设置响应的内容类型、禁用缓存、设置页面自动刷新和定时跳转页面。

如果要让网页每隔5 s 自动刷新一次，可以使用以下代码。

```
<% response.setHeader("refresh","5");%>
```

如果要让网页60 s 后自动跳转到 Welcome.jsp 页面，可以使用以下代码。

```
<% response.setHeader("refresh","60;URL=Welcome.jsp");%>
```

2. 实现页面重定向

使用 response 对象的 sendRedirect()方法可以将页面重定向到另一个页面，重定向操作支持将地址重定向到不同的主机上。用户在浏览器的地址栏中可以看到跳转后的地址，并且执行重定向后 request 中的属性全部失效，将开始一个新的 request 对象。

【例9-4】 使用 response 对象中的 sendRedirect()方法实现页面重定向。在访问网站首页 index.jsp 时，将页面重定向到用户登录页面 login.jsp。在登录页面中，单击"确认提交"按钮后，用户请求信息由 requestform.jsp 页面处理。在 requestform.jsp 页面中将用户请求重定向到百度页面。

index.jsp 页面的代码如下所示。

```
<%@ page contentType="text/html;charset=UTF-8" %>
<html>
  <head>
    <title>首页面</title>
  </head>
  <body>
    <% response.sendRedirect("login.jsp");%>
  </body>
</html>
```

login.jsp 页面的代码如下所示。

```
<%@ page contentType="text/html;charset=UTF-8" %>
<html>
  <head>
    <title>登录页面</title>
  </head>
  <body>
    <form id="login" name="login" method="post" action="requestform.jsp">
      <table>
        <tr>
          <td>用户名:</td>
          <td>
            <input name="username"   type="text" title="用户名"/>
          </td>
        </tr>
        <tr>
          <td>密码:</td>
          <td>
            <input name="password" type="password" title="密码"/>
          </td>
        </tr>
```

```
            <tr>
              <td></td>
              <td align="right">
                <input type="submit"   value="确认提交"/>
              </td>
            </tr>
          </table>
        </form>
      </body>
    </html>
```

requestform. jsp 页面的代码如下所示。

```
    <%@ page contentType="text/html;charset=UTF-8" %>
    <html>
      <head>
        <title>登录后重定向</title>
      </head>
      <body>
        <%response. sendRedirect("http://www. baidu. com");%>
      </body>
    </html>
```

在浏览器的地址栏中输入 http://localhost: 8080/Example9_4/JSP/index. jsp，由于 index. jsp 文件使用 request 对象进行重定向，所以在浏览器的地址栏中显示的是重定向后的 login. jsp 文件名。index. jsp 文件重定向后的运行结果如图 9-5 所示。

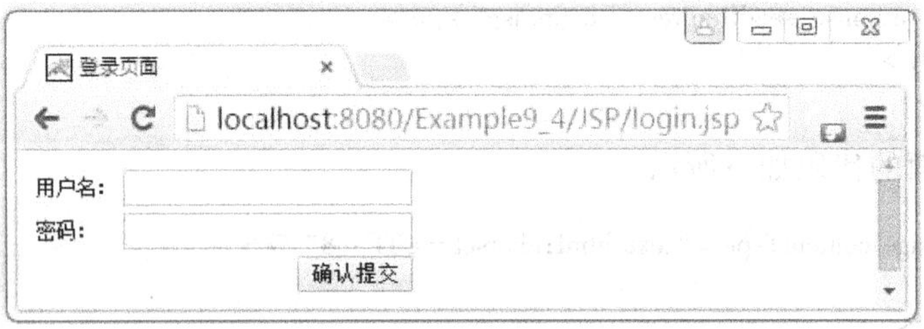

图 9-5　使用 request 对象将页面重定向到 login. jsp

在 login. jsp 页面中，当单击“确认提交”按钮时，请求由 requestform. jsp 页面处理。而该页面使用 request 对象重定向到百度页面。requestform. jsp 页面重定向后的运行结果如图 9-6 所示。

图 9-6　使用 request 对象将页面重定向到百度页面

9.2.4 session 对象

session 对象实现了 HttpSession 接口，用来处理客户端与服务器的会话。session 对象用来保存每个用户的信息，以便跟踪每个用户的操作状态。当用户首次访问 JSP 页面时，JSP 引擎实例化一个 session 对象，这样 session 对象和用户之间就建立了一一对应的关系。当用户访问服务器的其他页面时，不再分配给用户新的 session 对象。当关闭浏览器后，session 对象被销毁。

【例 9-5】使用 session 对象实现数值在不同进制之间的转换。在 Input.jsp 页面中用户输入一个整数，在 Radix.jsp 页面中用户选择不同的进制选项，单击“确认提交”按钮后，由 Result.jsp 页面处理并输出该数值转换后的结果。

Input.jsp 页面的代码如下所示。

```
<%@ page contentType="text/html;charset=UTF-8" %>
<html>
  <head>
    <title>输入要转换的整数值</title>
  </head>
  <body>
    <form id="number" name="number" method="post" action="Radix.jsp">
      <table>
        <tr>
          <td>请输入要转换的整数值:</td>
          <td>
            <input name="number" type="text" title="整数值"/>
          </td>
        </tr>
        <tr>
          <td></td>
          <td align="right">
            <input type="submit" value="下一步"/>
          </td>
        </tr>
      </table>
    </form>
  </body>
</html>
```

Radix.jsp 页面的代码如下所示。

```
<%@ page contentType="text/html;charset=UTF-8" %>
<html>
  <head>
    <title>选择要转换的进制</title>
  </head>
  <body>
    <%
    String number = request.getParameter("number");
    session.setAttribute("Number",number);
    %>
```

```
<form id = "radix" name = "radix" method = "post" action = "Result.jsp">
  <table>
    <tr>
      <td>选择要转换的进制:</td>
      <td>
        <select size = '1' name = 'select'>
          <option value = '2'>二进制</option>
          <option value = '8'>八进制</option>
          <option value = '16'>十六进制</option>
        </select>
      </td>
    </tr>
    <tr>
      <td></td>
      <td align = "right">
        <input type = "submit"  value = "确认提交"/>
      </td>
    </tr>
  </table>
</form>
</body>
</html>
```

Result.jsp 页面的代码如下所示。

```
<%@ page contentType = "text/html;charset = UTF - 8" %>
<html>
  <head>
    <title>整数进制转换结果</title>
  </head>
  <body>
    <%
    String select = request.getParameter("select");
    int intselect = Integer.parseInt(select);
    String number = (String)session.getAttribute("Number");
    int intnumber = Integer.parseInt(number);
    %>
    十进制整数:<% = number %> <br>
    转换进制:<% = select %> <br>
    转换后结果为:
     <%
    if(intselect == 2)out.println(Integer.toBinaryString(intnumber));
    if(intselect == 8)out.println(Integer.toOctalString(intnumber));
    if(intselect == 16)out.println(Integer.toHexString(intnumber));
    %>
  </body>
</html>
```

在浏览器的地址栏中输入 http://localhost:8080/Example9_5/JSP/Input.jsp，其运行结果如图 9-7 所示。

单击“下一步”按钮后，选择要转换的进制类型，其运行结果如图 9-8 所示。

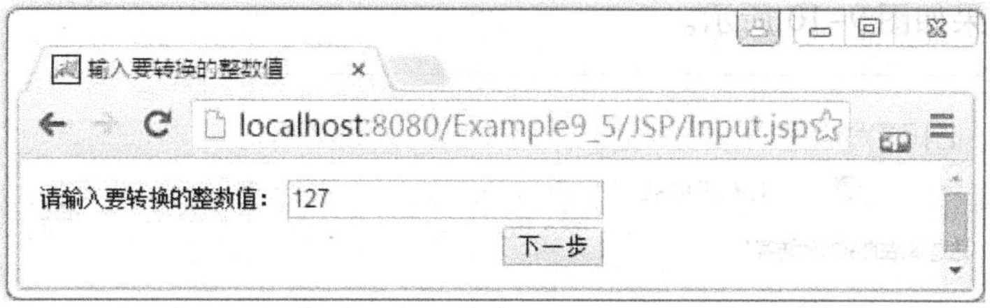

图 9-7　输入要转换进制的整数值

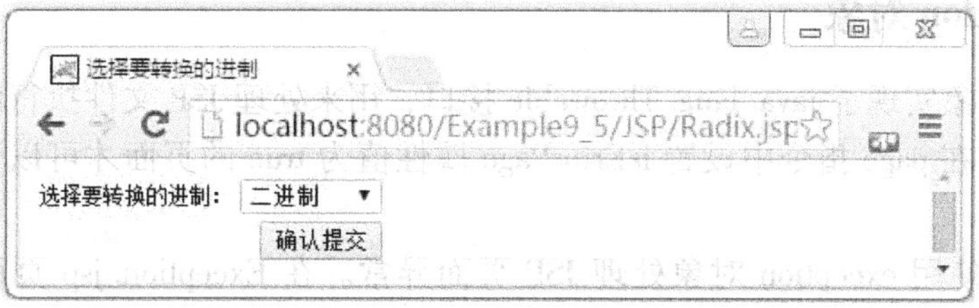

图 9-8　选择要转换的进制类型

单击“确认提交”按钮后，输出转换进制后的结果，其运行结果如图 9-9 所示。

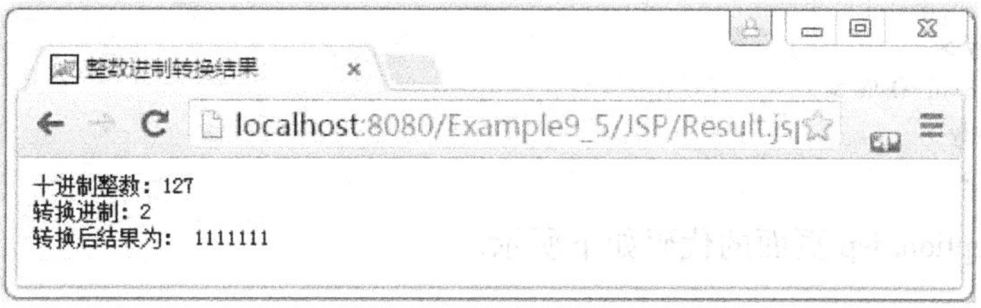

图 9-9　转换进制后的输出结果

9.2.5　application 对象

application 对象实现了 ServletContext 接口，用于保存 Web 应用程序中的公有数据。对于一个容器而言，在同一个应用中的 JSP 文件共享一个 application 对象。

【例 9-6】使用 application 对象实现网页计数器功能。

```
…
  <body>
    <%
        Integer counter = (Integer)application.getAttribute("Counter");
        if(counter == null){
            counter = 1;
        }
        else{
            counter ++;
        }
        application.setAttribute("Counter",counter);
    %>
    您是本站的第<% = application.getAttribute("Counter")% >位访客!
  </body>
</html>
```

程序运行结果如图 9-10 所示。

图 9-10　使用 application 对象实现网页计数器功能

9.2.6　exception 对象

exception 对象实现了 java. lang. Throwable 接口，用来处理 JSP 文件执行时发生的所有错误和异常。只有在 page 指令中设置 isErrorPage 属性值为 true 的页面才可以使用该对象，否则无法编译。

【例 9-7】 使用 exception 对象处理 JSP 页面异常。在 Exception. jsp 页面中产生异常对象，该异常对象由 HandlerException. jsp 页面来处理。

Exception. jsp 页面的代码如下所示。

```
…
    <body>
        <%=1/0 %>
    </body>
</html>
```

HandlerException. jsp 页面的代码如下所示。

```
…
    <body>
        <%=exception. getMessage()%>
        <br>
        <%=exception. toString()%>
    </body>
</html>
```

在浏览器的地址栏中输入 http://localhost:8080/Example9_7/JSP/Exception. jsp，程序运行结果如图 9-11 所示。

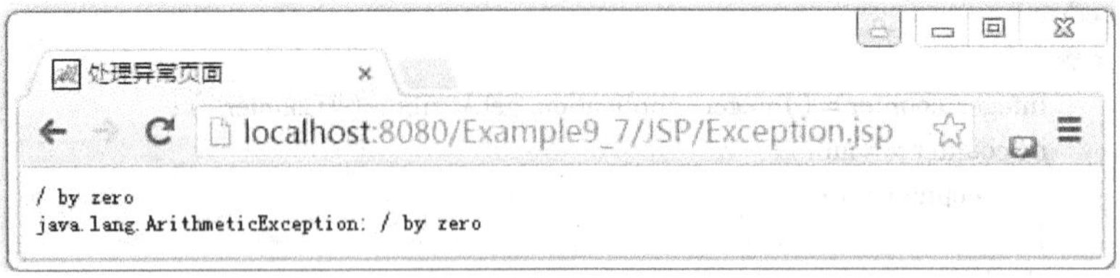

图 9-11　使用 exception 对象处理异常

9.2.7　pageContext 对象

pageContext 对象实现了 javax. servlet. jsp. pageContext 接口，通过该对象可以获取 JSP 页面内的所有对象及名字空间的访问，提供了几种页面属性的访问。该对象的常用方法如表 9-3 所示。

表 9-3　pageContext 对象中的常用方法

方　　法	说　　明
public abstract javax. servlet. ServletRequest getRequest( )	获得当前页面中的 request 对象
public abstract javax. servlet. ServletResponse getResponse( )	获得当前页面中的 response 对象
public abstract javax. servlet. http. HttpSession getSession( )	获得当前页面中的 session 对象
public abstract javax. servlet. ServletContext getServletContext( )	获得当前页面中的 application 对象
public abstract JspWritergetOut( )	获得当前页面中的 out 对象
public abstract javax. servlet. ServletConfig getServletConfig( )	获得当前页面中的 config 对象
public abstract java. lang. Object getPage( )	获得当前页面中的 page 对象
public abstract java. lang. Exception getException( )	获得当前页面中的 exception 对象
public abstract void setAttribute(String name, Object value)	设置 page 范围内的 name 属性
public abstract Object getAttribute(String name)	返回 page 范围内的 name 属性
public abstract void setAttribute(String name, Object value, int scope)	设置指定范围内的 name 属性
public abstract Object getAttribute(String name, int scope)	返回指定范围内的 name 属性
public abstract void removeAttribute(String name, int scope)	删除指定范围内的 name 属性
public abstract void removeAttribute(String name)	删除 page 范围内的 name 属性
public abstract Object findAttribute(String name)	查找并返回 name 属性，找不到则返回 null

在上面方法中，范围 scope 的取值范围有以下 4 种。

- PageContext. PAGE_SCOPE：page 范围。
- PageContext. REQUEST_SCOPE：request 范围。
- PageContext. SESSION_SCOPE：session 范围。
- PageContext. APPLICATION_SCOPE：application 范围。

pageContext 对象还提供了请求转发的两个方法：forward( ) 和 include( )，其内部实现是调用 RequestDispatcher 对象的 forward( ) 和 include( ) 方法。

【例 9-8】使用 pageContext 对象在不同范围内设置和访问属性。

```
…
    <body>
      <%
          request.setAttribute("name","request");
          session.setAttribute("name","session");
          application.setAttribute("name","application");
      %>
      request 范围内设置的值为：<%=pageContext.getRequest().getAttribute("name")%>
      <br>
      session 范围内设置的值为：<%=pageContext.getSession().getAttribute("name")%>
      <br>
      application 范围内设置的值为：<%=pageContext.getServletContext().getAttribute("name")%>
    </body>
</html>
```

程序运行结果如图 9-12 所示。

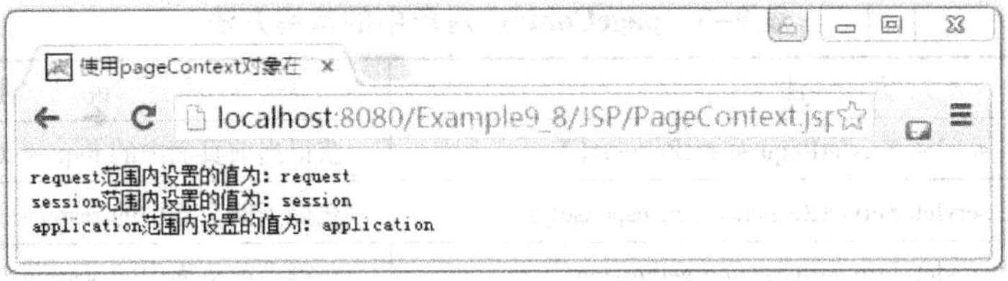

图 9-12　使用 pageContext 对象在不同范围内设置和访问属性

9.2.8　page 对象

page 对象指的是当前 JSP 页面本身，它是 java. lang. Object 类的对象，通过 page 对象可以调用 Servlet 类中定义的方法。page 对象在实际开发中并不经常使用。

9.2.9　config 对象

config 对象实现了 javax. servlet. ServletConfig 接口，提供了对初始化 JSP 的配置参数的访问。config 对象中的常用方法如表 9-4 所示。

表 9-4　config 对象中的常用方法

方　法	说　明
public String getInitParameter(String name)	返回初始参数名为 name 的参数值
public Enumeration getInitParameterNames()	返回所有初始参数名称
public ServletContext getServletContext()	返回 Servlet 上下文对象的引用
public String getServletName()	返回 Servlet 实例的名称

【例 9-9】使用 config 对象获取初始化参数和 Servlet 实例名。

```
…
    <body>
      获取初始化参数<br>
      <%
          Enumeration parameters = config. getInitParameterNames();
          while(parameters. hasMoreElements()){
                  String name = (String)parameters. nextElement();
      %>
      <%=name %>:<%=config. getInitParameter(name)%>
      <br>
      <%} %>
      获取 Servlet 实例名:<%=config. getServletName()%>
    </body>
</html>
```

程序运行结果如图 9-13 所示。

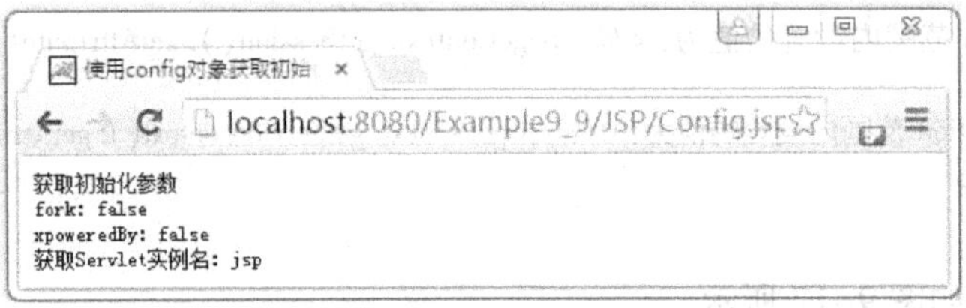

图 9-13　使用 config 对象获取初始化参数和 Servlet 实例名

9.3 四大作用域

在 JSP 页面中的对象都有一个作用域属性，它定义了在什么时间内，在哪一个 JSP 页面中可以访问这些对象。例如，session 对象在会话期间内可以在多个页面中被访问。Application 对象在整个 Web 应用程序的生命周期中都可以被访问。JSP 中提供了 4 种属性的作用域范围，分别是 page、request、session 和 application。

9.3.1 page 范围

page 范围的对象被绑定到 javax. servlet. jsp. PageContext 对象中，在这个范围内的对象只能在创建对象的页面中被访问。在客户端每次请求 JSP 页面时，page 范围内的对象被创建，在页面向客户端发送响应或请求被转发到其他资源后被删除。

【例 9-10】 测试 page 范围。在 Page1. jsp 页面中使用 pageContext 对象保存具有 page 范围的属性，当请求被转发到 Page2. jsp 页面时，不能在该页面中获取 pageContext 对象保存的属性。

Page1. jsp 页面的代码如下所示。

```
<%@ page contentType = "text/html;charset = UTF - 8" %>
<html>
  <head>
    <title>测试 page 范围 </title>
  </head>
  <body>
    这是第一个页面 <br>
    <%
        pageContext. setAttribute( "name" , "Tom" ) ;
    %>
    <% = pageContext. getAttribute( "name" ) %>
    <br>
    <%
        pageContext. include( "Page2. jsp" ) ;
    %>
  </body>
</html>
```

Page2. jsp 页面的代码如下所示。

```
<%@ page contentType = "text/html;charset = UTF - 8" %>
<html>
  <head>
    <title> </title>
  </head>
  <body>
    这是第二个页面 <br>
    <% = pageContext. getAttribute( "name" ) %>
  </body>
</html>
```

在浏览器的地址栏中输入 http://localhost:8080/Example9_10/JSP/Page1. jsp，程序运行

结果如图 9-14 所示。

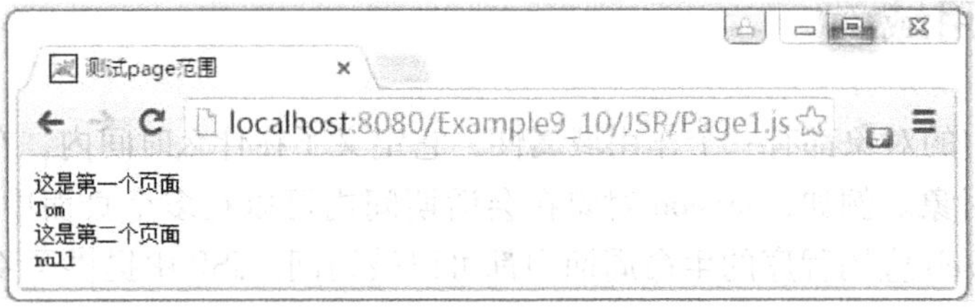

图 9-14 测试 page 范围

9.3.2 request 范围

request 范围的对象绑定到 javax. servlet. http. HttpServletRequest 对象中。在调用 forward( ) 方法转向的页面或者调用 include( )方法包含的页面中，都可以访问 request 范围内的对象。

【例 9-11】 测试 request 范围。在 Request1. jsp 页面中使用 request 对象保存具有 request 范围的属性，当请求被转发到 Request2. jsp 页面时，能在该页面中获取 request 对象保存的属性。

Request1. jsp 页面的代码如下所示。

```
...
    <body>
      这是第一个页面<br>
      <%
          request.setAttribute("name","Tom");
      %>
      <%=request.getAttribute("name")%>
      <br>
      <%
          pageContext.include("Request2.jsp");
      %>
    </body>
</html>
```

Request2. jsp 页面的代码如下所示。

```
...
    <body>
      这是第二个页面<br>
      <%=request.getAttribute("name")%>
    </body>
</html>
```

在浏览器的地址栏中输入 http://localhost:8080/Example9_11/JSP/Request1. jsp，程序运行结果如图 9-15 所示。

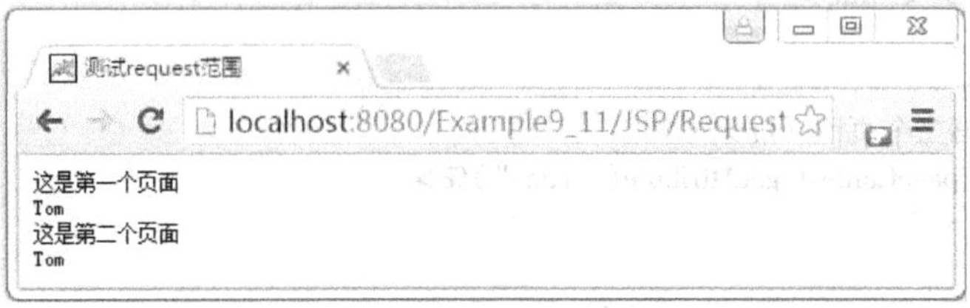

图 9-15 测试 request 范围

9.3.3 session 范围

session 范围的对象被绑定到 javax. servlet. http. HttpSession 对象中。JSP 窗口为每一次会话创建一个 HttpSession 对象，在会话期间可以访问 session 范围内的对象。

【例 9-12】测试 session 范围。在 Session1. jsp 页面中使用 session 对象保存具有 session 范围的属性，然后运行 Session2. jsp 页面，能在该页面中获取 session 对象保存的属性。

Session1. jsp 页面的代码如下所示。

```
…
    <body>
      这是第一个页面<br>
      <%
          session.setAttribute("name","Tom");
      %>
      <%=session.getAttribute("name")%>
    </body>
</html>
```

Session2. jsp 页面的代码如下所示。

```
…
    <body>
      这是第二个页面<br>
      <%=session.getAttribute("name")%>
    </body>
</html>
```

在浏览器的地址栏中输入 http://localhost:8080/Example9_12/JSP/Session1. jsp，程序运行结果如图 9-16 所示。

图 9-16　Session1. jsp 页面运行结果

然后在同一浏览器的地址栏中输入 http://localhost:8080/Example9_12/JSP/Session2. jsp，程序运行结果如图 9-17 所示。

图 9-17　Session2. jsp 页面运行结果

如果关闭浏览器窗口，然后再重新打开浏览器窗口，在浏览器的地址栏中访问 Session2. jsp。由于关闭浏览器后，当前会话结束，所以 session 对象被删除。当再次打开浏览器访问 Session2. jsp 时，客户端与服务器开始了一次新的会话，在新的 session 对象中并没有保存 name 属性，所以输出结果为 null。程序运行结果如图 9-18 所示。

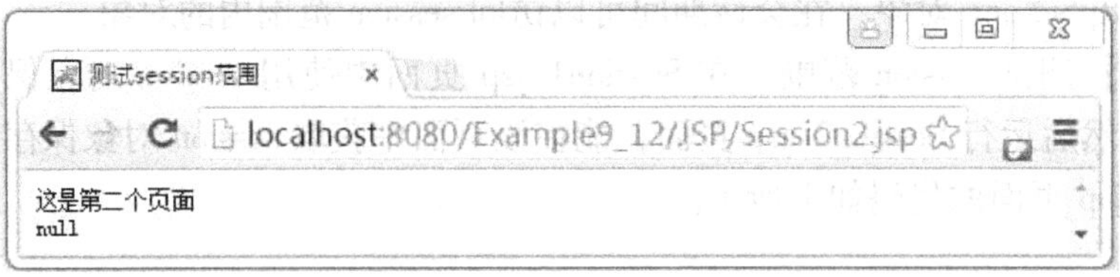

图 9-18　关闭浏览器后重新运行 Session2. jsp 页面运行结果

9. 3. 4　application 范围

application 范围的对象被绑定到 javax. servlet. ServletContext 对象中，在 Web 应用程序运行期间，所有的页面都可以访问 application 范围内的对象。

【例 9-13】 测试 application 范围。在 Application1. jsp 页面中使用 application 对象保存具有 application 范围的属性，关闭浏览后再运行 Application2. jsp 页面，在该页面中获取 application 对象保存的属性。

Application1. jsp 页面的代码如下所示。

```
…
    <body>
      这是第一个页面<br>
      <%
          application.setAttribute("name","Tom");
      %>
      <%=application.getAttribute("name")%>
    </body>
</html>
```

Application2. jsp 页面的代码如下所示。

```
…
    <body>
      这是第二个页面<br>
      <%=application.getAttribute("name")%>
    </body>
</html>
```

在浏览器地址栏中输入 http://localhost:8080/Example9_13/JSP/Application1. jsp，程序运行结果如图 9-19 所示。

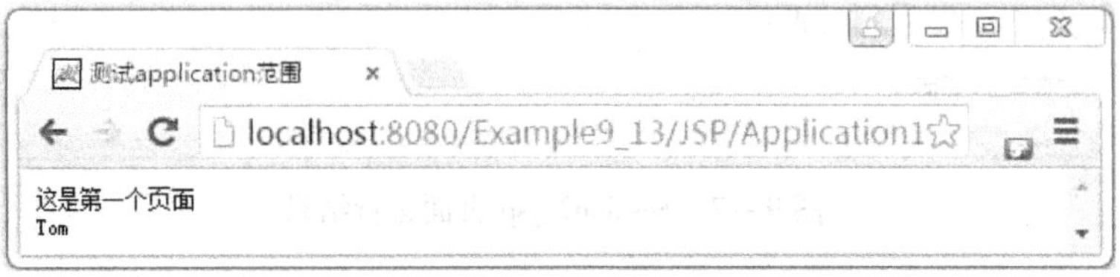

图 9-19　Application1. jsp 页面运行结果

关闭浏览器后再运行 Application2. jsp 页面，在 Web 应用程序运行期间，保存在 application 对象中的属性具有 application 范围，所以在 Application2. jsp 页面中可以输出保存的属性值。程序运行结果如图 9-20 所示。

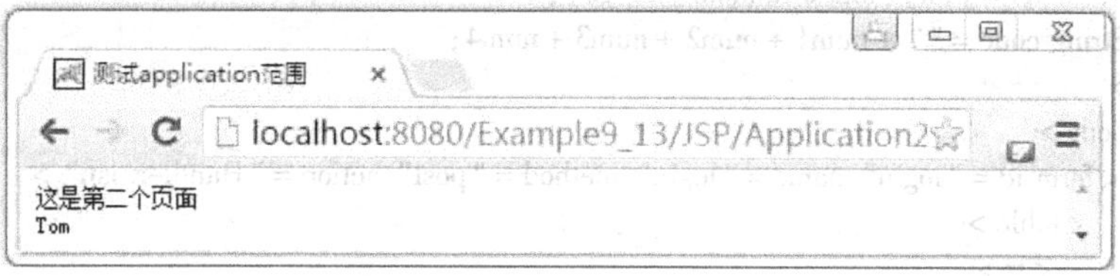

图 9-20　关闭浏览器后 Application2. jsp 页面运行结果

9.4　案例：带验证码的用户登录模块

1. 案例要求

在 Login. jsp 页面中，用户通过用户名、密码和验证码进行登录，登录后的信息由 Handler. jsp 页面进行处理。如果用户名和密码和保存在二维数组中的字符串相同，并且输入的验证码与 4 位随机生成的验证码图片上的数字相同，则将用户名保存在 session 对象中并跳转到 Main. jsp 页面；否则跳转到 Login. jsp 页面重新登录。在 Main. jsp 页面中通过 session 对象获得用户名并输出。

2. Login. jsp

在登录页面表单中包括用户名、密码和验证码 3 个文本框，并显示 4 张随机的验证码图片。其中 4 位验证码可以使用 Math 类中的 random( )方法来生成，具体代码如下。

```
int num1 = (int)(Math.random() * 10);
int num2 = (int)(Math.random() * 10);
int num3 = (int)(Math.random() * 10);
int num4 = (int)(Math.random() * 10);
```

将 4 位随机整数 num1 ～ num4 连接成字符串 code，用来表示 4 位随机验证码，具体代码如下。

```
String code = "" + num1 + num2 + num3 + num4;
```

设置隐藏域，在隐藏域中存放 4 位随机验证码 code，具体代码如下。

```
<input name = "verification2" type = "hidden" value = <%= code%>>
```

显示 4 位验证码图片，图片名称与产生的随机数相同，具体代码如下。

```
<img src = "png/<%= num1%>.png">
<img src = "png/<%= num2%>.png">
<img src = "png/<%= num3%>.png">
<img src = "png/<%= num4%>.png">
```

Login. jsp 文件的完整代码如下所示。

```
…
<%
```

```
        int num1 = (int)(Math.random() * 10);
        int num2 = (int)(Math.random() * 10);
        int num3 = (int)(Math.random() * 10);
        int num4 = (int)(Math.random() * 10);
        String code = "" + num1 + num2 + num3 + num4;
    %>
    <body>
      <form id = "login"  name = "login"  method = "post"  action = "Handler.jsp" >
        <table>
          <tr>
            <td>用户名:</td>
            <td>
              <input name = "username"   type = "text"  title = "用户名"/>
            </td>
          </tr>
          <tr>
            <td>密码:</td>
            <td>
              <input name = "password"   type = "password"  title = "密码"/>
            </td>
          </tr>
          <tr>
            <td>验证码:</td>
            <td>
              <input name = "verification1"   type = "text"  title = "验证码"/>
            </td>
            <!--设置隐藏域,在隐藏域中存放4位随机验证码code-->
            <td>
              <input name = "verification2"   type = "hidden"  value = <%=code%>>
            </td>
            <!--显示4位验证码图片,图片名称与产生的随机数相同-->
            <td>
              <img src = "png/<%=num1%>.png" >
              <img src = "png/<%=num2%>.png" >
              <img src = "png/<%=num3%>.png" >
            <img src = "png/<%=num4%>.png" >
            </td>
          </tr>
          <tr>
            <td></td>
            <td align = "right" >
              <input type = "submit"   value = "确认提交"/>
            </td>
          </tr>
        </table>
      </form>
    </body>
  </html>
```

3. Handler.jsp

用户在 Login.jsp 页面中输入的用户名、密码和验证码都保存在 request 对象中，在 Handler. jsp 页面中通过 request 对象调用 getParameter( )方法来获取这些输入值，具体代码如下。

```
String username = request. getParameter( " username" ) ;
String password = request. getParameter( " password" ) ;
String verification1 = request. getParameter( " verification1" ) ;
String verification2 = request. getParameter( " verification2" ) ;
```

其中，username 和 password 分别保存了用户输入的用户名和密码，verification1 保存了用户输入的验证码，verification2 保存了随机生成的 4 位验证码。接下来判断用户输入的验证码与随机生成的 4 位验证码是否相同，并且判断输入的用户名、密码与二维数组中保存的用户名、密码是否相同。如果都相同，则将用户名保存在 session 对象中，并跳转到 Main. jsp 页面；否则跳转到 Login. jsp 页面重新登录。

Handler. jsp 文件的完整代码如下所示。

```
<%@ page contentType = "text/html;charset = UTF - 8" %>
<html>
  <head>
    <title>验证用户名、密码和验证码</title>
  </head>
  <body>
    <%
    String[][]users = {{"wangming","wm123"},{"zhaogang","123456"},{"lixiaofei","lxf"}};
    String username = request. getParameter( "username" ) ;
    String password = request. getParameter( "password" ) ;
    String verification1 = request. getParameter( "verification1" ) ;
    String verification2 = request. getParameter( "verification2" ) ;
    boolean vflag = false;
    if( verification1. equals( verification2) )
        vflag = true;
    boolean flag = false;
    for( int i = 0;i < users. length;i ++ ) {
        if( users[i][0]. equals( username) &&users[i][1]. equals( password) ) {
            flag = true;
            break;
        }
    }
    if( vflag&&flag) {
        session. setAttribute( "username" ,username) ;
        session. setAttribute( "password" ,password) ;
        response. sendRedirect( "Main. jsp" ) ;
    }
    else{
        response. sendRedirect( "Login. jsp" ) ;
    }
    %>
  </body>
</html>
```

4. Main. jsp

在 Main. jsp 页面中通过 session 对象获得用户名并输出，具体代码如下所示。

```
<%@ page contentType="text/html;charset=UTF-8" %>
<html>
  <head>
    <title>欢迎页面</title>
  </head>
  <body>
    <% String username = (String)session.getAttribute("username");%>
    您好,<%=username %>!
  </body>
</html>
```

在浏览器的地址栏中输入 http://localhost:8080/Example9_14/JSP/Login.jsp，程序运行结果如图 9-21 所示。

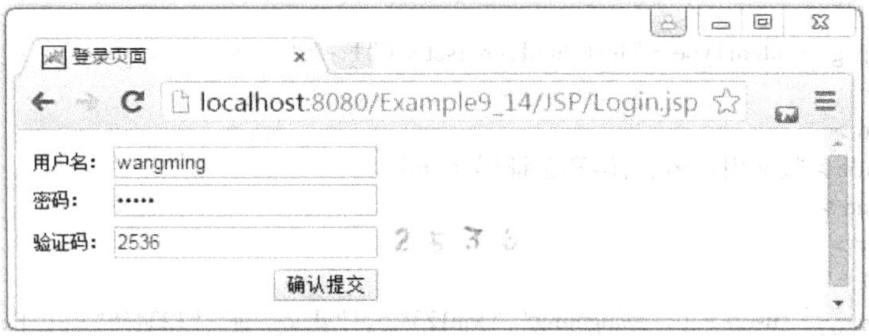

图 9-21　带验证码的用户登录页面

当用户输入的用户名、密码和验证码都正确时，获得用户名并输出，程序运行结果如图 9-22 所示。

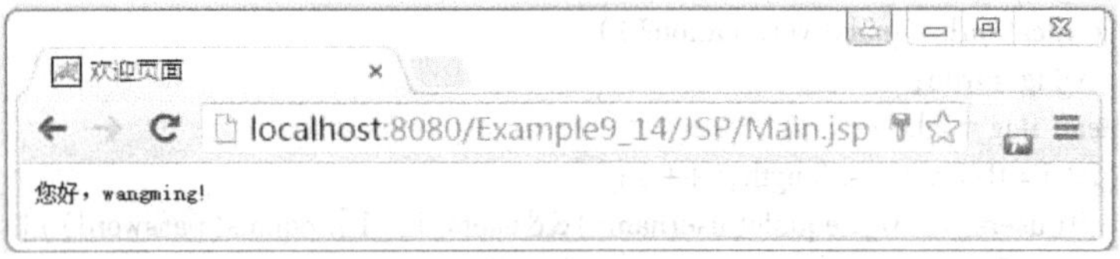

图 9-22　用户名、密码和验证码正确时获得用户名并输出

本章小结

JSP 提供了由容器实现和管理的内置对象，也可以称为“隐含对象”。JSP 提供了 9 个内置对象：request、response、session、application、out、page、config、exception 和 pageContext。这些内置对象不需要 JSP 页面来实例化，在所有的 JSP 页面中都可以直接使用，起到了简化页面的作用，JSP 内置对象被广泛应用于 JSP 的各种操作中。JSP 中提供了 4 种属性的作用域范围，分别是 page、request、session 和 application。

实践与练习

一、选择题

1. 以下不是 JSP 内置对象的是（　　）。

A. pageContext　　B. context　　C. application　　D. out

2. 在 JSP 中，内置对象（　　）封装了用户提交的信息，使用该对象可以获取用户提交的信息。

A. session　　B. request　　C. response　　D. out

3. JSP 内置对象中的（　　）对象可对用户的请求做出动态响应，向客户端发送数据。

A. response　　B. request　　C. application　　D. out

4. 不属于 JSP 中 out 对象方法的是（　）。

A. getAttribute( )　　B. print( )　　C. println( )　　D. close( )

5.（　　）作用域是从 Web 应用服务器开始执行服务，到结束服务为止。

A. page　　B. request　　C. session　　D. application

二、简答题

1. JSP 中的内置对象有哪些？
2. JSP 中有几种作用域？
3. 在 JSP 中，response 对象的 sendRedirect( )方法的作用是什么？
4. 在 JSP 中，使用什么代码可以让网页每隔 2 s 自动刷新一次？
5. 在 JSP 中，使用什么代码可以让网页 30 s 后自动跳转到 Welcome. jsp 页面？

三、编写程序

编写 3 个 JSP 页面：BookName. jsp、BookPrice. jsp 和 BookCount，分别用于获取用户要购买图书的名称、单价和数量。在 Result. jsp 页面中分别输出上面的图书信息并计算总金额。

实验指导

在 JSP 中定义了 9 种内置对象：request、response、session、application、out、page、config、exception 和 pageContext。这些内置对象不需要 JSP 页面来实例化，在所有的 JSP 页面中都可以直接使用。out 对象用来向客户端返回信息，它是一个缓冲输出流对象。request 对象实现了 HttpServletRequest 接口，使用 HttpServletRequest 接口中的方法可以获得客户端的各种信息。response 对象实现了 HttpServletResponse 接口，使用 HttpServletResponse 接口中的方法将服务器端的数据发送到客户端。session 对象实现了 HttpSession 接口，用来处理客户端与服务器的会话。application 对象实现了 ServletContext 接口，用于保存 Web 应用程序中的公有数据。exception 对象实现了 java. lang. Throwable 接口，用来处理 JSP 文件执行时发生的所有错误和异常，只有在 page 指令中设置 isErrorPage 属性值为 true 的页面才可以使用该对象，否则无法编译。pageContext 对象实现了 javax. servlet. jsp. pageContext 接口，通过该对象可以获取 JSP 页面内的所有对象及名称空间的访问，提供了几种页面属性的访问。page 对象指的是当前 JSP 页面本身，它是 java. lang. Object 类的对象，通过 page 对象可以调用 Servlet 类中定义的方法。config 对象实现了 javax. servlet. ServletConfig 接口，提供了对初始化 JSP 的配置参数的访问。

实验目的和要求

- 掌握 JSP 中 out 对象的使用。
- 掌握 JSP 中如何使用 request 对象获取用户提交数据。
- 掌握 JSP 中使用 response 对象动态响应用户请求。
- 掌握 JSP 中 session 对象的使用。

实验 1：使用 request 和 response 对象对表单数据动态响应

在 request 对象中包含了客户端向服务器发出的请求参数信息，通过 getParameter( )、getParameterNames( )、getParameterValus( ) 和 getParameterMap( ) 方法可以获取客户端的请求参数名称和参数值。

使用 response 对象的 sendRedirect( ) 方法可以将页面重定向到另一个页面，重定向操作支持将地址重定向到不同的主机上。用户在浏览器的地址栏中可以看到跳转后的地址，并且执行重定向后 request 中的属性全部失效，并开始一个新的 request 对象。

题目　输出一个数的算术平方根值

1. 任务描述

在 JSP 表单中输入数值后，返回该数的算术平方根值。

2. 任务要求

1）在表单文本框中输入一个数值。

2）单击“提交”按钮后，如果该数值大于等于 0，则输出其算术平方根值；否则用户在表单文本框中重新输入数值。

3. 知识点提示

本任务主要用到以下知识点。

1）使用 request 对象的 getParameter( ) 方法获取请求参数值。

2）使用 out 对象输出数据。

3）使用 response 对象的 sendRedirect( ) 方法将页面重定向到另一个页面。

4. 操作步骤提示

1）创建 Input. jsp 文件，在该文件中提供表单文本框用于用户输入数值。

2）在 Input. jsp 运行页面中，用户输入数值后将请求提交给 Result. jsp 页面。

3）在 Result. jsp 页面中，使用 request 对象获取用户输入数值。

4）当输入数值大于等于 0 时，使用 out 对象输出其平方根值。

5）当输入数值小于 0 时，使用 response 对象的 sendRedirect( ) 方法将页面重定向到 Input. jsp 页面。

实验 2：session 对象的使用

session 对象实现了 HttpSession 接口，用来处理客户端与服务器的会话。session 对象用来保存每个用户的信息，以便跟踪每个用户的操作状态。当用户首次访问 JSP 页面时，JSP 引擎实例化一个 session 对象，这样 session 对象和用户之间就建立了一一对应的关系。当用户访问服务器的其他页面时，不再分配给用户新的 session 对象。当关闭浏览器后，session 对象被销毁。

题目　使用 session 对象保存页面共享数据

1. 任务描述

随机产生 0 ～ 9 之间的整数并由用户进行猜测，判断用户猜测情况及输出猜测次数。在 Guess. jsp 页面中随机产生 0 ～ 9 之间的整数并由用户进行猜测，如果用户猜测大了则由 Larger. jsp 页面输出提示信息，然后再次猜测。否则，由 Smaller. jsp 页面输出提示信息并再次猜测。用户每次的猜测值由 Resulst. jsp 页面进行判断，当猜测正确时输出猜测结果及猜测次数。如果猜测不正确，则分别重定向到 Larger. jsp 页面和 Smaller. jsp 页面进行重新猜测。

2. 任务要求

1）创建 Guess. jsp 页面，在该页面中产生 0 ～ 9 之间的随机整数并保存在 session 对象中。同时，在该页面表单中提供输入文本框供用户进行猜测。当猜测完并单击“确定”按钮后，由 Result. jsp 页面进行处理。

2）在 Result. jsp 页面中获取用户猜测值与随机产生值，并进行比较，如果二者值相同则输出这两个值及猜测次数。否则根据比较情况，将页面重定向到 Larger. jsp 页面和 Smaller. jsp 页面。

3）在 Larger. jsp 页面和 Smaller. jsp 页面中分别输出比较结果的提示信息，并进行再次猜测，再次猜测结果由 Result. jsp 页面处理，直到猜测正确为止。

3. 知识点提示

本任务主要用到以下知识点。

1）使用 session 对象保存并获取属性值。

2）使用 response 对象的 sendRedirect( )方法将页面重定向到另一个页面。

4. 操作步骤提示

1）创建 Guess. jsp 页面，在该页面中产生 0 ～ 9 之间的随机整数并保存在 session 对象中。初始化用户猜测次数值为 0，并保存在 session 对象中。

2）用户在 Guess. jsp 页面中输入猜测值后，由 Result. jsp 页面进行处理。

3）在 Resulet. jsp 页面中，获取 session 对象中的比较次数属性值，加 1 后再保存到 session 对象中。获取用户猜测值与 session 对象中保存的随机值并进行比较。

4）如果用户猜测值与 session 对象中保存的随机值相等，则输出这两个值，并且输出猜测次数。

5）如果用户猜测值与 session 对象中保存的随机值不相等，则分别使用 response 对象的 sendRedirect( )方法将页面重定向到 Larger. jsp 页面和 Smaller. jsp 页面。

6）在 Larger. jsp 页面和 Smaller. jsp 页面中分别输出猜测提示信息，并进行再次猜测，再次猜测的请求仍由 Resulst. jsp 页面进行处理，直到猜测正确为止。

7）保存源程序文件，运行程序，并检查程序的运行情况。

第 10 章　JDBC 数据库技术

大多数应用程序使用关系型数据库进行数据存储，为了简化和统一对不同数据库的操作，Java 语言使用 JDBC 为多种关系数据库提供统一访问接口。JDBC 定义了一套 Java 操作数据库的规范，开发人员只需要使用 JDBC 接口，就可以执行 SQL 语句，实现数据库操作。

本章将介绍 JDBC 的基本概念，包括 JDBC 基本功能、JDBC 驱动的 4 种基本类型等。通过对 JDBC 接口的体系结构及不同数据源的连接方法进行介绍，加深读者对 JDBC 的了解。

10.1　JDBC 概述

JDBC 的全称为 Java DataBase Connectivity（Java 数据库连接技术），是 Sun 公司为了简化和统一对数据库的操作，定义的一套 Java 操作数据库的规范。JDBC 由一组用 Java 语言编写的类和接口组成，是 Java 核心类库的组成部分，开发人员只需要使用 JDBC 接口，就可以执行 SQL 语句，从而实现数据库操作。另一方面，在数据库端实现这套接口的驱动则由数据库厂商去实现，开发人员只需引入 jar 包即可，无需关注底层实现细节，JDBC 结构如图 10-1 所示.

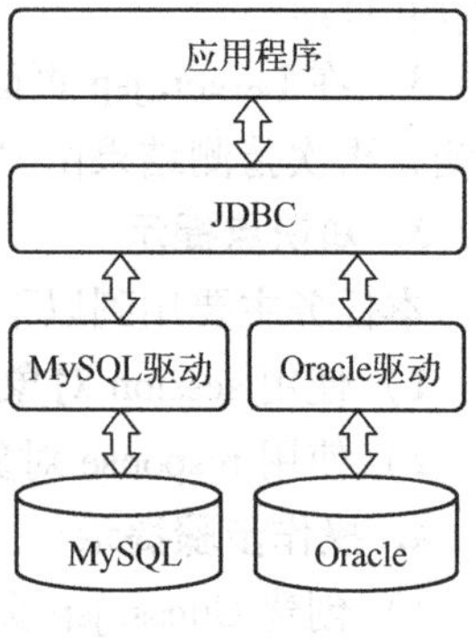

图 10-1　JDBC 结构

由此可见，JDBC 为多种关系数据库提供统一访问，使用 JDBC 可以操作保存在多种不同的数据库管理系统中的数据，而与数据库管理系统中的数据存储格式无关。将 Java 语言和 JDBC 结合起来，使程序员不必为不同的数据库管理系统编写不同的应用程序，程序员只需用 JDBC API 编写一个程序就够了。有了JDBC，向各种关系数据发送 SQL 语句就是一件很容易的事。

1. JDBC 与 ODBC

JDBC 可以说是最老的企业 Java 规范之一，最早的起草日期要追溯到 1996 年，JDBC 与微软的开放数据连接（Open DataBase Connectivity，ODBC）标准具有同样的功能，都是提供一组通用的 API，通过数据库特定的驱动程序来访问数据库。如果没有 JDBC 或者 ODBC，开发人员必须使用不同的一组 API 来访问不同的数据库，而利用 JDBC 或者 ODBC，则只需使用一组 API，再加上数据库厂商提供的数据库驱动程序即可。所以，利用 JDBC 可以把同一个企业级 Java 应用移植到另一个数据库应用上。

JDBC 的出现主要有以下几个原因。

1）ODBC 无法跨平台。微软的 ODBC 是用 C 语言编写的，而且只适用于 Windows 平台，无法实现跨平台操作数据库。

2）SQL 语言无法开发应用程序。SQL 尽管包含数据定义、数据操作和数据管理等功能，但它并不是一个完整的编程语言，而且不支持流控制，需要与其他编程语言配合使用。

3）Java 语言的跨平台优势。由于 Java 语言具有健壮性、安全、易使用并自动下载到网络等方面的优点，因此如果采用 Java 语言来连接数据库，将能克服 ODBC 局限于某一系统平台的缺陷。将 SQL 语言与 Java 语言相互结合起来，可以实现连接不同的数据库系统，即使用 JDBC 可以很容易地把 SQL 语句传送到任何关系型数据库中。

4）JDBC 设计的目的：它是一种规范，设计出它的最主要的目的是让各个数据库开发商为 Java 程序员提供标准的数据库访问类和接口，使得独立于 DBMS 的 Java 应用程序的开发成为可能（若数据库改变，驱动程序也跟着改变，但应用程序不变）。

2. JDBC 的主要功能

1）创建与数据库的连接。

2）发送 SQL 语句到任何关系型数据库中执行。

3）处理数据并查询结果。

3. JDBC 的层次

JDBC 接口的两个层次：一个是面向程序开发人员的 JDBC API，另一个是底层的 JDBC Driver API。

（1）面向 Java 程序员的 JDBC API

JDBC 首先为数据库应用开发人员和数据库前台工具开发人员提供一种标准的 API，使开发人员可以用纯 Java 语言编写完整的数据库应用程序，它主要是由一系列的接口定义所构成的。

- java. sql. DriveManager：该接口主要定义了用来处理装载的驱动程序，并且为创建新的数据库连接提供支持。
- java. sql. Connection：该接口主要定义了实现对某一种指定数据库连接的功能。
- java. sql. Statement：该接口主要定义了在一个给定的连接中作为 SQL 语句执行声明的容器，以实现对数据库的操作。它主要包含以下两种子类型。

java. sql. PreparedStatement：该接口主要定义了用于执行带或不带参数的预编译 SQL 语句。

java. sql. CallableStatement：该接口主要定义了用于执行数据库的存储过程的调用。

java. sql. ResultSet：该接口主要定义了用于执行对数据库的操作所返回的结果集。

（2）面向数据库厂商的 JDBC Drive API

JDBC 为数据库厂商提供了一个标准体系结构，让厂商可以为自己的数据库产品提供 JDBC 驱动程序，从而提高了 Java 程序访问数据库的效率，数据库厂商必须提供相应的驱动程序并实现 JDBC API 所要求的基本接口（每个数据库系统厂商必须提供对 DriveManager、Connection、Statement 和 ResultSet 等接口的具体实现），从而最终保证 Java 程序员通过 JD-BC 实现对不同数据库的操作。

4. JDBC 的工作原理

在 Java 程序中，要利用 JDBC 访问数据库，其操作步骤如下。

1）注册加载一个数据库驱动程序。

2）创建数据库连接 Connection。

3）创建一个 SQL 执行环境 Statement。

4）执行 SQL 语句。

5）处理执行 SQL 语句的返回结果（包括 ResultSet）。

6）关闭连接（Connection、Statement 和 ResultSet）等资源。

下面就以一个简单的 JDBC 连接 MySQL 数据库为例，实现 JDBC 连接数据库 db，通过 SQL 语句获取 student 表中所有学生的 sno、name、age 和 sex 等信息，并输出到 Java 控制台的操作，Java 代码如下。

```
import java. sql. * ;//导入包
public class JdbcExample{
    public static void main(String arg[ ]){
    Connection conn = null;
    Statement stmt = null;
    ResultSet rs = null;
    try{
        //加载驱动程序,此处加载的是 MySQL 数据库驱动程序
        String driver = "com. mysql. jdbc. Driver";
        Class. forName(driver);
        //指定连接的数据库 URL,此连接为本地 MySQL 数据库,数据库名为 demo
        String url = "jdbc:mysql://localhost:3306/demo";
        //通过驱动程序管理器建立与数据库的连接
        conn = DriverManager. getConnection(url);
        //创建执行查询的 Statement 对象
        stmt = conn. createStatement( );
        //SQL 语句,用于查询学生表中的学号、姓名、年龄和性别
        String sql = "select sno,name,age,sex from student";
        //执行查询,查询结果放在 ResultSet 的对象中
        rs = stmt. executeQuery(sql);
        String sno,name,sex;
        int age;
        //打印出查询结果
        while(rs. next( )){
            //获得每一行中每一列的数据
            sno = rs. getString(1);
            Name = rs. getString(2);
            age = rs. getInt(3);
            sex = rs. getString(4);
          System. out. println(sno + "," + name + "," + age + "," + sex);
        }
      }
  ...
}
```

上述代码清晰地表达了应用 JDBC 技术的基本步骤。需要说明以下几点。

- 所有与 JDBC 相关的操作代码必须用 try {} 处理。一方面，JDBC 中的绝大多数方法都被定义为抛出 SQLExecption 异常，该类异常属于必须捕捉的异常，否则，编译无法通过。另一方面，如果在一处发生异常，应用程序就没有必要再进行下去了。如连接数据库失败，就没必要产生 Statement 的实例了。
- JDBC 应用中，一次数据库会话结束，必须关闭数据库连接资源，该资源是宝贵的，

会话期间由用户程序独占，结束后必须释放。

- 结果集（ResultSet）对象是一种数据容器，存放着满足 SQL 查询条件的数据库记录。通过 next()方法，可以遍历所有记录，通过 getXxx()方法可以得到指定行中的列值。关于结果集的全面介绍将在下面的章节中进行。

10.2 JDBC 常用 API

JDBC 中定义了许多接口和类，但经常使用的并不多。以下介绍的是最常用的接口和类，包括与数据库建立连接 Driver 接口、对连接进行管理的 ManagerDriver 类、为 SQL 语句的执行提供环境的 Statment 接口及其子接口 PreparedStatement 和 CallableStatement，以及返回结果集的操作类 ResultSet，这些类需要引入 java. sql. * 包。

本章后续案例中的数据库均以 MySQL 数据库为例，读者需要自行安装 MySQL 数据库。下载网址为：http://dev. mysql. com/downloads/mysql/。

本节案例中将用到学生信息表（demo. student），该数据表结构如表 10-1 所示。

表 10-1　学生信息表

字　段	描　述	类　型	主 外 建	是否为空
id	ID	int	主键	不为空
sno	学号	varchar(20)		不为空
name	姓名	varchar(20)		不为空
sex	性别	boolean		不为空
age	年龄	int		
homeAddress	家庭住址	varchar(100)		

本书配套代码中提供了数据库文件 db. sql，读者可以使用 source 命令将数据表导入。

10.2.1 Driver 类

当需要连接数据库时，首先需要下载数据库驱动程序 jar 包。数据库驱动程序由数据库厂商提供，不同厂商、不同版本的数据库驱动程序都有所不同，读者可根据情况自行下载，MySQL 的 JDBC 驱动下载网址为：http://dev. mysql. com/downloads/connector/j/。

下载 jar 包后，还需将 jar 包引入项目中才能使用。以 MySQL 数据库为例，引入 mysql-connector-java-5. 1. 6. jar 包的方法如下。

1）右击项目，在弹出的快捷菜单中选择 Build Path→Configure Build Path 命令，打开项目配置界面，如图 10-2 所示。

2）在配置界面中选择 Libraries 选项卡，单击 Add Extenal JARs 按钮。

3）在弹出的对话框中找到刚刚下载 MySQL 驱动 jar 包的位置，单击“打开”按钮，将 mysql-connector-java-5. 1. 6. jar 包添加到当前项目中，单击 OK 按钮即可，如图 10-3 所示。

接下来就是使用 Java 代码加载 MySQL 驱动程序，加载驱动程序的方法是使用 java. lang. Class 类的静态方法 forName（String className），该方法调用代码如下。

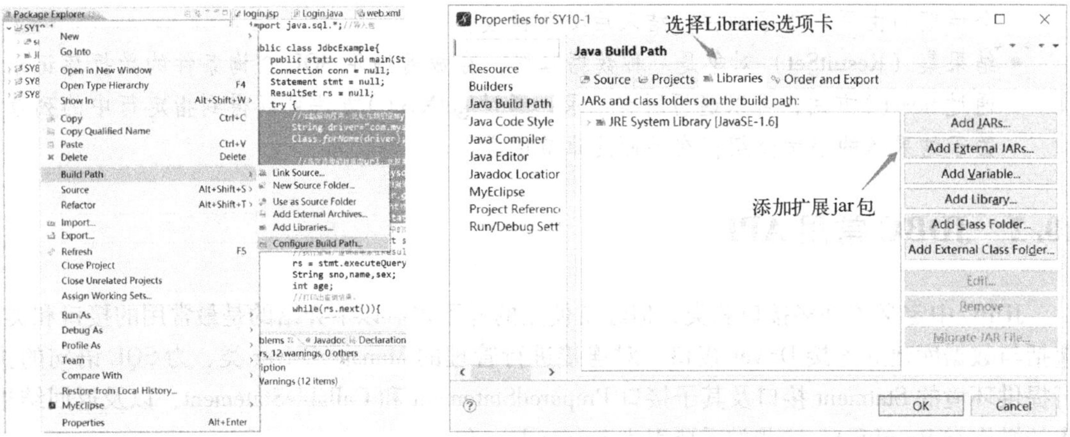

图 10-2　配置 Build Path

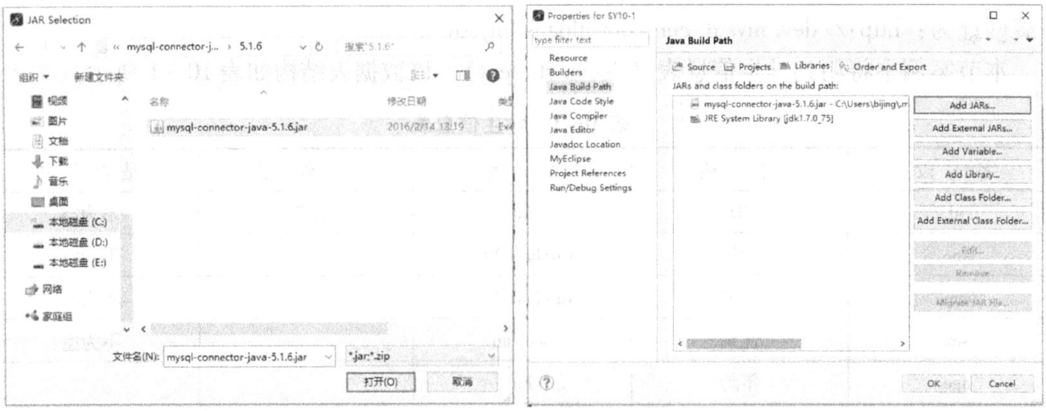

图 10-3　添加 MySQL jdbc 驱动

```
Class.forName("sun.jdbc.odbc.jdbcOdbcDriver")
```

参数为驱动程序类名，不同的数据库，驱动程序类名也不同，具体驱动程序名参见 10.3 节。若加载成功，系统会将驱动程序注册到 DriverManager 类中；若加载失败，将抛出 ClassNotFoundException 异常。加载驱动程序的示例代码如下。

```
try{
    String driverName = "com.mysql.jdbc.Driver";
    Class.forName(driverName);        //加载 JDBC 驱动器
} catch(ClassNotFoundException ex) {
    ex.printStackTrace();
}
```

需要注意的是，加载驱动程序行为属于单例模式，也就是说，在整个数据库应用中只加载一次就可以了。

10.2.2　DriverManager 类

数据库驱动程序加载成功后，接下来就由 DriverManager 类进行处理，所以该类是 JDBC 的管理层，作用于用户和驱动程序之间。它跟踪可用的驱动程序，并在数据库和相应驱动程序之间建立连接。另外，DriverManager 类也处理如驱动程序登录时间、登录管理和消息跟踪等事务。

DriverManager 类使用静态方法 getConnection()来获得用户与特定数据库的连接，具体方法定义如下。

- static Connection getConnection(String url)，url 实际上标识给定数据库（驱动程序），它由 3 部分组成，用“:”分隔。格式如下。

```
jdbc:子协议名:子名称
```

其中 jdbc 是唯一的，JDBC 只有这种协议；子协议名主要用于识别数据库驱动程序，不同的数据库有不同的子协议名，如 MySQL 为“mysql”；子名称属于专门驱动程序，指的是数据库的名称、服务端口号等信息。完整驱动的名称如下。

```
jdbc:mysql://localhost:3306/demo
```

- static Connection getConnection(String url,String userName,String password)，与第一种相比，多了数据库服务的登录名和密码。

10.2.3 Connection 类

Connection 对象代表数据库连接，只有建立了连接，用户程序才能操作数据库。连接是 JDBC 中最重要的接口之一，使用频率较高，读者必须掌握。

Connection 接口的实例是由 DriverManager 的静态方法 getConnection()产生，数据库连接实例是宝贵的资源，它类似于电话连接，在一个会话期内，是由用户程序独占的，且需要耗费内存，因此，每个数据库的最大连接数都是受限的。所以，用户程序访问数据库结束后，必须及时关闭连接，以方便其他用户使用该资源。Connection 接口的主要方法是获得各种发送 SQL 语句的执行类，该接口的主要方法如下。

- close()方法：关闭到数据库的连接，在使用完连接后必须关闭，否则连接会保持一段比较长的时间，直到超时。
- commit()方法：提交对数据库的更改，使更改生效。这个方法只有调用了 setAutoCommit(false)方法后才有效，否则对数据库的更改会自动提交到数据库。
- createStatement()方法：创建一个 Statement，用于执行 SQL 语句。
- createStatement(int resultSetType,int resultSetConcurrency)方法：创建一个 Statement，并且产生指定类型的结果集（ResultSet）。对于相关参数，在下面的章节中会进行详细介绍。
- getAutoCommit()方法：为这个连接对象获取当前 auto - commit 模式。
- getMetaData()方法：获得一个 DatabaseMetaData 对象，其中包含了关于数据库的元数据。
- isClosed()方法：判断连接是否关闭。
- prepareStatement(String sql)方法：使用指定的 SQL 语句创建一个预处理语句，SQL 参数中往往包含一个或者多个“?”占位符。
- rollback()方法：回滚当前执行的操作，只有调用了 setAutoCommit(false)方法后才可以使用。

● setAutoCommit(boolean autoCommit)方法：设置操作是否自动提交到数据库，默认情况下是 true。

由于数据库不同，驱动程序的形式和内容也不相同，主要体现在获得连接的方式和相关参数的不同。因此，在 JDBC 项目中，一般把连接管理设计成为一个类：连接管理器类，主要负责连接的获得和关闭。以下是以 MySQL 数据库为例，实现的数据库连接类，代码参见 Example 10-1。

```
package com.ceit.dbtool;
import java.sql.*;
public class DB{
    static{
        try{
            String driver = "com.mysql.jdbc.Driver";    //JDBC 驱动器名称
            Class.forName(driver);                      //加载 JDBC 驱动器
        } catch(Exception ex){
            ex.printStackTrace();
        }
    }
    public static Connection getConnection(){
        try{
            //数据库的 URL,demo 为数据名称
            String url = "jdbc:mysql:                   //localhost:3306/demo";
            String userName = "root";                   //数据库用户名
            String password = "root";                   //数据库密码
            Connection conn = DriverManager.getConnection(url,userName,password);
            System.out.println("连接数据库成功");
            return conn;
        } catch(SQLException ex){
            System.out.println("连接数据库失败");
            ex.printStackTrace();
            return null;
        }
    }
    publicstatic void close(Connection conn,Statement stm,ResultSet rs){
        try{
            if(rs != null)
                rs.close();
            if(stm != null)
                stm.close();
            if(conn != null){
                conn.close();
                System.out.println("数据库连接成功释放");
            }
        } catch(SQLException ex){
            ex.printStackTrace();
        }
    }
}
```

若控制台打印出“连接数据库成功”“数据库连接成功释放”的语句，说明 JDBC 连接数据库已经成功。从上面的代码中可以看出，主要有两个操作，首先使用 Class.forName()

方法加载驱动器，接着使用 DriverManager. getConnection( )方法得到数据库连接。由于加载驱动器在整个应用系统中只有一次，所以采用 static 程序块技术来实现。

10.2.4 Statement 类

Statement、PreparedStatement 和 CallableStatement 这 3 个接口都是用来执行 SQL 语句的，都由 Connction 中的相关方法产生。但它们有所不同，Statement 接口用于执行静态 SQL 语句并返回它所生成的结果集对象；PreparedStatement 接口表示带 IN 或不带 IN 的预编译 SQL 语句对象，SQL 语句被预编译并存储在 PreparedStatement 对象中；CallableStatement 接口用于执行 SQL 存储过程的接口。下面分别介绍这 3 个接口的使用。

Statement 是一个接口，它没用构造函数，不能直接创建一个实例。创建一个 Statement 对象必须通过 Connection 接口提供的 createStatement( )方法进行创建。代码如下。

```
Statement statement = connection. createStatement( );
```

创建完 Statement 对象后，用户程序就可以根据需要调用它的常用方法，如 executeQuery、executeUpdate、execute 和 executeBatch 等。

- void addBatch(String sql)方法：将给定的 SQL 命令添加到此 Statement 对象的当前命令列表中，常用来执行批量 SQL 操作。
- void clearBatch( )方法：清空此 Statement 对象的当前 SQL 命令列表。
- void close( )方法：立即释放此 Statement 对象的数据库和 JDBC 资源，而不是等待该对象自动关闭时发生此操作。
- ResultSet executeQuery(String sql)方法：该方法用于执行产生单个结果集的 SQL 语句，如 Select 语句，该方法返回一个结果集 ResultSet 对象。
- int executeUpdate(String sql)方法：该方法用于执行 INSERT、UPDATE 或 DELETE 语句，以及 SQL DDL（数据定义语言）语句。方法的返回值是一个整数，指示受影响的行数（即更新计数）。对于 CREATE TABLE 或 DROP TABLE 等不操作行的语句，返回值总为零。
- boolean execute(String sql)方法：执行给定的 SQL 语句，该语句可能返回多个结果，如果结果是 ResultSet 对象，则方法 execute 返回 true；如果结果是 Java int，则返回 false。程序必须使用方法 getResultSet 或 getUpdateCount 来获取结果。
- Int[ ]executeBatch( )方法：将一批命令提交给数据库来执行，如果全部命令执行成功，则返回更新计数组成的数组。

1. executeUpdate 方法

executeUpdate 方法用于执行数据库 INSERT、UPDATE 或 DELETE 语句，以及 SQL DDL（数据定义语言）语句，不能执行 SQL 查询语句。下面以向学生表插入一条记录为例，代码参见 Example10-2。

```
public class UpdateOperation{
  public static void main(String[ ]args) {
    Connection conn = DB. getConnection( );
    Statement stmt = null;
    ResultSet rs = null;
```

```
        int rowCount;
        try{
            stmt = conn. createStatement( );
            String sql = " insert into student( sno, name, age, sex) values( '150001 ', '张三', 18, true) " ;
            rowCount = stmt. executeUpdate( sql);
            System. out. println( "插入所影响的行数为" + rowCount + "行");
        } catch( SQLException e) {
            e. printStackTrace( );
        } finally{
            DB. close( conn, stmt, rs);
        }
    }
}
```

📖 以上代码中，用到了连接管理器类 DB。

2. executeQuery 方法

executeQuery 方法用于执行数据库查询 SQL 语句，并返回结果集。以获取 student 表中的所有记录，并显示在 Java 控制台，代码参见 Example10-3。

```
public class QueryOperation{
    public static void main( String[ ] args) {
        Connection conn = DB. getConnection( );
        Statement stmt = null;
        ResultSet rs = null;
        try{
            stmt = conn. createStatement( );
            String sql = " select sno, name, age, sex from student" ;
            rs = stmt. executeQuery( sql);
            while( rs. next( ) ) {
                System. out. println( " sno:" + rs. getString( " sno" ) );
                System. out. println( " name:" + rs. getString( " name" ) );
                System. out. println( " age:" + rs. getString( " age" ) );
                if( rs. getBoolean( " sex" ) ) {
                    System. out. println( " sex:男" );
                } else{
                    System. out. println( " sex:女" );
                }
            }
        } catch( SQLException e) {
            e. printStackTrace( );
        } finally{
            DB. close( conn, stmt, rs);
        }
    }
}
```

3. execute 方法

execute 方法是一个通用方法，既可以执行查询语句，也可以执行修改语句，该方法可以用来处理动态的未知的 SQL 语句。代码参见 Example10-4。

```
public class ExecuteOperation{
    public static void main(String[] args){
        Connection conn = DB.getConnection();
        Statement stmt = null;
        ResultSet  rs = null;
        int rowCount;
        boolean isResultSet;
        try{
            stmt =   conn.createStatement();
            String sql = "select * from student";
            isResultSet = stmt.execute(sql);
            /* 返回值若为 true,表示返回为结果集 ResultSet 对象;若为 false,表示返回受影响
               行数 int 值 */
            if(isResultSet){
                rs = stmt.getResultSet();
                while(rs.next()){
                        System.out.println("sno:" +rs.getString("sno"));
                    System.out.println("name:" +rs.getString("name"));
                    System.out.println("age:" +rs.getString("age"));
                    if(rs.getBoolean("sex")){
                        System.out.println("sex:男");
                    }else{
                        System.out.println("sex:女");
                    }
                }
            }else{
                rowCount = stmt.getUpdateCount();
                System.out.println("所更新的行数为" +rowCount +"行");
            }
        } catch(SQLException e){
            e.printStackTrace();
        }finally{
            DB.close(conn,stmt,rs);
        }
    }
}
```

10.2.5 PreparedStatement 类

PreparedStatement 是 Statement 的子接口，PreparedStatement 的实例已经包含编译的 SQL 语句，所以它的执行效率高于 Statement。PreparedStatement 对象的创建同样需要 Connection 接口提供的 prepareStatement 方法，同时需要定制的 SQL 语句。核心代码如下。

```
Connection connection = DBConnection.getConn();
String sql = "delete from person where name = ?";
PreparedStatement pstm = connection.prepareStatement(sql);
```

上面的 SQL 语句中有“?”号，指的是 SQL 语句中的占位符，表示 SQL 语句中的可替换参数，也称为 IN 参数，在执行前必须赋值。因此，PreparedStatement 还添加了一些设置 IN 参数的方法。同时，execute、executeQuery 和 executeUpdate 方法也改变了，无需再传入

SQL 语句，因为前面已经指定了 SQL 语句。下面给出的是 PreparedStatement 执行 SQL 的一个实例，删除学号为 150001 的学生，代码参见 Example10-5。

```
public class PareparedOperation{
    public static void main(String[] args) {
        Connection conn = DB.getConnection();
        PreparedStatement pstmt = null;
        ResultSet   rs = null;
        int rowCount;
        try{
            String sql = "delete from student where sno = ?";
            /*通过带参数的 SQL 创建 PreparedStatement 对象*/
            pstmt = conn.prepareStatement(sql);
            /*为参数赋值*/
            pstmt.setString(1,"150001");
            /*执行 SQL 语句*/
            rowCount = pstmt.executeUpdate();
            System.out.println("删除 " + rowCount + " 条记录");
            } catch(SQLException e) {
            e.printStackTrace();
        }finally{
            DB.close(conn,pstmt,rs);
        }
    }
}
```

分析上述代码可知，用 PreparedStatement 来代替 Statement 会使代码多出几行，但代码的可读性和可维护性提高了。为了说明问题，举例如下。

```
/*使用 Statement 执行 SQL 语句,变量的值需要进行字符串拼接*/
stmt.executeUpdate("insert into tb_name(col1,col2)values('" + var1 + "','" + var2 + "')");
/*使用 PreparedStatement 执行 SQL 语句,SQL 可读性更强,执行效率更高*/
perstmt = con.prepareStatement("insert into tb_name(col1,col2)values(?,?)");
perstmt.setString(1,var1);
perstmt.setString(2,var2);
perstmt.executeUpdate();
```

上述代码中，第 1 行表示用 Statement 来实现插入操作，其余行表示用 PreparedStatement 完成同样的工作。PreparedStatement 的 setXxx（序号，值）用来设置相关“?”位值，序号表示“?”的位置。在上面的例子中，假设 4 个字段的数据类型都是 String，若有其他类型，如 int，则设置方法改为对应的 setInt。使用 PreparedStatemen 接口，不但代码的可读性高了，并且在执行效率方面也得以大大提高。

每一种数据库都会尽最大努力对预编译语句提供最大的性能优化，因为预编译语句有可能被重复调用，所以 SQL 语句在被数据库系统的编译器编译后，其执行代码被缓存下来，下次调用时，只要是相同的预编译语句（如插入记录操作），就不需要再编译了，只要将参数直接传入已编译的语句，就会得到执行，这个过程类似于函数调用。而对于 statement，即使是相同操作，由于每次操作的数据不同（如插入不同记录），数据库必须重新编译才能执行。需要说明的是，并不是所有的预编译语句在任何时候都一定会被缓存，数据库本身会用一种策略，比如使用频度等因素来决定什么时候不再缓存已有的预编译结果，以保证有更多的空间来存储新的预编译语句。

其实，使用 PreparedStatemen 接口不但效率高，而且安全性好，可以防止恶意的 SQL 注入，如下面的代码所示。

```
Stringsql = " select * from login where name = '" + name + " 'and password = '" + pwd + " '";
```

以上代码是常用的登录处理 SQL 语句，用户从登录页面输入用户名和密码，应用程序用 varname 和 varpasswd 来接受，并查询数据库。若结果集有一条记录（假设用户名不能重复），则表示登录成功。一般情况下，这种处理是没有问题的，但如果恶意用户用下列方法输入用户名和密码，则情形就大不同了。

用户名：任意取，如'abc '。

密码：输入'or '1 ' = '1。

若采用以上输入，则 SQL 语句如下。

```
select * from tb_name = 'abc 'and  password = ''or  '1 ' = '1 ';
```

因为'1 ' = '1 '肯定成立，所以可以通过任何验证。更有甚者，把［'; drop table tb_name;］作为 pwd 值传入进来，当然，有些数据库是不会执行这样的语句的，但也有很多数据库可以使这些语句得到执行。而如果使用预编译语句，就不会产生这些问题。因此，建议尽量使用预编译语句（PreparedStatement）。

10.2.6 CallableStatement 接口

CallableStatement 是 PreparedStatement 的子接口，用于执行 SQL 存储过程的接口。JDBC 的 API 提供了一个存储过程的 SQL 转义语法，该语法允许对所有的 RDBMS 使用标准方式调用存储过程。此转义语法有一个包含结果参数的形式和一个不包含结果参数的形式。如果使用结果参数，则必须将其注册为 OUT 参数。其他参数可用于输入、输出或同时用于二者。参数是根据编号顺序引用的，第一个参数的编号为 1。以下为示意代码。

```
{? = call <procedure  name > [ ( <arg1 > , <arg2 > ,...) ] }
{call <procedure - name > [ ( <arg1 > , <arg2 > ,...) ] }
```

IN 参数值是通过 set 方法（继承自 PreparedStatement 的）来设置的。在执行存储过程之前，必须注册所有 OUT 参数的类型，它们的值是在执行后，通过该类提供的 get 方法获取的。CallableStatement 可以返回一个或多个 ResultSet 对象。ResultSet 对象使用继承来自 Statement 的相关方法处理。为了获得最大的可移植性，ResultSet 对象和更新计数应该在获得输出参数值之前被处理。下面给出的是 CallableStatement 执行 SQL 的一个实例，代码参见 Example10-6。

```
public class CallableOperation{
        public static void main(String[ ]args){
                Connection conn = DB. getConnection( );
                CallableStatement  cstmt = null;
                ResultSet  rs = null;
                int rowCount;
                try{
```

```
                String sql = " { call addStudent('150002 ','李四',20,false) } ";
                cstmt    = conn. prepareCall(sql);
                rowCount = cstmt. executeUpdate();
            }
            …
        }
    }
```

10.2.7 ResultSet 接口

Statement 执行一条查询 SQL 语句后，会得到一个 ResultSet 对象，称为结果集，它是存放每行数据记录的集合。有了这个结果集，用户程序就可以从这个对象中检索出所需的数据并进行处理。ResultSet 对象具有指向当前数据行的光标。最初，光标被置于第一行之前（beforefirst），next 方法将光标移动到下一行，该方法的返回类型为 boolean 型，若 ResultSet 对象没有下一行，则返回 false，所以可以用 while 循环来迭代结果集。默认的 ResultSet 对象不可更新，仅有一个向前移动的光标。因此，只能迭代它一次，并且只能按照从第一行到最后一行的顺序进行。当然，可以生成可滚动和可更新的 ResultSet 对象。另外，结果集对象与数据库连接（Connection）是密切相关的，若连接被关闭，则建立在该连接上的结果集对象被系统回收。一般情况下，一个连接只能产生一个结果集。

ResultSet 对象可由 Statement 语句来创建，分别需要调用 Connection 接口的方法创建，以下为 3 种方法的核心代码。

```
/*使用 Statement 执行查询 SQL,返回 ResultSet 对象*/
Statement stmt = connection. createStatement();
ResultSet rs = stmt. executeQuery(sql);
```

ResultSet 对象的常用方法主要包括行操作方法和列操作方法，这些方法可以让用户程序方便地遍历结果集中的所有数据元素。下面分别进行说明。

- boolean next()行操作方法：将光标从当前位置向前移一行，当无下一行时返回 false。光标的初始位置在第一行前面，所以要访问结果集数据，首先要调用该方法。
- getXxx(int columnIndex) 列方法系列：获取所在行指定列的值。Xxx 实际上与列（字段）的数据类型有关，若列为 String 型，则方法为 getString；若列为 int 型，则方法为 getInt；若列为浮点型，则方法为 getFloat 和 getDouble；若列为日期类型，则方法为 getDate；若列为布尔类型；则方法为 getBoolean。columnIndex 表示列号，其值从 1 开始编号，如：第 2 列，则值为 2。
- getXxx(String columnName)列方法系列：获取所在行指定列的值。columnName 表示列名（字段名）。如 getString("name")，表示得到当前行字段名为 name 的列值。

下面的实例展示了默认的 ResultSet 的使用方法，获取学生所有的基本信息，代码参见 Example 10-7。

```
public class ResultSetOperation{
    public static void main(String[] args) {
        Connection conn = DB. getConnection();
        Statement stmt = null;
```

```
ResultSet   rs = null;
try{
    stmt   =   conn.createStatement();
    String sql = "select id,sno,name,age,sex from person";
    rs = stmt.executeQuery(sql);
    while(rs.next()){
        //getXXX(int columnIndex)方法
            System.out.println("id:" + rs.getInt(1));
        System.out.println("sno:" + rs.getString(2));
        System.out.println("name:" + rs.getString(3));
        //getXXX(String columnName)方法
    System.out.println("age:" + rs.getInt("age"));
        System.out.println("sex:" + rs.getString("sex"));
    }
}
   ...
  }
}
```

10.3 数据库连接过程

为了实现与特定的数据库相连接，JDBC 必须加载相应的驱动程序类。通常采用 Class.forName()方法显式地加载一个驱动程序类，由驱动程序负责向 DriverManager 登记注册，并且在与数据库相连接时，DriverManager 将使用此驱动程序，加载驱动后，就可以通过数据源的名称，以及访问数据源需要使用的用户名、密码等信息，进行数据库连接，代码如下。

```
//加载了 Sun 公司提供的 JDBC - ODBC Bridge 驱动程序类
Class.forName("sun.jdbc.odbc.JdbcOdbcDriver");
//ODBC - JDBC 桥方式,可以采用 ODBC 数据源名称来指定数据库文件
String url = "jdbc:odbc:studlist";
//也可以直接采用指定数据库文件的物理位置(可以是绝对路径,也可以是相对路径)
String url = "jdbc:odbc:driver = {Microsoft Access Driver(*.mdb)};DBQ = d:\\stud.mdb";
```

JDBC 驱动程序是用于特定数据库的一套实现了 JDBC 接口的类集，由数据库厂商提供。要通过 JDBC 来存取某一特定的数据库，必须有相应的该数据库的 JDBC 驱动程序，JDBC 驱动程序是连接 JDBC API 与具体数据库之间的桥梁。

目前，主流的数据库系统如 Oracle、SQLServer、Sybase 和 Informix 等都为用户提供了相应的驱动程序。由于历史和厂商的原因，从驱动程序工作原理进行分析，通常有 4 种类型，分别是：JDBC - ODBC 桥、部分 Java、部分本机驱动程序、中间数据访问服务器和纯 Java 驱动程序。

1）JDBC - ODBC 桥，全称是“JDBC - ODBC bridge driver”。

这是 Sun 公司最早实现的 JDBC 驱动程序，其主要目的是快速推广 JDBC，以便业界接纳这个标准。实际上这种驱动程序就是把 JDBC API 映射到 ODBC API 上。JDBC - ODBC 桥接方式利用微软的开放数据库互连接口（ODBC API）同数据库服务器通信，客户端计算机首先应该安装并配置 ODBC driver 和 JDBC - ODBC bridge 两种驱动程序。这种桥接方式最大

的问题是，把 Java 不由自主地和 Windows 绑定在了一起，失去了 Java 跨平台的特点，这对于 Java 应用程序来说是不可接受的。另外，Sun 公司所提供的 ODBC - JDBC 桥不是多线程的，也就是说它不适合在需要并发执行的企业级应用中使用。所以就目前的使用上来看，这种形式的驱动程序已经很少使用了。实际上只有微软的数据库系统（如 SQLServer 和Access）仍然保留了该种技术的支持。

2）第二种类型的全称是“native - API，partly Java driver”。

这一类型的驱动程序是直接将 JDBC 调用转换为特定的数据库调用，而不经过 ODBC，执行效率比第一种高。但该种方法也存在转换问题，并且这类驱动程序与第一种驱动程序类型一样，也要求客户端的机器安装相应的二进制代码（驱动程序和厂商专有的 API）。所以这类驱动程序应用存在限制，如不太适合用于 Applet 等。

3）第三种类型的全称是“JDBC - Net pure Java driver”。

这一类型的原理是将 JDBC 的调用转换为独立于数据库的网络协议，并完全通过 Java 驱动。这种类型的驱动程序不需要客户端的安装和管理，所以特别适合于具有中间件（middle tier）的分布式应用，但目前这类驱动程序的产品不多。

4）第四种类型又称为“native protocol，pure Java driver”。

这一类型能将 JDBC 调用转换为特定数据库直接使用的网络协议，不需要安装客户端软件，是百分之百的 Java 程序。这种方式的本质是使用 Java sockets 来连接数据库，所以它特别适合于通过网络使用后台数据库的 Applet 及 Web 应用，后面介绍的 JDBC 应用主要使用该类型的驱动程序。目前，大部分数据库厂商提供了该类驱动程序的支持。用户开发 JDBC 应用系统，首先需要安装数据库的驱动程序。第一步是下载它的 JDBC 驱动 jar 包。第二步，对于普通的 Java Application 应用程序，只需要将 JDBC 驱动包引入项目即可，这和普通的 Java 类没什么区别；而对于 Web 应用，通常将 JDBC 驱动包放置在 WEB - INF/lib 目录下即可。

Java 在处理数据库时，正确地配置驱动程序是一个关键技术。由于现在流行的数据库比较多，同一种型号的数据库由于版本不同，驱动程序的配置也不完全一样，这需要反复试验积累经验。下面列出了一些数据库驱动程序的装载方式。

1）装载 MySQL JDBC 驱动程序。

```
//MySQL 数据库驱动类名
Class.forName("com.mysql.jdbc.Driver");
//数据库连接 URL,testDB 是数据库名
String url = "jdbc:mysql://localhost/testDB? useUnicode = true&characterEncoding = gb2312";
String user = "root";              //访问数据库用户名
String password = "root";          //访问数据库密码
//获取 MySQL 数据库连接对象
Connection conn = DriverManager.getConnection(url,user,password);
```

2）装载 Oracle JDBC OCI 驱动程序（用 thin 模式）。

```
//Oracle thin 模式数据库驱动类名
Class.forName("oracle.jdbc.driver.OracleDriver");
//数据库连接 URL,orcl 是数据库 SID
String url = "jdbc:oracle:thin:@ localhost:1521:orcl";
String user = "scott";             //访问数据库用户名
String password = "tiger";         //访问数据库密码
```

```
//获取 Oracle 数据库连接对象
Connection conn = DriverManager. getConnection( url, user, password) ;
```

3）装载 DB2 驱动程序。

```
//DB2 数据库驱动类名
Class. forName( " COM. ibm. db2. jdbc. net. DB2Driver " )
String url = " jdbc:db2://localhost:5000/sample" ;        //sample 为数据库名
String user = " admin" ;                                  //用户名
String password = " " ;                                   //密码
//获取 DB2 数据库连接对象
Connection conn = DriverManager. getConnection( url, user, password) ;
```

4）装载 MicroSoft SQLServer 驱动程序。

```
//SQLServer 数据库驱动类名
Class. forName( " com. microsoft. jdbc. sqlserver. SQLServerDriver " ) ;
//pubs 为数据库名
String url = " jdbc:microsoft:sqlserver://localhost:1433;DatabaseName = pubs" ;
String user = " sa" ;          //用户名
String password = " " ;        //密码
//获取 SQLServer 数据库连接对象
Connection conn = DriverManager. getConnection( url, user, password) ;
```

5）装载 Informix 驱动程序。

```
//Informix 数据库驱动类名
Class. forName( " com. informix. jdbc. IfxDriver" ). newInstance( ) ;
String url = " jdbc:informix - sqli://localhost:1533/testDB:INFORMIXSERVER = myserver;"
        + " user = testuser;password = testpassword" ;     //testDB 为数据库名
//获取 Informix 数据库连接对象
Connection conn = DriverManager. getConnection( url) ;
```

6）装载 Sybase 驱动程序。

```
//Sybase 数据库驱动类名
Class. forName( " com. sybase. jdbc. SybDriver" ). newInstance( ) ;
String url = " jdbc:sybase:Tds:localhost:5007/tsdata" ;       //tsdata 为数据库名
Properties sysProps = System. getProperties( ) ;
SysProps. put( " user" , " userid" ) ;                       //用户名
SysProps. put( " password" , " user_password" ) ;            //密码
//获取 Sybase 数据库连接对象
Connection conn = DriverManager. getConnection( url, SysProps) ;
```

7）装载 PostgreSQL 驱动程序。

```
//PostgreSQL 数据库驱动类名
Class. forName( " org. postgresql. Driver" ) ;
String url = " jdbc:postgresql:// localhost:5432/tsdata" ;   //tsdata 为数据库名
String user = " userName" ;                                 //用户名
String password = " pswd" ;                                 // 密码
//获取 PostgreSQL 数据库连接对象
Connection conn = DriverManager. getConnection( url, user, password) ;
```

10.4 JDBC 对象数据库操作

JDBC 使用 Statement、PreparedStatement 和 CallableStatement 实现数据库操作，利用结构化查询语言 SQL 来完成具体的数据库。下面以用户登录表为例，讲解数据库的增、删、改、查等功能。用户登录表（login）结构如表 10 - 2 所示。

表 10-2 用户登录表

字　段	描　述	类　型	主 外 键	是 否 为 空
id	ID	int	主键	不为空
name	用户名	varchar(20)		不为空
password	密码	varchar(20)		不为空
lastLoginTime	最近登录时间	Date		
loginIP	登录 IP	varchar(20)		

10.4.1 增加数据

在 SQL 数据库操作中，插入是最常用的操作之一，INSERT 命令用于向表中添加一个新记录。下面将介绍 SQL 语句中 INSERT 语句的使用方法，其语法格式如下。

```
INSERT　INTO <表名>　[列名]　Values　<值列表>
```

示例：向学生信息表（student）插入学生信息。

```
INSERT INTO student(sno,sname,age,sex) Values('05001 ','张三','18 ',true);
```

JDBC 使用 Statement 的 executeUpdate 方法执行 SQL 插入操作，下面以向 login 表插入用户名（name）和密码（password）为例，代码如下。

```
...
Stringsql = "insert into login(name,password) values(?,?);"
PreparedStatement prepStmt = conn. prepareStatement(sql);
prepStmt. setString(1,name);
prepStmt. setString(2,password);
ResultSet rs = stmt. executeUpdate();
...
```

10.4.2 修改数据

更新数据库中已有记录字段的值，使用 UPDATE 命令，其语法格式如下。

```
UPDATE <表名> SET 列名 1 = 值 1…列名 n = 值 n　WHERE 条件 1　…条件 n
```

示例：修改学生信息（student）表，将学号为'05001 '学生姓名改为'李四'。

```
UPDATE student SET name = '李四' WHERE son = '05001 ';
```

JDBC 使用 Statement 的 executeUpdate 方法执行 SQL 修改数据操作。下面以修改登录表中用户最后一次登录时间为例，代码如下。

```
…
Stringsql = "update login set lastLoginTime = ? where id = ?";
PreparedStatement prepStmt   = conn. prepareStatement( sql) ;
//插入日期类型,使用 setData 方法
prepStmt. setDate(1,new Date()) ;
prepStmt. setString(2,id) ;
ResultSet rs = stmt. executeUpdate( ) ;
…
```

10.4.3 删除数据

删除数据库中的已有记录，使用 DELETE 命令，其语法格式如下。

```
DELETE FROM <表名>   WHERE 条件 1…条件 n
```

示例：删除学号为'05001 '的学生信息。

```
DELETE FROM student WHERE sno = '05001 ';
```

JDBC 使用 Statement 的 executeUpdate 方法执行 SQL 删除操作。下面以删除 id 为 1 的用户登录信息为例，代码如下。

```
…
Stringsql = " delete from login where id = ?" ;
PreparedStatement prepStmt = conn. prepareStatement( sql) ;
prepStmt. setInt(1,1) ;
ResultSet rs = stmt. executeUpdate( ) ;
```

10.4.4 查询数据

从一个表或多个表中检索数据，使用 SELECT 命令，其语法格式如下。

```
SELECT Column_Name[ AS Alias]…FROM <表名> WHERE 条件 1…条件 2
```

JDBC 使用 Statement 的 executeQuery 方法执行 SQL 查询操作，结果集以 resultSet 对象返回。下面以查询 id 为 2 的用户登录信息为例，代码如下。

```
…
Stringsql = " select id,name,password,loginTime,loginIP from login where id = 2";
Class. forName( driver) ;
Connection conn = DriverManager. getConnection( url,dbUser,dbPwd) ;
Statement stmt = conn. createStatement( ) ;
ResultSet rs = stmt. executeQuery( sql) ;
while( rs. next) {
    int id = rs. getInt(1) ;
    String name = rs. getString(2) ;
    String pwd = rs. getString(3) ;
    String loginTime = rs. getString(4) ;
    String loginIP = rs. getString(5) ;
    System. out. println( id + name + pwd + loginTime + loginIP) ;
}
…
```

一般来说，SQL 查询语句使用 top N 获取最前面的 N 条记录，可以实现对数据表的分页查找，然而 MySQL 不支持 top N 方式，而是使用 limit start，count 方式进行分页检索，代码如下。

```
...
int currentPage = 1;        //当前请求页数
int pageCount = 10;         //每页记录数量
Stringsql = "select * from login limit " + (currentPage - 1) * pageCount + "," + pageCount;
Statement stmt = conn. createStatement();
ResultSet rs = stmt. executeQuery(sql);
while(rs. next) {
    int id = rs. getInt("id");
    String name = rs. getString("name");
    String pwd = rs. getString("password");
    String loginTime = rs. getString("lastLoginTime");
    String loginIP = rs. getString("loginIP");
    System. out. println(id + name + pwd + loginTime + loginIP);
}
```

10.4.5 批处理

当需要向数据库发送一批 SQL 语句来执行时，应避免向数据库一条条地发送执行，而应采用 JDBC 的批处理机制，以提升执行效率。JDBC 使用 Statment 中的方法实现批处理，实现步骤如下。

1）使用 addBatch（sql）方法，将需要执行的 SQL 语句添加到批处理中，但需要注意的是，JDBC 在批处理过程中不支持数据查询，因此不可以使用 SELECT 命令，否则会报异常。

```
java. sql. BatchUpdateException:Can not issue SELECT via executeUpdate().
  at com. mysql. jdbc. StatementImpl. executeBatch(StatementImpl. java:1007)
```

2）使用 executeBatch()方法，执行批处理命令。

3）使用 clearBatch()方法，清空批处理队列。

JDBC 批处理的用法有以下 3 种：

- 批量执行静态的 SQL。
- 批量执行预定义模式的 SQL。
- 批量执行混合模式的 SQL。

1. 批量执行静态 SQL

执行静态 SQL，不需要预编译，因此可以采用 Statement. addBatch()方式，其特点如下。

- 优点：可以向数据库发送多条不同的 SQL 语句。
- 缺点：SQL 语句没有预编译。且当向数据库发送多条语句相同、但仅参数不同的 SQL 语句时，需重复输入很多条 SQL 语句。举例如下。

```
...
stmt = conn. createStatement(sql);
stmt. addBatch("Insert into user(name,password) values('a','111')");
stmt. addBatch("Insert into user(name,password) values('b','222')");
stmt. addBatch("Insert into user(name,password) values('c','333')");
stmt. addBatch("Insert into user(name,password) values('d','444')");
st. executeBatch();
```

下面以向登录表中插入多个用户为例，演示 JDBC 批量执行静态 SQL，代码参见 Example 10-8。

```
public class BatchOperation{
    public static void main(String[] args){
        Connection conn = null;
        Statement stmt = null;
        try{
            conn = DB.getConnection();
            stmt = conn.createStatement();
            stmt.addBatch("insert into login(name,password)values('user1','000000')");
            stmt.addBatch("insert into login(name,password)values('user2','000000')");
            stmt.addBatch("insert into login(name,password)values('user3','000000')");
            stmt.addBatch("insert into login(name,password)values('user4','000000')");
            //不支持 Select 语句,如 stmt.addBatch("select count(*)from login")
            //执行批量执行
            stmt.executeBatch();
        }catch(SQLException e){
            e.printStackTrace();
        }finally{
            DB.close(conn,stmt,null);
        }


    }
}
```

2. 批量执行预定义模式 SQL

预定义模式的 SQL 需要执行预编译，因此必须采用 PreparedStatement.addBatch()实现批处理方式，其特点如下。

- 优点：发送的是预编译后的 SQL 语句，执行效率高。
- 缺点：只能应用在 SQL 语句相同、但参数不同的批处理中。因而此种形式的批处理经常用于在同一个表中批量插入数据，或批量更新表的数据，举例如下。

```
...
String sql = "insert into user(name,password,email,birthday)values(?,?,?,?)";
st = conn.prepareStatement(sql);
for(int i = 0;i < 50000;i ++){
    st.setString(1,"aaa" + i);
    st.setString(2,"123" + i);
    st.setString(3,"aaa" + i + "@sina.com");
    st.setDate(4,new Date(1980,10,10));
    st.addBatch();
    if(i%1000 == 0){
        st.executeBatch();
        /*执行结束后要清空批处理队列,防止重复执行*/
        st.clearBatch();
    }
}
st.executeBatch();
...
```

下面以向登录表（login）中插入用户为例，演示 JDBC 批处理执行预定义 SQL，代码参见 Example10-9。

```
public class BatchPreparedOperation{
    public static void main(String[ ]args){
        Connection conn = null;
        PreparedStatement pstmt = null;
        try{
            conn = DB. getConnection( );
            String sql = "insert into login(name,password)values(?,?)";
            pstmt = conn. prepareStatement(sql);
            pstmt. setString(1,"user5");
            pstmt. setString(2,"000000");
            pstmt. addBatch( );
            pstmt. setString(1,"user6");
            pstmt. setString(2,"000000");
            pstmt. addBatch( );
            pstmt. executeBatch( );
        }catch(SQLException e){
            e. printStackTrace( );
        }finally{
            DB. close(conn,pstmt,null);
        }
    }
}
```

3. 批量执行混合 SQL

批量执行混合 SQL，有预定义的，还有静态的，采用 PreparedStatement. addBatch( ) 方式。

- 优点：可以同时向数据库发送预编译 SQL 语句和静态 SQL 语句。
- 缺点：必须先执行预编译 SQL，然后才能执行其他静态 SQL。例如：

```
ptmt = conn. prepareStatement("Insert into user(name,password) values(?,?)");
pstmt. setString(1,"a");
pstmt. setString(2,"111");
pstmt. addBatch( );
pstmt. setString(1,"b");
pstmt. setString(2,"222");
pstmt. addBatch( );
pstmt. addBatch("update login set password = '111111 '");
pstmt. executeBatch( );
……
```

以向登录表（login）中插入多个用户为例，演示 JDBC 批量执行混合 SQL，代码参见 Example10-10。

```
public class BatchPreparedOperation{
    public static void main(String[ ]args){
        Connection conn = null;
    PreparedStatement pstmt = null;
    try{
```

```java
            conn = DB.getConnection();
            String sql = "insert into login(name,password) values(?,?)";
            pstmt = conn.prepareStatement(sql);
            pstmt.setString(1,"user7");
            pstmt.setString(2,"000000");
            pstmt.addBatch();
            pstmt.setString(1,"user8");
            pstmt.setString(2,"000000");
            pstmt.addBatch();
            pstmt.addBatch("update login set password = '111111'");
            pstmt.executeBatch();
        }catch(SQLException e){
            e.printStackTrace();
        }finally{
            DB.close(conn,pstmt,null);
        }
    }
}
```

10.4.6 存储过程调用

存储过程是数据库使用的重要技术之一，以其高效率、高安全性见长，而利用 JDBC 调用存储过程也是 Java 程序员必须掌握的技能之一。JDBC 调用存储过程主要使用 CallableStatement 接口，而对于输入（in）和输出（out）参数的处理也比较复杂。本节将通过案例和详细注解来说明各种情况。

1. 建立存储过程

建立存储过程的语法如下。

```
CREATE PROC[EDURE]procedure_name[;number]
    [{@parameter data_type}
            [VARYING][=default][OUTPUT]
        ][,…n]
    [WITH
        {RECOMPILE|ENCRYPTION|RECOMPILE,ENCRYPTION}]
    [FOR REPLICATION]
    AS sql_statement[…n]
```

创建存储过程的参数如下。

- procedure_name：存储过程的名称，在前面加#为局部临时存储过程，加##为全局临时存储过程。
- ;number：是可选的整数，用来对同名的过程进行分组，以便使用一条 DROP PROCEDURE 语句即可将同组的过程一起除去。例如，名为 orders 的应用程序使用的过程可以命名为 orderproc;1、orderproc;2 等。DROP PROCEDURE orderproc 语句将除去整个组。
- @parameter：存储过程的参数。可以有一个或多个。用户必须在执行过程时提供每个所声明参数的值（除非定义了该参数的默认值）。存储过程最多可以有 2100 个参数。使用 @ 符号作为第一个字符来指定参数名称。参数名称必须符合标识符的规则。每个过程的参数仅用于该过程本身；相同的参数名称可以用在其他过程中。默认情况下，参数只能代替常量，而不能用于代替表名、列名或其他数据库对象的名称。

- data_type：参数的数据类型。所有数据类型（包括 text、ntext 和 image）均可以用作存储过程的参数。不过，cursor 数据类型只能用于 OUTPUT 参数。如果指定的数据类型为 cursor，也必须同时指定 VARYING 和 OUTPUT 关键字。
- VARYING：指定作为输出参数支持的结果集（由存储过程动态构造，内容可以变化）。仅适用于游标参数。
- default：参数的默认值。如果定义了默认值，不必指定该参数的值即可执行过程。默认值必须是常量或 NULL。如果过程将对该参数使用 LIKE 关键字，那么默认值中可以包含通配符（%、_、[ ]和[^]）。
- OUTPUT：表明参数是返回参数。该选项的值可以返回给 EXEC[UTE]。使用 OUTPUT 参数可将信息返回给调用过程。Text、ntext 和 image 参数可用作 OUTPUT 参数。使用 OUTPUT 关键字的输出参数可以是游标占位符。
- RECOMPILE：表明 SQL Server 不会缓存该过程的计划，该过程将在运行时重新编译。在使用非典型值或临时值而不希望覆盖缓存在内存中的执行计划时，请使用 RECOMPILE 选项。
- ENCRYPTION：表示 SQL Server 加密 syscomments 表中包含 CREATE PROCEDURE 语句文本的条目。使用 ENCRYPTION 可防止将过程作为 SQL Server 复制的一部分发布。说明在升级过程中，SQL Server 利用存储在 syscomments 中的加密注释来重新创建加密过程。
- FOR REPLICATION：指定不能在订阅服务器上执行为复制创建的存储过程。使用 FOR REPLICATION 选项创建的存储过程可用作存储过程筛选，且只能在复制过程中执行。
- AS：指定过程要执行的操作。
- sql_statement：过程中要包含的任意数目和类型的 Transact-SQL 语句。

下面以通过学生学号获取学生姓名、生日等信息为例，创建存储过程如下。

```
--输入学号(sno)、输出姓名(name)和生日(birth)
create or replace procedure
    getStudentInfoBySno(@sno in varchar(20),@name out varchar(20),@birth out varchar(20))
is
begin
    select @name = name,@birth = birth from student where sno = @sno;
end;
```

📖 不同的数据库，在存储过程的定义上会有差别，读者可根据实际情况创建存储过程。

2. JDBC 的调用

JDBC 使用 CallableStatement 类调用 SQL 存储过程，使用 setXXX()方法为输入参数传值，当存储过程有返回时，还需要使用 registerOutParameter()方法注册输出参数类型、格式等信息。

首先以返回基本数据类型为例，新建存储过程并使用 JDBC 调用，完整代码如下。

```
/**
 * JDBC 调用返回普通参数的存储过程
 */
public class CallProcedure{
    public void callSimpleProc(){
        Connection conn = null;
        CallableStatement cstm = null;
        try{
        Conn = DB. getConnection();
        // 创建传递和接收返回值的变量
        int id = 1;
        String name;
        /*
         * 准备 SQL 语句
         * 格式为:{call 存储过程名{?,?,?}}
         * 括号中的问号和存储过程参数进行匹配
         */
        String sql = "{call getNameById(?,?)}";
        // 获取 CallableStatement 对象
        cstmt = con. prepareCall(sql);
        // 执行之前要使用 setXXX 来替换 SQL 语句中的问号参数
        cstmt . setString(1,id);
        // 注册输出参数类型(注意索引要和问号的位置对应)
        cstmt . registerOutParameter(2,Types. VARCHAR);
        // 执行 SQL 命令
        cstmt. execute();
        // 提取输出参数
        name = cstmt. getString(2);
        // 控制台输出
        System. out. println("id:" + id);
        System. out. println("姓名:" + name);
        } catch(Exception e){
            e. printStackTrace();
        } finally{
            DB. close(conn,cstmt,null);
        }
    }
}
```

10.5 案例：分页查询大型数据库

1. 案例要求

使用 JDBC 执行 SQL 的 Select 命令，实现学生基本信息的分页查询及显示。

- 项目名称 pagination。
- 以表格的形式显示学生基本信息。
- 显示分页组件，包括首页、上一页、下一页和尾页。
- 单击“分页”按钮，将显示不同分页数据。

2. 创建 pagination 项目，代码参见 pagination

1）打开 MyEclipse，新建 Web Project 项目，设置项目名称为 pagination，导入 MySQL JDBC 驱动，项目结构如下。

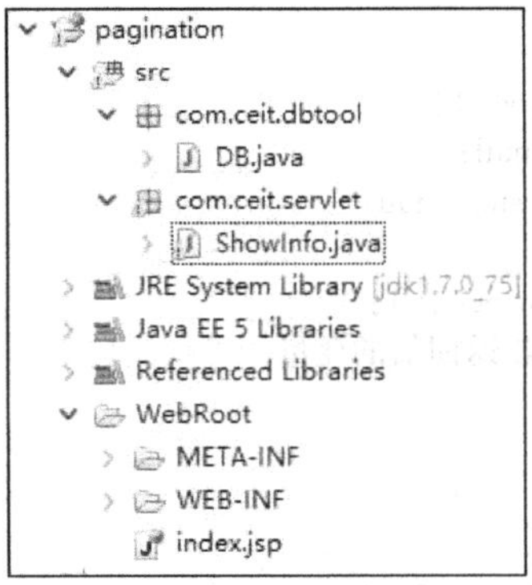

图 10-4　pagination 项目结构

2）新建 DB. java，用于实现 MySQL 数据库连接管理，代码如下。

```
public class DB{
    static{
        try{
            //JDBC 驱动器名称
            String driver = "com. mysql. jdbc. Driver";
            //加载 JDBC 驱动器
            Class. forName(driver);
        } catch(Exception ex){
                ex. printStackTrace();
        }
    }
    public static Connection getConnection(){
        try{
            //数据库的 URL,demo 为数据名称
            String url = "jdbc:mysql://localhost:3306/demo";
            String userName = "root";       //数据库用户名
            String password = "root";       //数据库密码
            Connection conn = DriverManager. getConnection(url,userName,password);
            System. out. println("连接数据库成功");
            return conn;
        } catch(SQLException ex){
            System. out. println("连接数据库失败");
            ex. printStackTrace();
            return null;
        }
    }
    public static void close(Connection conn,Statement stm,ResultSet rs){
    …
    }
}
```

3）新建学生实体，代码如下。

```java
public class Student{
    private int id;
    private String sno;
    private String name;
    private int age;
    private boolean sex;
    ...
}
```

4）新建 Servlet，ShowInfo 用于实现学生信息显示，代码如下。

```java
public void doGet(HttpServletRequest request,HttpServletResponse response)
            throws ServletException,IOException{
    request.setCharacterEncoding("utf-8");
    response.setContentType("text/html;charset=utf-8");
    PrintWriter out = response.getWriter();
    int pageCount = 10;
    int currentPage = 1;
    if(request.getParameter("currentPage") != null){
        currentPage = Integer.parseInt(request.getParameter("currentPage"));
        if(currentPage < 1)
            currentPage = 1;
    }
    Connection conn = null;
    Statement stmt = null;
    ResultSet rs = null;
    List<Student> students = new ArrayList<Student>();
    int count = 0;
    try{
        conn = DB.getConnection();
        String countSql = "select count(*)from student";
        String sql = "select * from student limit " + (currentPage - 1) * pageCount + "," + pageCount;
        stmt = conn.createStatement();
        rs = stmt.executeQuery(countSql);
        if(rs.ncxt()){
            count = rs.getInt(1);
        }
        rs = stmt.executeQuery(sql);
        while(rs.next()){
            Student student = new Student();
            int id = rs.getInt("id");
            student.setId(id);
            String sno = rs.getString("sno");
            student.setSno(sno);
            String name = rs.getString("name");
            student.setName(name);
            int age = rs.getInt("age");
            student.setAge(age);
            boolean sex = rs.getBoolean("sex");
            student.setSex(sex);
            students.add(student);
        }
```

```java
            request.setAttribute("students",students);
            request.setAttribute("current",currentPage);
            request.setAttribute("max",(int)Math.ceil(((float)count)/pageCount));
            request.setAttribute("pageCount",pageCount);
            request.getRequestDispatcher("../showStudent.jsp").forward(request,response);
        }catch(Exception e){
            e.printStackTrace();
        }finally{
            DB.close(conn,stmt,rs);
        }
    }
```

5）新建学生信息显示页面 showStudent.jsp，代码如下。

```jsp
<%@page language="java" import="java.util.*,com.ceit.domain.*" pageEncoding="utf-8"%>
<!DOCTYPE HTML>
<html>
  <head>
   <meta charset="utf-8" />
  </head>
  <body>
      <table border=1 width='95%'align='center'>
        <caption>学生信息表</caption>
        <tr><th>序号</th><th>学号</th><th>姓名</th>
          <th>年龄</th><th>性别</th></tr>
        <%
        List<Student> students = (List<Student>)request.getAttribute("students");
        int current = (Integer)request.getAttribute("current");
        int pageCount = (Integer)request.getAttribute("pageCount");
        int max = (Integer)request.getAttribute("max");
        if(students != null && students.size() >0){
            for(int i=0;i<students.size();i++){
                Student student = students.get(i);
                String sno = student.getSno();
                String name = student.getName();
                int age = student.getAge();
                String sex = student.isSex()?"男":"女";
                out.println("<tr><td>"+(pageCount*(current-1)+i+1)+"</td><td>"+sno+
                "</td><td>"+name+"</td><td>"+age+"</td><td>"+sex+"</td></tr>");
            }
        }else{
            out.println("<tr><td colspan='5'>暂无数据</td></tr>");
        }
        int prePage = 1;
        int nextPage = 1;
        prePage = current <=1? 1:current-1;
        nextPage = current >=max? max:current+1;
        out.println("<tr><td colspan='5'align='right'>"+
                "<a href='servlet/ShowInfo?currentPage=1'>首页</a>"+
                "<a href='servlet/ShowInfo?currentPage="+prePage+"'>上一页</a>"+
                "当前页:"+current+"/"+max+
                "<a href='servlet/ShowInfo?currentPage="+nextPage+"'>下一页</a>"+
```

```
                  "<a href='servlet/ShowInfo?currentPage="+max+"'>尾页</a></td></tr>");
        %>
        </table>
    </body>
</html>
```

6）打开浏览器，访问 http://localhost:8080/pagination/servlet/ShowInfo，显示效果如图 10-5 所示。

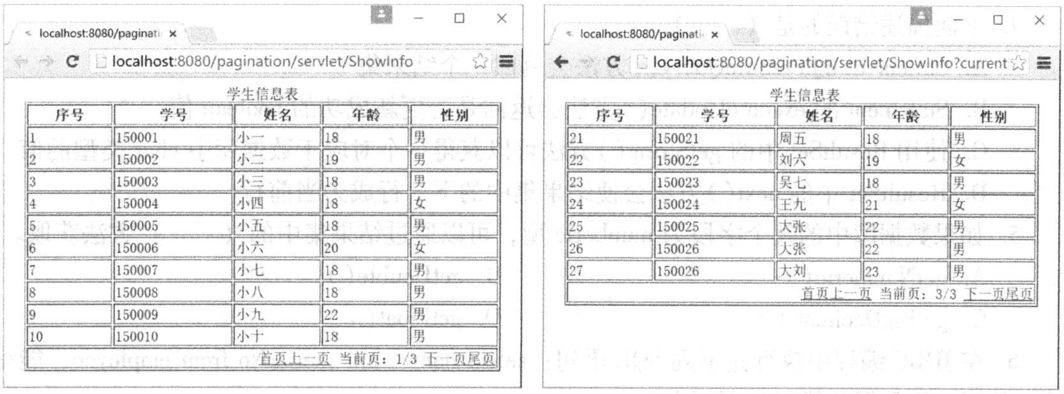

图 10-5　分页效果图

本章小结

JDBC 是一个基于 Java 的面向对象的应用编程接口，描述了一套访问关系数据库的标准 Java 类库。JDBC 的总体结构由应用程序、驱动程序管理器、驱动程序和数据源 4 个组件构成。

数据库连接是一种关键的、有限的、昂贵的资源，数据库连接池负责分配、管理和释放数据库连接，它允许应用程序重复使用一个现有的数据库连接，这项技术能明显提高对数据库操作的性能。

JDBC 程序的性能主要由两个因素决定：一是数据库本身的性质；二是与数据库相对独立的 JDBC 应用程序接口（API）的使用。

实践与练习

一、选择题

1. 有关 JDBC 的选项下列说法正确的是（　　）。
   A. JDBC 是一种被设计成通用的数据库连接技术，JDBC 技术不仅可以应用在 Java 程序里面，还可以用在 C++这样的程序里面。
   B. JDBC 技术是由 Sun 公司设计出来专门用于连接 Oracle 数据库的技术，连接其他的 数据库只能采用微软的 ODBC 解决方案
   C. 微软的 ODBC 和 Sun 公司的 JDBC 解决方案都能实现跨平台使用，只是 JDBC 的性能要优于 ODBC

D. JDBC 只是一个抽象的调用规范，底层程序实际上要依赖于每种数据库的驱动文件

2. 下列（　　）不是 JDBC 用到的接口和类。

A. System　　B. Clas1　　C. Connection　　D. ResultSet

3. 使用 Connection 的（　　）方法可以建立一个 PreparedStatement 接口。

A. createPrepareStatement( )　　B. prepareStatement( )

C. createPreparedStatement( )　　D. preparedStatement( )

4. 下面描述错误的是（　　）。

A. Statement 的 executeQuery( )方法会返回一个结果集

B. Statement 的 executeUpdate( )方法会返回是否更新成功的 boolean 值

C. 使用 ResultSet 中的 getString( )方法可以获得一个对应于数据库中 char 类型的值

D. ResultSet 中的 next( )方法会使结果集中的下一行成为当前行

5. 如果数据库中的某个字段为 numberic 型，可以通过结果集中的（　　）方法获取。

A. getNumberic( )　　B. getDouble( )

C. getBigDecimal ( )　　D. getFloat( )

6. 在 JDBC 编程中执行完下列 SQL 语句：select name, rank, serialNo from employee，能得到 rs 的第一列数据的代码是哪两个？

A. rs. getString(0);　　B. rs. getString("name");

C. rs. getString(1);　　D. rs. getString("ename");

7. 下面的选项加载 MySQL 驱动正确的是（　　）。

A. Class. forname("org. gjt. mm. mysql. Driver");

B. Class. forname("org. gjt. mysql. jdbc. Driver");

C. Class. forname("org. git. mm. mysql. Driver");

D. Class. forname("org. git. mysql. jdbc. Driver");

8. 下列有关 Connection 的描述中错误的是（　　）。

A. Connection 是 Java 程序与数据库建立的连接对象，这个对象只能用来连接数据库，不能执行 SQL 语句

B. JDBC 的数据库事物控制要靠 Connection 对象完成

C. Connection 对象使用完毕后要及时关闭，否则会对数据库造成负担

D. 只用 MySQL 和 Oracle 数据库的 JDBC 程序需要创建 Connection 对象，其他数据库的 JDBC 程序不用创建 Connection 对象就可以执行 CRUD 操作

9. 下列的预编译 SQL 中正确的是（　　）。

A. SELECT * FROM ?;

B. SELECT ?,?,? FROM emp;

C. SELECT * FROM emp WHERE salary > (?)

D. 以上都不对

10. 下列能执行预编译 SQL 的是（　　）。

A. Statement　　B. PreparedStatement

C. PrepareStatement　　D. 以上都不是

11. 如果为下列预编译 SQL 的第 3 个问号赋值，那么正确的选项是（ ）。

```
UPDATE emp SET ename = ?, job = ?, salary = ? WHERE empno = ?;
```

A. pst. setInt("3",2000);
B. pst. setInt(3,2000);
C. pst. setFloat("salary",2000);
D. pst. setString("salary","2000");

12. 下列选项中有关 ResultSet 的说法错误的是（ ）。

A. ResultSet 是查询结果集对象，如果 JDBC 执行查询语句没有查询到数据，那么 ResultSet 将会是 null
B. 判断 ResultSet 是否存在查询结果集，可以调用它的 next()方法
C. 如果 Connection 对象关闭，那么 ResultSet 也无法使用
D. 如果一个事物没有提交，那么在 ResultSet 中将看不到事物过程中的临时数据

13. SELECT COUNT(*)FROM emp;执行这条 SQL 语句，如果员工表中没有任何数据，那么 ResultSet 中将会是（ ）。

A. null
B. 有数据
C. 不为 null，但是没有数据
D. 以上都选项都不对

二、简答题

1. 简述 JDBC 应用程序的基本步骤。
2. 简述 Class. forName()的作用。
3. 简述自己对 Statement 和 PreparedStatement 的理解。
4. 在 JDBC 编程时，为什么要养成经常释放连接的习惯？

实验指导

题目 1 测试 JDBC 数据库连接

1. 任务描述

使用 Class. forName()加载 MySQL 数据库驱动。

2. 任务要求

1）安装 MySQL 数据库。
2）下载 MySQL JDBC 驱动。
3）新建 Java 项目，导入 MySQL JDBC 的 jar 包。
4）加载 MySQL JDBC 驱动，获取数据库连接对象（Connection）。
5）若成功，则提示数据库连接成功，否则提示连接失败。

3. 知识点提示

本任务主要用到以下知识点。

1）在 Java 项目中导入 jdbc jar 包。
2）使用 java. lang. Class 的 forName()方法，动态加载驱动。
3）使用 DriverManager 对象，获取数据库连接对象 Connection。

4. 操作步骤提示

实现方式不限，简单提示一下操作步骤。

1）创建项目结构，如图 10-6 所示。

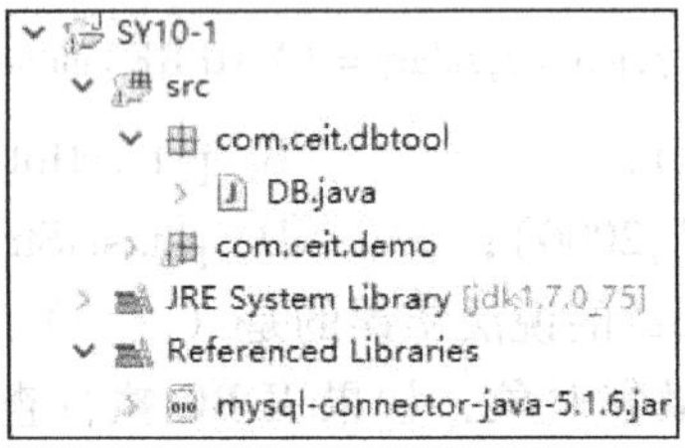

图 10-6　项目结构图

2）新建 DB. java 文件，其代码如下。

```
public class DB{
    static{
        try{
            //JDBC 驱动器名称
            String driver = "com. mysql. jdbc. Driver";
            //加载 JDBC 驱动器
            Class. forName(driver);
        } catch(Exception ex){
            ex. printStackTrace();
        }
    }
    public static Connection getConnection(){
        try{
            //数据库的 URL,demo 为数据名称
            String url = "jdbc:mysql://localhost:3306/demo";
            String userName = "root";      //数据库用户名
            String password = "root";      //数据库密码
            Connection conn = DriverManager. getConnection(url,userName,password);
            System. out. println("连接数据库成功");
            return conn;
        } catch(SQLException ex){
            System. out. println("连接数据库失败");
            ex. printStackTrace();
            return null;
        }
    }
    public static void close(Connection conn,Statement stm,ResultSet rs){
        …
}
```

3）新建测试类 Test. java，其代码如下。

```
public class Test{

    public static void main(String[] args){
        Connection conn = DB. getConnection();
    }
}
```

题目 2　使用 Statement 实现数据库批量插入操作

1. 任务描述

使用 Statment 接口实现对数据库的批量插入操作。

2. 任务要求

使用静态 Statement 向学生信息表中插入 5 条新数据。

3. 知识点提示

本任务主要用到以下知识点。

1）掌握 Statment 接口的使用。

2）掌握 Inser 语句的使用。

4. 操作步骤提示

实现方式不限，示例操作如下。

1）新建 Web 项目 SY10-2，导入 MySQL JDBC 驱动，其项目结构如图 10-7 所示。

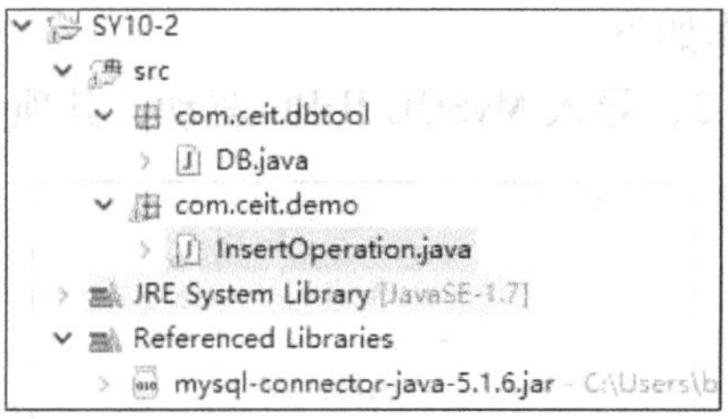

图 10-7　项目结构图

2）新建 InserOperation. java 文件，其代码如下。

```
public class InsertOperation {
public static void main(String[ ] args) {
    Connection conn = DB. getConnection( ) ;
    Statement stmt = null;
    ResultSet rs = null;
    int rowCount;
    try {
    stmt = conn. createStatement( ) ;
    stmt. addBatch( "insert into student( sno,name,age,sex) values('150001 ','张三',18,true)") ;
    stmt. addBatch( "insert into student( sno,name,age,sex) values('150002 ','李四',18,true)") ;
    stmt. addBatch( "insert into student( sno,name,age,sex) values('150003 ','张王',18,true)") ;
    stmt. addBatch( "insert into student( sno,name,age,sex) values('150004 ','赵武',18,true)") ;
    stmt. addBatch( "insert into student( sno,name,age,sex) values('150005 ','周六',18,true)") ;
    stmt. executeBatch( ) ;

    }…
    }
}
```

题目 3　使用 PreparedStatement 实现查询 SQL

1. 任务描述

访问 student 数据表，使用 PreparedStatement 执行查询 SQL，获取所有 id > 10 的学生信息，并在 Java 控制台输出。

2. 任务要求

1）使用 PreparedStatement 接口执行查询 SQL。

2）获取 id > 10 的学生信息，并输出。

3. 知识点提示

本任务主要用到以下知识点。

1）掌握 PreparedStatment 接口及方法。

2）掌握查询 SQL。

3）掌握返回结果集 ResultSet 接口及方法。

4. 操作步骤提示

实现方式不限，示例操作如下。

1）新建 Java 项目 SY10-3，导入 MySQL JDBC 驱动，其项目结构如图 10-8 所示。

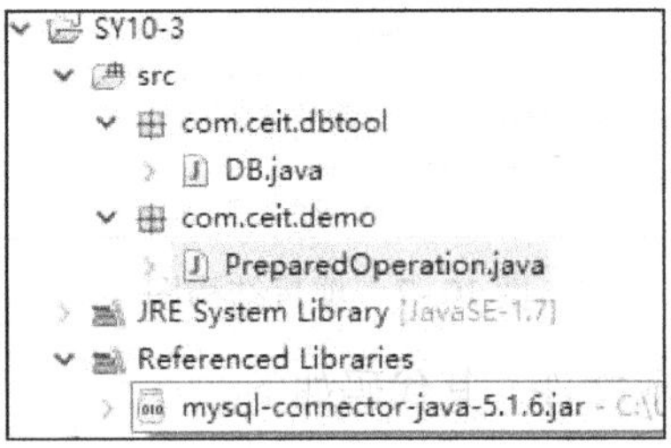

图 10-8　项目结构图

2）新建 PreparedOperation. java，其代码如下。

```
public static void main(String[ ]args) {
    Connection conn = DB. getConnection( ) ;
    PreparedStatement pstmt = null;
    ResultSet   rs = null;
    try{
        String sql = "select id,sno,name,age,sex from student where id > ?" ;
        pstmt  =   conn. prepareStatement( sql) ;
        pstmt. setInt(1,10) ;
        rs = pstmt. executeQuery( sql) ;
        while( rs. next( ) ) {
                System. out. println( "id:" + rs. getInt(1) ) ;
            System. out. println( "sno:" + rs. getString(2) ) ;
            System. out. println( "name:" + rs. getString(3) ) ;
```

```
                System.out.println("age:" + rs.getInt("age"));
                    System.out.println("sex:" + rs.getString("sex"));
                }
            }
...}
```

参考文献

[1] 王国辉，陈英．Java Web 入门经典［M］. 北京：机械工业出版社，2013.
[2] 杨树林，胡洁萍．Java Web 应用技术与案例教程［M］. 北京：人民邮电出版社，2011.
[3] 耿祥义，张跃平．JSP 大学实用教程［M］. 2 版．北京：电子工业出版社，2012.
[4] 张磊，丁香乾．Java Web 程序设计［M］. 北京：电子工业出版社，2011.
[5] 刘淳．Java Web 应用开发［M］. 北京：中国水利水电出版社，2012.
[6] 常倬琳．Java Web 从入门到精通［M］. 北京：机械工业出版社，2011.
[7] 甘勇．JSP 程序设计技术教程［M］. 北京：清华大学出版社，2010.
[8] 马晓敏，肖明．Java 网络编程原理与 JSP Web 开发核心技术［M］. 北京：中国铁道出版社，2010.
[9] 邱加永，孙连伟．JSP 基础与案例开发详解［M］. 北京：清华大学出版社，2014.
[10] 王斐．Java Web 开发基础——从 Servlet 到 JSP［M］. 北京：清华大学出版社，2014.
[11] 丁士锋，蔡平．零基础学 JavaScript［M］. 2 版．北京：机械工业出版社，2010.
[12] Steve Suehring. JavaScript 从入门到精通［M］. 3 版．梁春艳，译．北京：清华大学出版社，2014.
[13] Paul Wilton，Jeremy McPeak. JavaScript 入门经典［M］. 4 版．张敏，高宇辉，王东亚，译．北京：清华大学出版社，2011.
[14] QST 青软实训．Java Web 技术及应用［M］. 北京：清华大学出版社，2015.
[15] Karl Moss. Java Servlet 开发人员指南［M］. 袁勤勇，张玉魁，译．北京：清华大学出版社，2003.
[16] 王石磊．Java Web 开发技术详解［M］. 北京：清华大学出版社，2014.
[17] 孙鑫．Servlet/JSP 深入详解——基于 Tomcat 的 Web 开发［M］. 北京：电子工业出版社，2010.